普通高等学校“十三五”规划教材

大学计算机基础与应用

主　编　刘　军

副主编　颜　源　钟　毅　许景生

北京大学出版社
PEKING UNIVERSITY PRESS

内容简介

《大学计算机基础与应用》是根据教育部高等学校非计算机专业计算机基础课程教学指导分委员会提出的大学计算机基础课程的教学要求，结合当前社会对计算机应用的需要和高等学校的教学实践而编写的教材。本书主要包括计算机基础知识、计算机操作系统、文字处理软件 Microsoft Word 2010、电子表格处理软件 Microsoft Excel 2010、演示文稿软件 Microsoft PowerPoint 2010、计算机网络及 Internet 应用、大数据技术和人工智能等内容。

本书在内容编排上侧重于应用，以培养学生的计算机应用能力为目的，既有理论知识讲解，又有大量的应用实例，每个实例均列出了详细步骤，便于读者对照练习。全书内容丰富，结构清晰，叙述深入浅出，语言通俗易懂，适合于高等学校非计算机专业专科学生使用，也可作为普通读者学习计算机基础知识的教程。

为了教学方便，本书配有《大学计算机基础与应用实验教程》一书。

图书在版编目(CIP)数据

大学计算机基础与应用/刘军主编. —北京：北京大学出版社，2019.9
ISBN 978-7-301-30676-5

Ⅰ. ①大… Ⅱ. ①刘… Ⅲ. ①电子计算机—高等学校—教材 Ⅳ. ①TP3

中国版本图书馆 CIP 数据核字(2019)第 171562 号

书　　名 大学计算机基础与应用
DAXUE JISUANJI JICHU YU YINGYONG
著作责任者 刘　军　主编
责任编辑 王　华
标准书号 ISBN 978-7-301-30676-5
出版发行 北京大学出版社
地　　址 北京市海淀区成府路 205 号　100871
网　　址 http://www.pup.cn
电子信箱 zpup@pup.cn
新浪微博 @北京大学出版社
电　　话 邮购部 010-62752015　发行部 010-62750672　编辑部 010-62765014
印 刷 者 长沙超峰印刷有限公司
经 销 者 新华书店
787 毫米×1092 毫米　16 开本　14 印张　346 千字
2019 年 9 月第 1 版　2019 年 9 月第 1 次印刷
定　　价 45.00 元

本书配套云资源使用说明

本书配有微信平台上的云资源，请激活云资源后开始学习。

一、 资源说明

本书云资源内容为教材的拓展内容和例题源文件。通过扫描二维码可下载例题源文件，方便学生学习，提高效率。

二、 使用方法

1. 打开微信的“扫一扫”功能，扫描关注公众号（公众号二维码见封底）。
2. 点击公众号页面内的“激活课程”。
3. 刮开激活码涂层，扫描激活云资源（激活码见封底）。
4. 激活成功后，扫描书中的二维码，即可直接访问对应的云资源。

注： 1. 每本书的激活码都是唯一的，不能重复激活使用。

2. 非正版图书无法使用本书配套云资源。

前　言

随着时代的发展，计算机的应用已深入到各个领域，计算机成为人们学习、工作和生活中不可缺少的重要工具。高等学校的计算机基础教学正面临着新的挑战，各个专业也对学生的计算机能力提出了更高的要求。为此，我们根据教育部计算机基础教学指导委员会编制的《关于进一步加强高等学校计算机基础教学的意见》，结合教育部高等学校非计算机专业计算机基础课程教学指导分委会编制的《高等学校非计算机专业计算机基础课程教学基本要求》，组织具有多年计算机基础教学经验的一线教师，在总结教学经验并结合教学实际情况的基础上，编写了本书。

本书在编写过程中力求语言精练、内容实用、操作步骤详细，主要包括计算机基础知识、计算机操作系统、文字处理软件 Microsoft Word 2010、电子表格处理软件 Microsoft Excel 2010、演示文稿软件 Microsoft PowerPoint 2010、计算机网络及 Internet 应用、大数据技术和人工智能等内容。

本书由湛江幼儿师范专科学校的刘军担任主编，颜源、钟毅、许景生担任副主编，刘军负责编写第 1，2，3，6 章，颜源负责编写第 4 章，钟毅负责编写第 5 章，许景生负责编写第 7 章，全书由刘军统稿并定稿。袁晓辉、钟运连、沈阳编辑了配套教学资源，魏楠、苏娟、汤晓提供了版式和装帧设计方案。在本书的编写过程中，得到了湛江幼儿师范专科学校信息科学系全体教师的鼎力支持，另外，王骥教授、肖来胜教授、范强副教授对全书的编写工作提出了许多宝贵的指导意见，在此表示诚挚的谢意。本书的编写还参考了大量文献资料，在此一并表示衷心的感谢。

本书适合于高等学校非计算机专业专科学生使用，也可作为普通读者学习计算机基础知识的教程。为了教学方便，本书配有《大学计算机基础与应用实验教程》一书。

由于时间仓促以及水平有限，书中错误和不当之处在所难免，恳请读者批评指正。

编者

2019 年 4 月

目　录

第 1 章　计算机基础知识

计算机的发明和发展彻底改变了我们的生活。回顾计算机发展的历史，沧海桑田似的巨变令人惊叹；历数计算机发展史上做出杰出贡献的人物和跌宕起伏的发明故事，将给后人留下长久的思索和启迪。

英语里“Calculus”一词来源于拉丁语，既有“算法”的含义，也有肾脏或胆囊里的“结石”的意思。远古的人们用石头来计算捕获的猎物，石头就是他们的计算工具。著名科普作家艾萨克·阿西莫夫（Isaac Asimov）认为，人类最早的计算工具是手指，英语单词“Digit”既表示“手指”又表示“整数数字”；而中国古人常用“结绳”来帮助记事。石头、手指、绳子……这些都是古人用过的计算工具，结绳、算筹、算盘、计算尺、手摇计算机、电动计算机等，在不同的历史期间发挥了巨大的作用，同时也孕育了电子计算机的雏形。

1.1　计算机概述

计算机的发明开启了人类科学技术的新纪元。计算机能自动、高速、精确地对信息进行存储、传送与加工处理。计算机的广泛应用，极大地推动了社会的发展与进步，对人类社会生产、生活及各行各业产生了极其深刻的影响。计算机知识已融入人类文化之中，成为人类文化不可缺少的一部分。随着微型计算机的出现及计算机网络的发展，计算机的应用已渗透到社会的各个领域，并逐步改变着人们的生活方式。已进入信息时代的今天，掌握和使用计算机成为人们必不可少的技能。

1.1.1　计算机的诞生

计算机是一种能接收和存储信息，并按照人们事先编写的程序对输入的信息进行加工、处理，然后把处理结果输出的高度自动化的电子设备。随着计算机技术和应用的发展，电子计算机已经成为人们进行信息处理的一种必不可少的工具。

在现代计算机问世之前，计算机的发展经历了机械计算机、机电计算机和萌芽期的电子计算机三个阶段。

1946 年 2 月 15 日，世界上第一台通用计算机“埃尼阿克”（electronic numerical

图 1-1 ENIAC 计算机

integrator and calculator，ENIAC）在美国宾夕法尼亚大学诞生，如图 1-1 所示。它采用电子管作为基本元件，使用了 17 468 只电子管，10 000 只电容器，7 000 只电阻器，占地面积约 170 m^2，耗电 174 kW，是一个名副其实的“庞然大物”。ENIAC 可每秒进行 5 000 次加法运算或 400 次乘法运算，比当时最快的计算工具快 300 倍，耗资 48 万美元。在当时用它来处理弹道计算问题，将人工计算需用的 20 h 缩短到 30 s。但是 ENIAC 有一个严重的问题，它不能存储程序。

几乎在同一时期，著名数学家约翰·冯·诺依曼（John von Neumann）（见图 1-2）提出了“存储程序”和“程序控制”的概念。其主要思想为：

（1）采用二进制形式表示数据和指令。

（2）计算机应包括运算器、控制器、存储器、输入设备和输出设备五大基本部件。

（3）采用存储程序和程序控制的工作方式。

图 1-2 冯·诺依曼（John von Neumann）

所谓存储程序，就是把程序和处理问题所需的数据均以二进制编码形式预先按一定顺序存放到计算机的存储器里。计算机运行时，依次从内存储器中逐条取出指令，按指令规定执行一系列的基本操作，最后完成一个复杂的工作。这一切工作都是由一个担任指挥工作的控制器和一个执行运算工作的运算器共同完成的，这就是冯·诺依曼的“存储程序控制”原理的运用。

冯·诺依曼的上述思想奠定了现代计算机设计的基础，后来人们将采用这种设计思想的计算机称为冯·诺依曼型计算机。从 1946 年第一台计算机诞生至今，虽然计算机的设计和制造技术都有了极大的发展，但目前绝大多数计算机的工作原理和基本结构仍然遵循着冯·诺依曼的思想。

1.1.2 计算机的发展

从第一台通用计算机 ENIAC 问世到现在，按照所用的逻辑元件的不同来划分，电子计算机的发展主要经历了 4 个阶段，如表 1-1 所示。

表 1-1 电子计算机发展的 4 个阶段

发展阶段	逻辑元件	软件	应用	典型计算机及描述
第 I 代（1946—1957 年）	电子管	机器语言、汇编语言	军事研究、科学计算	ENIAC：第一台通用计算机 EDVAC：实现了冯·诺依曼的基本思想：二进制和存储程序

续表

发展阶段	逻辑元件	软件	应用	典型计算机及描述
第Ⅱ代（1958—1964年）	晶体管	监控程序、高级语言	数据处理、事务处理	TRADIC：第一台晶体管计算机，IBM 制造 IBM 1401：第Ⅱ代计算机中的代表
第Ⅲ代（1965—1970年）	中小规模集成电路	操作系统、编辑系统、应用程序	有较大发展，开始广泛应用	IBM 360 系列计算机：首次提出“计算机家族”概念，即兼容性 DEC PDP—8：第一代小型计算机
第Ⅳ代（1971年以后）	大规模、超大规模集成电路	数据库系统、通信软件	广泛应用到各个领域	Altair 8800：世界上第一台微型计算机 Apple Ⅱ：第一台带彩色图形的个人计算机 IBM PC：带 MS-DOS 操作系统的个人计算机 Apple Lisa：第一台使用鼠标和图形用户界面的计算机

第Ⅰ代称为电子管计算机时代。第Ⅰ代计算机如图 1-3 所示，其逻辑元件采用电子管，其主存储器采用磁鼓、磁芯，外存储器采用磁带、纸带、卡片等。存储容量只有几千字节、运算速度为每秒几千次，主要使用机器语言编写程序。由于一台计算机需要几千只电子管，每只电子管都会散发大量的热量，因此如何散热成为一个令人头痛的问题。电子管的寿命短，一般只有 3 000 多小时，因此计算机运行时常常发生由于电子管被烧坏而死机的现象。第Ⅰ代计算机主要用于军事研究和科学计算。

第Ⅱ代称为晶体管计算机时代。第Ⅱ代计算机如图 1-4 所示，其逻辑元件采用了比电子管更先进的晶体管，其主存储器采用磁芯，外存储器采用磁带、磁盘。晶体管比电子管小得多，能量消耗较少，处理更迅速、更可靠。第Ⅱ代计算机开始使用高级语言 FORTRAN、COBOL 和 ALGOL 等。随着第Ⅱ代计算机的体积和价格的下降，使用计算机的人也多起来了，计算机工业得到了迅速发展。第Ⅱ代计算机不但用于军事研究和科学研究，还用于数据处理、事务处理和工业控制等方面。

图 1-3 第Ⅰ代计算机

图 1-4 第Ⅱ代计算机

第Ⅲ代称为中小规模集成电路计算机时代。第Ⅲ代计算机如图 1-5 所示，其逻辑元件采用中小规模集成电路，其主存储器开始逐步采用半导体元件，存储容量可达几兆字节，运算速度可达每秒几十万至几百万次。集成电路（integrated circuit，IC）是做在芯片上的一个完整的电子电路，这个芯片比手指甲还小，却包含了几千个晶体管元件。由于集成电路的发明，第Ⅲ代计算机的体积更小、价格更低、可靠性更高、计算速度更快。从第Ⅲ代计算机起，操作系统逐渐被人们所使用，使计算机的功能越来越强，从而使计算机进入普及阶段，广泛应用于数据处理、过程控制、教育等各个方面。

图 1-5 第Ⅲ代计算机

第Ⅳ代称为大规模、超大规模集成电路计算机时代。第Ⅳ代计算机采用的逻辑元件依然是集成电路，但这种集成电路已经大为改善，包含了几十万到上百万个晶体管，称为大规模集成电路（large scale integrated circuit，LSI）和超大规模集成电路（very large scale integrated circuit，VLSI）。1981 年，美国 IBM 公司推出了第一台在微软磁盘操作系统（Microsoft Operating System，MS-DOS）上运行的个人计算机（personal computer，PC），由此开创了计算机历史的新篇章，计算机开始深入到人类生活的各个方面。

1.1.3 计算机的发展趋势

与计算机应用领域的不断拓宽相适应，当前计算机的发展趋势也从单一化向多元化转化。

1. 巨型化

巨型计算机是指能够高速运算、存储容量大、功能强的超大型计算机。巨型计算机主要用于天文、气象、原子物理、大气物理等复杂的科学计算。巨型计算机的研制和应用反映了一个国家科学技术的发展水平。我国巨型计算机主要有如下 3 个系列。

（1）银河、天河系列：1983 年，国防科技大学成功研制“银河Ⅰ”巨型计算机，运算速度达每秒1亿次。1992年，国防科技大学计算机研究所研制的巨型计算机“银河Ⅱ”通过鉴定，其运算速度为每秒10亿次。1997年6月，“银河Ⅲ”研制成功，运算速度已达到每秒130亿次。2000年，“银河Ⅳ”超级计算机问世，峰值性能达到每秒1.064 7万亿次浮点运算，其各项指标均达到当时的国际先进水平。

2009年9月，由国防科技大学成功研制的“天河一号”超级计算机，其峰值性能速度达到每秒1 206万亿次双精度浮点数。“天河一号”是中国首台千万亿次超级计算机。2010年11月14日，国际TOP500组织在网站上公布了全球超级计算机前500强排行榜，“天河一号”排名全球第一。

2013年，由国防科技大学研制成功的“天河二号”超级计算机，如图1-6所示，其峰值计算速度为每秒5.49亿亿次、持续计算速度为每秒3.39亿亿次双精度浮点运算。2014年11月17日公布的全球超级计算机500强榜单中，中国“天河二号”以比第二名美国“泰坦”快近一倍的速度连续第四次获得冠军。

图1-6 “天河二号”超级计算机

（2）神威系列：1999年9月，由国家并行计算机工程技术研究中心牵头研制成功的“神威”计算机系统投入运行。2000年，“神威Ⅰ”面向社会开放使用。“神威Ⅰ”浮点运算的峰值速度为每秒3 840亿次，在当时世界上已投入商业运行的高性能计算机中排名第48位，其主要技术指标和性能都达到了国际先进水平。

神威·太湖之光超级计算机由国家并行计算机工程技术研究中心研制，其峰值性能为每秒12.5亿亿次，持续性能为每秒9.3亿亿次。

2016年6月20日，在法兰克福世界超算大会上，国际TOP500组织发布的榜单显示，神威·太湖之光超级计算机系统登顶榜单之首；11月14日，在美国盐湖城公布的新一期TOP500榜单中，神威·太湖之光以较大的运算速度优势轻松蝉联冠军；2017年11月13日，全球超级计算机500强榜单公布，神威·太湖之光以每秒9.3亿亿次的浮点运算速度再次夺冠，如图1-7所示。

（3）曙光系列：2003年12月，曙光信息产业（北京）有限公司宣布，在全球运算速度名列前茅的高性能计算机——曙光4000A（见图1-8）落户上海超算中心，承担网格计算的海量信息服务及数据交互等一系列工作，成为中国国家网络最大的主节点机。这无疑是中国高科技产业化发展的一个重要里程碑。

图 1-7　神威·太湖之光超级计算机

图 1-8　曙光 4000A 超级计算机

2. 微型化

为了使计算机应用更加普及，让各行各业和家庭都能使用计算机，就要使计算机的体积更小、重量更轻、价格更低。目前市场上多数品牌的微型计算机正朝着这一方向发展。

图 1-9　微型计算机

3. 网络化

网络化指利用现代通信技术和计算机技术，把分布在不同地点的计算机互联起来，按照网络协议规则相互通信，以共享软件、硬件资源。

4. 智能化

智能化就是要求计算机具有模拟人的感觉和思维的能力，辅助或代替人从事高难度或危险的活动。智能化的主要研究领域包括：自然语言的生成与理解、模式识别、推理演绎、自动定理证明、自动程序设计、专家系统、学习系统、智能机器人等。1997 年“深蓝”电脑战胜国际象棋大师，2016 年阿尔法围棋（AlphaGo）战胜围棋世界冠军就是计算机智能化的很好例证，它标志着计算机将发展到一个更高、更先进的水平。

5. 未来新型计算机

迄今为止，无论计算机怎样更新换代，几乎都是冯•诺依曼型的。按照摩尔定律（Moore’s law），每过 18 个月，微处理器硅芯片上晶体管的数量就会翻一倍。随着大规模集成电路工艺的发展，芯片的集成度越来越高，其制造工艺也越来越接近物理极限。人们认识到，在传统计算机的基础上大幅度提高计算机的性能必将遇到难以逾越的障碍，从基本原理上寻找计算机发展的突破口才是正确的道路。从物理原理上看，科学家们认为以光子、生物和量子计算机为代表的新技术将推动新一轮计算机技术革命。

1.1.4 计算机的特点

1. 运算速度快

当今超级计算机的运算速度已达到每秒亿亿次，而普及广泛的微型计算机也可达每秒亿次以上，使大量复杂的科学计算问题得以解决。例如，卫星轨道的计算、大型水坝的计算、天气预报的计算等，过去人工计算需要几年、几十年，而现在用计算机只需几天甚至几分钟就可完成。

2. 计算精确度高

科学技术的发展特别是尖端科学技术的发展，需要高度精确的计算。例如，导弹之所以能准确地击中预定的目标，是与计算机的精确计算分不开的。一般计算机可以有十几位甚至几十位（二进制）有效数字，计算精度可由千分之几到百万分之几，是其他计算工具所望尘莫及的。

3. 存储容量大

计算机不仅能进行计算，而且能把参加运算的数据、程序以及中间结果和最后结果保存起来，以供用户随时调用。计算机的存储器可以存储大量数据，这使计算机具有了“记忆”功能。随着计算机存储容量的不断增大，可存储记忆的信息越来越多。计算机的存储功能是计算机与传统计算工具的一个重要区别。

4. 具有逻辑判断能力

计算机的运算器除了能够完成基本的算术运算外，还具有对各种信息进行比较、判断等逻辑运算的功能。这种能力是计算机处理逻辑推理问题的前提。

5. 自动化程度高

计算机内部操作是根据人们事先编好的程序自动控制进行的。用户根据解题需要，事先设计好运行步骤与程序。计算机十分严格地按程序规定的步骤操作，整个过程不需人工干预，自动化程度高，这一特点是一般计算工具所不具备的。

1.1.5 计算机的分类

传统上，计算机的分类可以按照它的用途、规模或处理对象等来划分。

（1）按照用途来分，计算机可分为通用计算机和专用计算机。通用计算机是指适用解决一般问题的计算机。通用计算机应用领域广泛，通用性较强，在科学计算、数据处理和过程控制等多种应用中都能使用。专用计算机是指用于解决某个特定方面问题的计算机，配有专门设置的软件和硬件，如在生产过程中的自动化控制、工业智能仪表等。

（2）按照规模来分，计算机可分为巨型机、大型机、中型机、小型机、微型机等。

（3）按照处理对象来分，计算机可分为数字计算机、模拟计算机和混合计算机。数字计算机处理的数据类型是数字量；模拟计算机处理的数据类型是模拟量，如电压、温度、速度等；而混合计算机处理的数据类型既可以是数字量也可以是模拟量。

随着计算机技术的发展，计算机的功能越来越强大，各类计算机之间的界线已越来越模糊。本书按照计算机运算的速度、字长、存储容量、软件配置等多方面的综合性能指标对计算机进行划分，如图 1-10 所示。

- 计算机类型
  - 高性能计算机
    - 超级计算机：如世界超级计算机500强
    - 大型集群计算机：如浪潮天梭10000
    - 大型服务器等：如IBM公司eServer z990
  - 微型计算机
    - PC微机：如Pentium 4桌面微机
    - 苹果微机：如苹果Power PC G5
    - 笔记本微机：如迅驰5代笔记本微机
    - PC服务器：如HP ProLiant ML150 G2
    - 平板微机：如东芝 dynabook R10
    - 掌上微机：如惠普 iPAQ hx2790b Pocket PC
  - 嵌入式系统
    - 工业控制PC：如西门子SIMATIC IL43工控机
    - 单片机：如80C51 系列单片机
    - POS机（电子收款机系统）
    - ATM机（自动柜员机），其他控制、测量、管理、应用系统
  - 工作站
    - 图形工作站：如HP XW9300
    - 视频工作站：如Sun Blade 2500
    - 多媒体工作站：如SGI O2+

图 1-10 计算机分类

1. 高性能计算机

高性能计算机即超级计算机，也称巨型机。目前国际上对高性能计算机的最为权威的测评是全球超级计算机 500 强（即 TOP500），通过测评的计算机是当前世界上运算速度和处理能力一流的计算机。我国研制的天河一号、天河二号、神威·太湖之光等都曾登上榜首，这标志着我国高性能计算机的研究和发展取得了可喜的成绩。

超级计算机是世界高新技术领域的战略制高点，是体现科技竞争力和综合国力的重要标志。各个大国均将其视为国家科技创新的重要基础设施，投入巨资进行研制开发。

高性能计算机广泛应用于航空航天、天气预报、石油勘探、科学计算等领域。

2. 微型计算机

微型计算机简称微机，也称个人计算机。它具有小巧灵活、通用性强、价格低廉等优点，是发展速度最快的一类计算机。微机的出现，形成了计算技术发展史上的又一次革命。它使计算机进入了几乎所有的行业，极大地推动了计算机应用的普及。

大规模集成电路及超大规模集成电路的发展是微机得以发展的前提。目前，微型计算机已广泛应用于办公、学习、娱乐等社会生活的方方面面。我们日常使用的台式计算机、笔记本电脑、掌上电脑等都是微机。

3. 嵌入式系统

嵌入式系统是指嵌入于各种设备及应用产品内部的计算机系统，是一种具有计算机功能但又与计算机有所区别的设备或器材。它是以应用为中心，软硬件可裁减的，适应应用系统对功能、可靠性、成本、体积和功耗等综合性严格要求的专用计算机系统。它具有体积小、结构紧凑、软件代码小、高度自动化、响应速度快等特点，可作为一个部件埋藏于所控制的装置中，提供用户接口，管理有关信息的输入输出，监控设备工作，使设备及应用系统具有较高的智能和性价比。

嵌入式系统广泛地应用于生活电器中，如掌上电脑（personal digital assistant，PDA）、移动计算设备、电视机顶盒、手机、数字电视、多媒体系统、汽车、微波炉、数字相机、家庭自动化系统、电梯、空调、安全系统、自动售货机、消费电子设备、工业自动化仪表与医疗仪器等。

4. 工作站

工作站是一种高档的微机，具有大、中、小型机的多任务、多用户能力，又兼有微机的操作便利和良好的人机界面，可连接多种输入 / 输出设备，具有很强的图形交互处理能力及网络功能。工作站通常配有高分辨率的大屏幕显示器及容量很大的内存储器和外存储器，同时具备强大的数据运算与图形、图像处理能力，主要面向专业应用领域，如工程设计、动画制作、科学研究、软件开发、金融管理、信息服务、模拟仿真等。

需要指出的是，这里所说的工作站不同于计算机网络系统中的工作站概念，计算机网络系统中的工作站仅是网络中的任何一台普通微型机或终端，只是网络中的任一用户节点。

1.1.6 计算机的应用

计算机的应用范围非常广泛，可以说，现代工作生活中的方方面面均离不开计算机。根据计算机应用的特点可以将其概括为科学计算、信息处理、过程控制、计算机辅助技术、企业管理、电子商务、文化教育和娱乐、物联网、3D 打印、人工智能等方面。

1. 科学计算

科学计算是计算机最早的应用功能。科学计算是指应用计算机来完成科学研究和工程技术中所提出的数学问题（数值计算）。在现代科学技术工作中，科学计算问题是大量和复杂的。利用计算机的高速计算、大存储容量和连续运算的能力，可以实现人工无法解决的各种科学计算问题。

计算机科学和技术与各门学科相结合，改进了研究工具和研究方法，促进了各门学科的发展。过去，人们主要通过实验和理论两种途径进行科学技术研究。现在，计算和模拟已成为研究工作的其他途径。

计算和模拟作为一种新的研究手段，常使一些学科衍生出新的分支学科。例如，空气动力学、气象学、弹性结构力学和应用分析等所面临的“计算障碍”，在有了高速计算机和有关的计算方法之后开始有所突破，并衍生出计算空气动力学、气象数值预报等边缘分支学科。又如，建筑设计中为了确定构件尺寸，通过弹性力学可导出一系列复杂方程，但长期以来由于计算能力的限制而一直无法得到求解。计算机不但能求解这类方程，并且引起了弹性理论的一次突破，出现了有限单元法。此外，科学计算还广泛应用于人造卫星、导弹、反导弹发射及天气预报等计算问题。

2. 信息处理

信息处理主要是指非数值形式的数据处理，包括对数据资料的收集、存储、加工、分类、排序、检索和发布等一系列工作。信息处理包括办公自动化、企业管理、情报检索、报刊编排处理等。其特点是要处理的原始数据量大，而算术运算较简单，有大量的逻辑运算与判断，结果要求以表格或文件形式存储、输出。如我国在人口普查中，要对 120 个大中城市人口的年龄、性别、职业等十多个项目的几百亿个数据进行统计分析，单靠人力是无法完成的，而用计算机则只需很短的时间即可得到精确的结果。

从数值计算领域发展到各种非数值计算领域对于计算机发展史上而言，是一个巨大的飞跃。信息处理是计算机应用最广泛的领域，它不但可以提高工作效率、节省人力和物力，还可以使工作更趋于科学化、系统化、制度化、自动化和现代化。在当今的信息社会，从国家经济信息系统、科技情报系统、银行储蓄系统到办公自动化及生产自动化等，均需要信息处理技术的支持。

3. 过程控制

过程控制是利用计算机及时采集检测数据，按最优值迅速地对控制对象进行自动调节或自动控制。采用计算机进行过程控制，不仅可以大大提高控制的自动化水平，而且可以提高控制的及时性和准确性，从而改善劳动条件、提高产品质量及合格率。目前，计算机过程控制已在机械、冶金、石油、化工、纺织、水电、航天等部门得到广泛的应用。

例如，在汽车工业方面，利用计算机控制机床、控制整个装配流水线，不仅可以实现精度要求高、形状复杂的零件加工自动化，而且可以使整个车间或工厂实现自动化。

在计算机控制系统中，需有专门的数字/模拟转换（digital-to-analog conversion，D/A 转换）设备和模拟/数字转换（analog-to-digital conversion，A/D 转换）设备。由于过程控制一般都是实时控制，因此要求可靠性高，响应及时。

4. 计算机辅助技术

计算机辅助技术包括计算机辅助设计、计算机辅助制造和计算机辅助教学等。

（1）计算机辅助设计（computer aided design，CAD）。

计算机辅助设计是利用计算机系统辅助设计人员进行工程或产品设计，以实现最佳设计效果的一种技术。它已广泛地应用于飞机、汽车、机械、电子、建筑等领域。例如，在电子计算机的设计过程中，可以利用 CAD 技术进行体系结构模拟、逻辑模拟、插件划分、自动布线等，从而大大提高设计工作的自动化程度。在建筑设计过程中，可以利用 CAD 技术进行力学计算、结构计算、绘制建筑图纸等，不但能提高设计速度，而且可以大大提高设计质量。

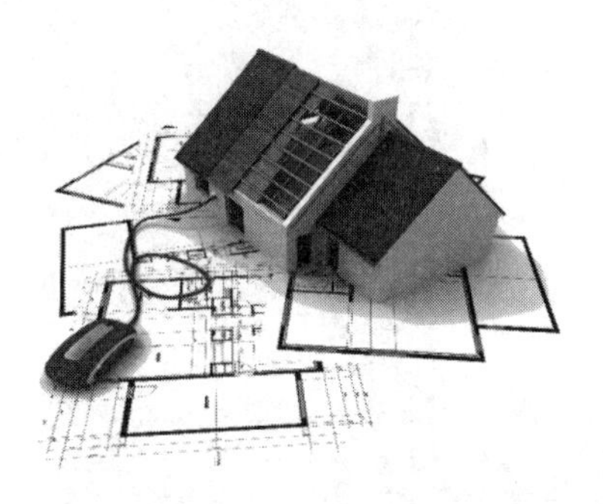

图 1-11　计算机辅助设计

（2）计算机辅助制造（computer aided manufacturing，CAM）。

计算机辅助制造是利用计算机系统进行生产设备的管理、控制和操作的过程。例如，在产品的制造过程中，用计算机控制机器的运行，处理生产过程中所需的数据，控制和处理材料的流动以及对产品进行检测等。使用 CAM 技术可以提高产品质量、降低成本、缩短生产周期、提高生产效率和改善劳动条件。

将 CAD 和 CAM 技术集成，实现设计生产自动化，这种技术称为计算机集成制造系统（computer integrated manufacturing system，CIMS）。它的实现将真正做到无人化工厂（或车间）。

图 1-12　计算机辅助制造

（3）计算机辅助教学（computer aided instruction，CAI）。

计算机辅助教学是利用计算机系统使用课件来进行教学。课件可以用专业软件或高级语言来开发制作，它能引导学生循序渐进地学习，使学生轻松自如地从课件中学到所需要的知识。CAI 的主要特色是交互教育、个别指导和因人施教，如图 1-13 所示。

图 1-13　计算机辅助教学

5. 企业管理

计算机管理信息系统的建立，使各企业的生产管理水平登上了新的台阶。从低层的生产业务处理，到中层的作业管理控制，进而到更高层的企业规划、市场预测都有一套全新的标准和机制。特别是大型企业生产资源规划管理软件（如 MRP Ⅱ）的开发和使用，为企业实现全面资源管理、生产自动化和集成化、提高生产效率和效益奠定了牢固的基础。

6. 电子商务

计算机网络的建成，使金融业务率先实现自动化。电子货币的出现使传统的货币交易方式逐渐转变为“电子贸易”，它可用来进行购物、投资、股票和房地产交易；还可用来对职工工资、保险业务、失业者的社会保障等进行电子支付；对贷款、抵押、合同的履行等也赋予了新的形式。这种电子交易方式不仅方便快捷，而且现金的流通量也将随之减少，避免了货币交易的风险和麻烦。以银行为例，金融业务自动化的实现可使银行每日处理上百万笔业务，交易价值达上百万元。中央银行可处理各支行的人事管理、物资管理、经营计划等执行情况以及国内外经济预测、资产评估等决策信息。

7. 文化教育和娱乐

计算机利用高速信息公路网能够实现远距离双向交互式教学，为教育带动经济发展创造了良好的条件。它改变了传统的以教师课堂传授为主，学生被动学习的方式，使学习的内容和形式更加丰富灵活。计算机信息技术使人们的工作和生活方式发生巨大改变。人们可以在任何地方通过多媒体计算机和网络，以多种媒体形式浏览世界各地当天的报纸，查阅各地图书馆的图书，收看电视，欣赏音乐，购物，看病，发布广告新闻，发送电子邮件，聊天，等等。

8. 物联网

物联网（Internet of things，IOT）有两层意思：① 物联网的核心和基础仍然是互联网（Internet），是在互联网基础上的延伸和扩展的网络；② 其用户端延伸和扩展到了任何物品与物品之间，进行信息交换和通信，也就是物物相息。物联网通过智能感知、识别技术与普适计算等通信感知技术，广泛应用于网络的融合中，因此，物联网的出现被称为继计算机、互联网之后世界信息产业发展的第三次浪潮。物联网的应用如图 1-14 所示。

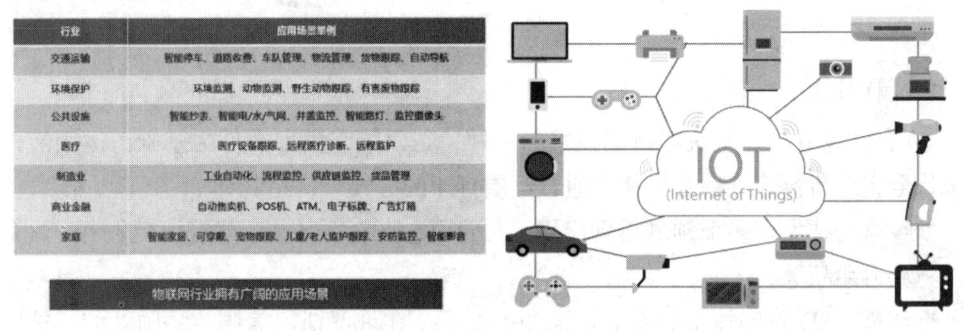

行业	应用场景举例
交通运输	智能停车、道路收费、车队管理、物流管理、货物跟踪、自动导航
环境保护	环境监测、动物监测、野生动物跟踪、有害废物跟踪
公共设施	智能抄表、智能电/水/气网、井盖监控、智能路灯、监控摄像头
医疗	医疗设备跟踪、远程医疗诊断、远程监护
制造业	工业自动化、流程监控、供应链监控、货品管理
商业金融	自动售卖机、POS机、ATM、电子标牌、广告灯箱
家庭	智能家居、可穿戴、宠物跟踪、儿童/老人监护跟踪、安防监控、智能影音

图 1-14　物联网的应用

如果实现了万物互联，人们的生活将会发生巨大的变化。试想一下，如果所有的汽车都联网了，自动驾驶就更容易实现了。车与车之间会协调路径、距离、速度，车祸就基本上不会发生了。如果所有的家电都联网了，即可实现随时控制，还没到家，就先开启空调和热水器，出门在外忘记关灯，可以远程关灯，甚至远程进行安防信息查看，等等。

9. 大数据

大数据（big data）指无法在一定时间范围内用常规软件工具进行捕捉、管理和处理的数据集合，是需要通过新处理模式才能具有更强的决策力、洞察发现力和流程优化能力的海量、高增长率和多样化的信息资产。

简单来说，我们每天的行程安排，都可以变为数据。例如每天坐地铁上班，属于出行数据；网上购物，属于消费数据；去一趟国外旅游，属于娱乐数据……当无数人的数据被集合归类，就统称为“大数据”。

大数据能解决很多实际问题，既方便了人们的生活，也使得企业能更好地了解消费者需求。例如，医疗机构可以通过大数据提升临床试验和新药的研发效率；政府可以通过大数据建立城市规划图，甚至控制疫情的扩散……

有人把大数据形容为未来世界的“石油”，有人认为掌握大数据的人可以随时“俯瞰”整个世界，美国政府甚至已经把对大数据的研究上升为国家战略。

图 1-15　大数据

10. 3D 打印

3D 打印（3DP）是快速成型技术的一种，它以数字模型文件为基础，运用液体、粉末状金属或塑料等可粘合材料，通过逐层打印的方式来构造物体。

如今这一技术在多个领域得到应用，人们用它来制造服装、建筑模型、生产汽车、制作巧克力甜品等。

近年来，3D 打印技术的发展可谓如火如荼。在俄罗斯、美国、法国、荷兰等地，3D 打印房屋获得了快速发展。俄罗斯一家公司 2017 年仅用 24 h 就打印好一间小房子；法国一户家庭 2018 年 7 月住进了一幢试验性的 3D 打印房屋。3D 打印的部分实例如图 1-16 所示。

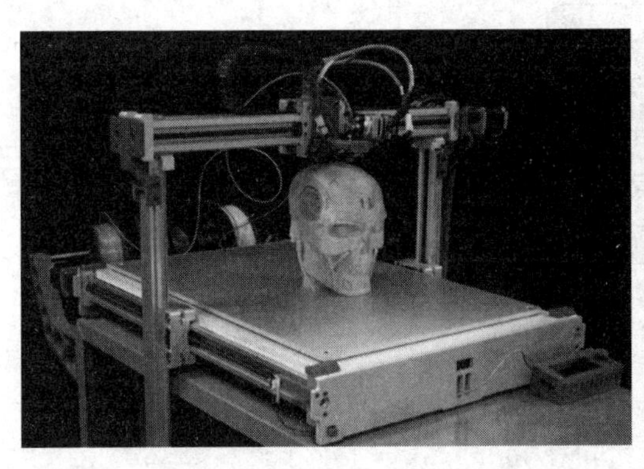

图 1-16 3D 打印

11. 人工智能

人工智能（artificial intelligence，AI）是研究、开发用于模拟、延伸和扩展人的智能的理论、方法、技术及应用系统的一门新的学科。人工智能是计算机科学的一个分支，它企图了解智能的实质，并生产出一种新的能以人类智能相似的方式做出反应的智能机器。该领域的研究包括机器人、语言识别、图像识别、自然语言处理和专家系统等。

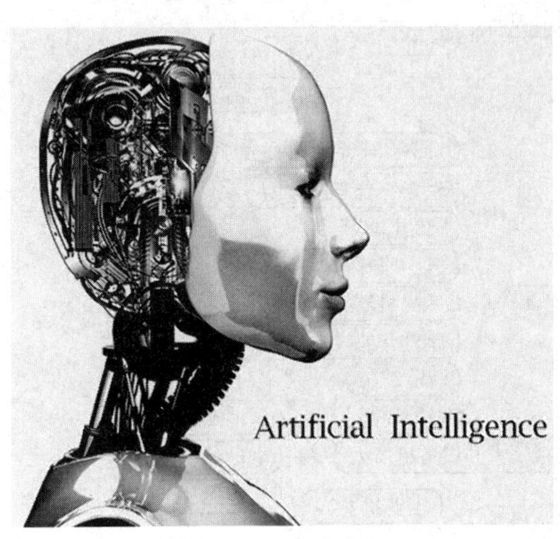

图 1-17 人工智能

目前，人工智能已上升到国家层面的激烈博弈，越来越多的国家争相制定发展战略与规划。

2016 年 8 月，国务院发布《“十三五”国家科技创新规划》，明确人工智能作为发展新一代信息技术的主要方向。

2017 年 7 月，国务院颁布《新一代人工智能发展规划》，该规划包含了研发、工业化、人才发展、教育和职业培训、标准制定和法规、道德规范与安全等各个方面的战略，目标是到 2030 年使中国人工智能理论、技术与应用总体达到世界领先水平，成为世界主要人工智能创新中心。

人工智能的应用非常广泛，如图 1-18 所示。

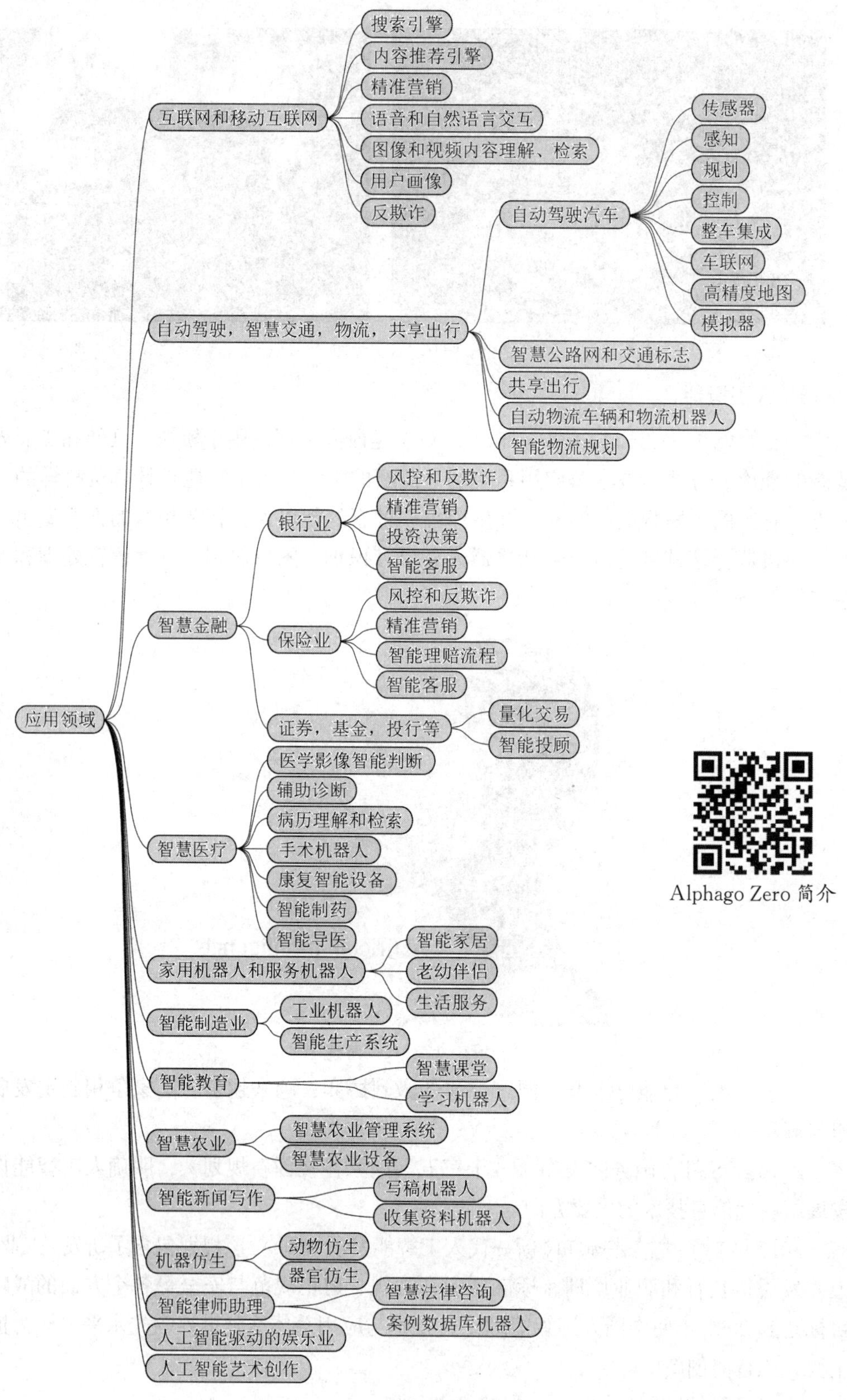

Alphago Zero 简介

图 1-18　人工智能应用领域

1.2 计算机系统

完整的计算机系统包括硬件系统和软件系统。硬件系统是计算机的"躯干",是基础;软件系统是建立在"躯干"上的"灵魂"。计算机系统的结构如图1-19所示。

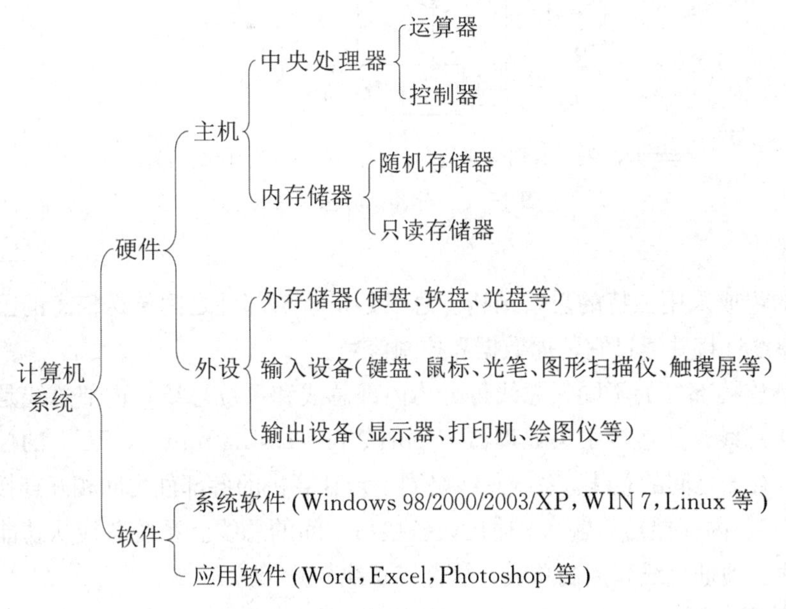

图1-19 计算机系统的组成结构

在计算机系统中，硬件是软件赖以工作的物质基础，软件的正常工作是硬件发挥作用的唯一途径。计算机系统必须要配备完善的软件系统才能正常工作，且充分发挥其硬件的各种功能。因此，软件与硬件一样，都是计算机工作必不可少的组成部分。计算机由用户来使用，用户与硬件和软件的层次关系如图1-20所示。

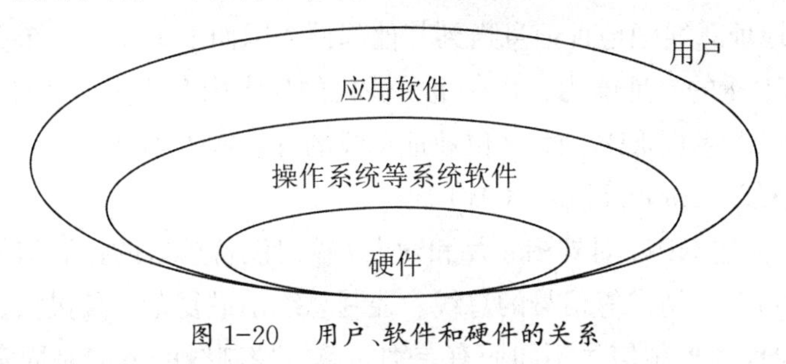

图1-20 用户、软件和硬件的关系

1.2.1 硬件系统

电子计算机从诞生至今，其体系结构基本没有发生变化，仍旧沿用冯·诺依曼体系结构，即计算机硬件是由运算器、控制器、存储器、输入设备和输出设备组成，如图1-21所示。

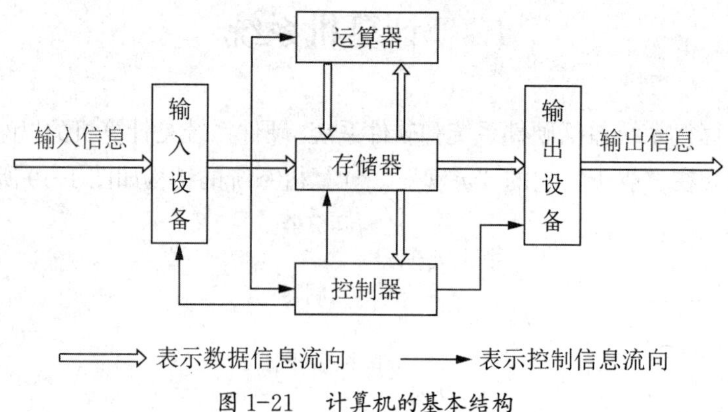

图 1-21　计算机的基本结构

1. 总线

微机的组成采用独特的总线结构。总线是指系统部件之间传送信息的公共通道，各部件由总线连接并通过它传递数据和控制信号。

根据所连接部件的不同，总线可分为内部总线和系统总线。内部总线是同一部件内部的连接总线，如连接中央处理器（central processing unit，CPU）的控制器、运算器和各寄存器之间的总线。系统总线是同一台计算机的各部件之间相互连接的总线，如连接 CPU、内存储器、输入 / 输出设备接口之间的总线。系统总线从功能上又可分为数据总线、地址总线和控制总线，简称三总线。

（1）数据总线（data bus，DB）。

数据总线用于传递数据。数据总线的传输方向是双向的，是 CPU 与存储器、CPU 与输入 / 输出设备接口之间的双向传输通道。数据总线的位数和微处理器的字长位数是一致的，是衡量微型计算机运算能力的重要指标。

（2）地址总线（address bus，AB）。

CPU 通过地址总线把地址信息送到其他部件，因而地址总线是单向的。地址总线的位数决定了 CPU 的寻址能力，也决定了微机的最大内存容量。例如，16 bit 地址总线的寻址能力为 $2^{16}=64$ kB，而 32 位地址总线的寻址能力则是 $2^{32}=4$ GB。

（3）控制总线（control bus，CB）。

控制总线是传递 CPU 对外围芯片和输入 / 输出设备接口的控制信号以及这些接口芯片对 CPU 的应答、请求等信号的总线。控制总线是最复杂、最灵活、功能最强的一类总线，其方向也因控制信号不同而有差别。单根控制线的方向是固定的，但总体上控制总线的方向是双向的。例如，读写信号和中断响应信号由 CPU 传给存储器和输入 / 输出设备接口；中断请求和准备就绪信号由其他部件传输给 CPU。

2. 主板

主板也称系统板（安装在主机箱内），是微机硬件系统集中管理的核心载体，其性能的优劣直接影响到微机各个部件之间的相互配合。主板充分体现了整个微机系统发展的精粹。它几乎集中了全部系统的功能，控制着各部分之间的指令流和数据流，能够根据系统的进程和线程的需要，有机地调度微机各个子系统，并为实现微机系统的科学管理，为微机从芯片到整机甚至到网络连接提供充分的硬件保证。主板的主要结构如图 1-22 所示。

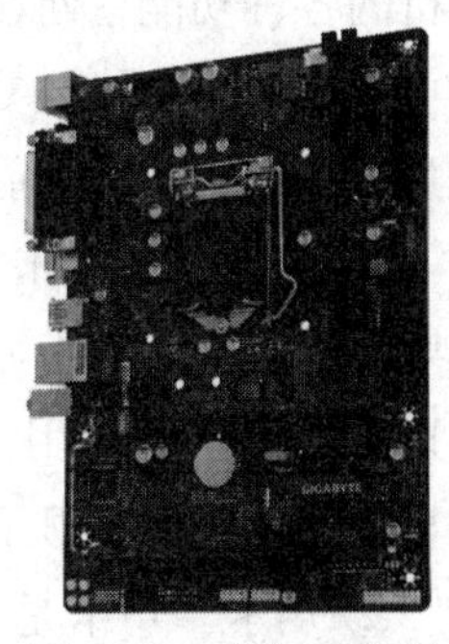

图 1-22 主板实物图

主板由以下部件构成：

（1）CPU 插座。

用于固定连接 CPU 芯片。由于集成化程度和制造工艺的不断提高，越来越多的功能被集成到 CPU 中，使其管脚数不断增加。为了使 CPU 安装更加方便，现在 CPU 插座基本采用零插式（ZIF）设计，如图 1-23 所示。

图 1-23 CPU 插座

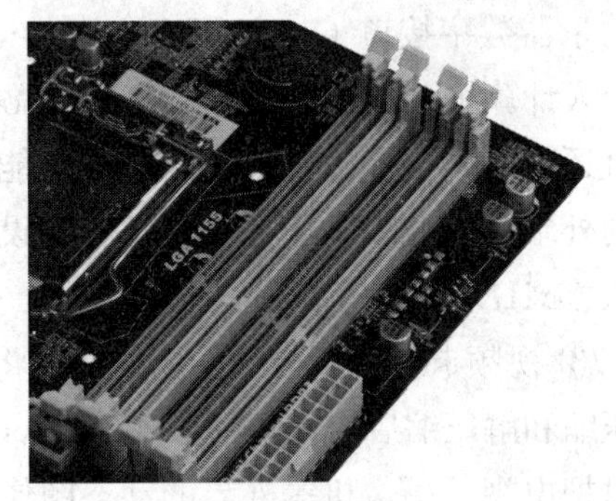

图 1-24 内存插槽

（2）内存插槽。

主板给内存预留了专用的内存插槽，只要购买所需数量并与内存插槽匹配的内存条，即插即用，就可实现扩充内存。内存插槽的线数通常有 30 线、72 线和 168 线，如图 1-24 所示。

（3）芯片组。

芯片组是主板的关键部件，由一组超大规模集成电路芯片构成。它控制和协调整个计算机系统的有效运转和各个部件的选型。它被固定在主板上，不能像 CPU、内存那样进行简单的升级换代。目前市场上流行的芯片组包括 Intel H81，B85，Z97，X99，Q77 等。

（4）总线结构。

当前微机正向通信、多媒体功能扩展，高速的 CPU、性能优异的各种外部设备及丰富多彩的应用软件大量涌现。奔腾系列的总线结构基本采用外设部件互连标准（peripheral component interconnect，PCI）结构及双重独立总线结构，大大提高了总线带宽与传输速率。

（5）功能插卡和扩展槽。

主板上有一系列的扩展槽，用来连接各种插卡（接口板）。用户可以根据自己的需要在扩展槽上插入各种用途的插卡（如显卡、声卡、防病毒卡、网卡等），以扩展微机的各种功能，处理多媒体信息，并减少软件占用的空间。任何插卡插入扩展槽后，就可通过系统总线与 CPU 连接，在操作系统支持下实现即插即用。这种开放的体系结构为用户组合各种功能设备提供了方便。下面介绍几种典型的插卡。

① 显示器适配卡。显示器适配卡简称显卡，是体现计算机显示效果的关键设备。早期的显卡只具有把显示器同主机连接起来的作用，而如今它还能起到处理图形数据、加速图形显示等作用，故有时也称其为图形适配器或图形加速器。为了适应不同类型的显示器，并使其显示出各种效果，现已研制出几种类型的显卡。

② 声卡。声卡是一种处理声音信息的设备，它具有把声音变成相应数字信号，以及将数字信号转换成相应声音的 A/D 和 D/A 转换功能；并可以把数字信号记录到硬盘上以及从硬盘上读取重放。声卡还具有用来增加播放复合音乐的合成器和外接电子乐器的乐器数字接口（musical instrument digital interface，MIDI），这样就使得多媒体个人计算机（multimedia personal computer，MPC）不仅能播放来自光盘的音乐，而且还有编辑乐曲及混响的功能，并能提供优质的数字音响。不管什么类型的声卡，它的外端都有几个常用的和外部音响设备相连接的端口，如立体声输入输出、麦克风输入、MIDI 端口等。

③ 视频卡。视频卡的主要功能是将各种制式的模拟视频信号数字化，并将这种信号压缩和解压缩后与视频图形阵列（video graphics array，VGA）信号叠加显示；也可以把电视、摄像机等外界的动态图像以数字形式捕获到计算机的存储设备上，对其进行编辑或与其他多媒体信号合成后，再转换成模拟信号播放出来。

（6）输入输出接口。

输入输出（input/output，I/O）接口有时也称为设备控制器或适配器。通常人们把外存储器和 I/O 设备称为微机的外部设备。I/O 接口是 CPU 与外部设备之间交换信息的连接电路，它们也是通过总线与 CPU 相连的。由于主机是由集成电路芯片连接而成的，而外部设备通常是机电装置，因此它们在速度、时序、信息格式和信息类型等方面不匹配，I/O 接口就是要解决上述不匹配的问题，使主机与外部设备能协调地工作。I/O 接口一般做成电路插卡的形式，所以常把它们称为适配卡。如硬盘驱动器适配卡、并行打印机适配卡、串行通信适配卡及游戏操作杆接口电路等。

主板上还设置了连接硬盘驱动器和光盘驱动器的电缆插座以及连接鼠标、打印机、绘图仪、调制解调器等外部设备的串并行通信接口、USB 接口等。

（7）基本输入输出系统及互补金属氧化物半导体。

基本输入输出系统（basic input/output system，BIOS）实际上是一组存储在可擦可编程只读存储器（erasable programmable read-only memory，EPROM）中的软件，它被固化在芯片中，并安装在主板上，负责对基本 I/O 系统进行控制和管理。而互补金属氧化物半导体（complementary metal-oxide-semiconductor，CMOS）是一种存储 BIOS 所使用的系统配置的存储器，它分为两部分：一部分存储口令，另一部分存储启动信息。当计算机断电时，其内容由一个电池供电予以保存。用户利用 CMOS 可以对微机的基本参数进行设置。

3. 中央处理器

20 世纪 70 年代后，人们把计算机的主要部件运算器、控制器以及寄存器集成在一块芯片上，从而产生了 CPU ，如图 1-25 所示。CPU 发展到今天已使计算机在整体性能、处理功能、运算速度、多媒体处理及网络通信等方面都达到了极高的水平。

CPU 是计算机的心脏，它决定了计算机的档次和主要性能指标。当前微机中的 CPU 广泛采用的是英特尔公司的 Core i7，Core i5，Core i3 等，现在许多公司如 AMD、Cyrix 也都生产了与 Intel 公司系列 CPU 相兼容的芯片。

图 1-25　CPU

随着 CPU 设计、制造技术的发展，计算机的集成度与性能也越来越高。芯片中还集成了大量的微电路，通过类似神经网络的总线连接其他部件，形成微机的控制中枢，分别用来传送 CPU 的控制信号，按地址读取存储器中的指令和数据。

CPU 的工作速度快慢直接影响到整个计算机的运行速度。CPU 集成上百万个晶体管，可分为控制单元（control unit，CU）、算术逻辑运算单元（arithmetic and logic unit，ALU）、存储单元（memory unit，MU）三大部分。按内部结构可分为整数运算单元、浮点运算单元、多媒体扩展单元、一级缓存存储单元和寄存器等。

CPU 决定计算机性能的主要指标包括以下几点：

（1）主频。

CPU 内部时钟晶体振荡频率，用 MHz（兆赫兹）表示。它是协调同步各部件行动的基准，主频率越高，CPU 运算速度越快。

（2）总线性能。

总线是 CPU 连接微机各部件的枢纽和 CPU 传送数据的通道。微机性能的优劣直接依赖于总线的宽度、质量以及传输速度，分别用总线的位宽、时钟和传输率来衡量。目前总线的位宽已从 16 位扩展到 64 位以上，其传输速率也从 2 MB/s 扩展到 528 MB/s，甚至更高。

（3）寻址能力。

反映 CPU 一次可访问内存中数据的总量，由地址总线宽度来确定。显然，地址总线越宽，CPU 向内存储器一次调用的数据越多，计算机的运算速度也会更快。

寻址能力的计算方法是：设地址总线共有 n 条，即地址总线宽度为 n 位，则其寻址能力为 2^n B。例如，某机器的地址总线宽度为 32 位，那么其寻址能力计算如下：

寻址能力 $= 2^{32}\ \text{B} = 2^{22}\ \text{kB} = 2^{12}\ \text{MB} = 2^{2}\ \text{GB} = 4\ \text{GB}$。

（4）多媒体扩展技术。

多媒体扩展（multimedia extension，MMX）是适应用户对通信和音频、视频、3D 图形、动画及虚拟现实等多媒体功能需求而研制的一种新技术，现已被嵌入奔腾Ⅱ以上的 CPU 中。其特点是可以将多条信息由一个单一指令即时处理，并且增加了几十条用于增强多媒体处理功能的指令。

（5）单指令多数据流扩展。

单指令多数据流扩展可以增强浮点和多媒体运算的速度。

（6）缓存技术。

① 一级缓存，简称 L1 cache。集成在 CPU 内部，用于 CPU 在处理数据过程中数据的暂时保存。由于缓存指令、数据与 CPU 同频工作，L1 cache 的容量越大，存储的信息越多，CPU 与内存之间的数据交换次数就越少，从而提高 CPU 的运算效率。但因 L1 cache 由静态随机存储器组成，结构较复杂，在有限的 CPU 芯片面积上，一级缓存的容量不可能做得太大。

② 二级缓存，简称 L2 cache。由于一级缓存容量的限制，为了再次提高 CPU 的运算速度，在 CPU 外部放置一个高速缓冲存储器，即二级缓存。其工作主频比较灵活，可与 CPU 同频，也可不同。CPU 在读取数据时，先在一级缓存中寻找，再从二级缓存中寻找，然后是内存储器，最后是外存储器。因此二级缓存对系统速度的影响也不容忽视。

英特尔公司的奔腾Ⅲ处理器，集成度已达到上亿只晶体管，主频超过 550 MHz，内嵌 MMX 技术和动态执行技术，具有大于 64 位的地址总线及双重独立总线结构；增加了 70 多条用于提高多媒体性能的指令，在图形处理、语音识别以及视频压缩等方面都有了大幅度的提高；同时，一个最显著的特点是设有内置芯片系列号。

英特尔公司的含超线程（HT）技术的奔腾Ⅳ处理器，主频为 3.2 GHz。超线程技术可将个人计算机的性能提高 25% 左右。

酷睿（Core）是一款节能的新型微架构的处理器，设计目的是提高能效比。早期的酷睿是基于笔记本处理器的。

4. 内存储器

内存储简称内存，也称主存，是 CPU 直接访问的存储器。随着计算机系统软件及应用软件的不断更新，系统对内存的要求也越来越高。内存的大小将直接影响计算机的整体性能。

存储器含有许多存储单元，每个存储单元被赋予一个地址编号（通常用十六进制来表示），可存放一个字节的二进制数据，CPU 是通过地址到存储器中存取数据的。

一位二进制数称为一个比特（bit），bit 是计算机处理信息的最小单位。内存中所有存储单元可存放的数据总量称为内存容量，用字节（Byte，简写为 B）表示，Byte 是计算机存储信息的基本单位。一个字节由八位二进制数构成，可以表示为 1 B = 8 bit。更大的单位有千字节 kB、兆字节 MB、吉字节 GB、太字节 TB 等。它们之间的换算关系如下：

1 TB = 1 024 GB，1 GB = 1 024 MB，1 MB = 1 024 kB，1 kB = 1 024 B。

因为内存是采用价格较高的半导体器件制成，所以存取速度比外存储器要快得多，但容量不如外存储器大。内存可分为随机存储器、只读存储器和高速缓冲存储器。

（1）随机存储器（random access memory，RAM）。

RAM 是内存的主要部分，是仅次于 CPU 的宝贵系统资源。RAM 是程序和数据的临时存放地和中转站，即外设（键盘、鼠标、显示器和外存储器等）的信息都要通过它与 CPU 交换。RAM 的特点是其中存放的内容可随时供 CPU 读写，但断电后，存放的内容就会全部丢失。微机的内存性能主要取决于 RAM，目前，主流微机的 RAM 可达到 2 GB 以上。微机的 RAM 主要分为动态随机存储器（dynamic random access memory，DRAM）和静态随机存储器（static random access memory，SRAM）两种。DRAM 价格便宜，容量大，但速度较慢，经常需要刷新；而 SRAM 的速度较 DRAM 快 2 ~ 3 倍，但价格高，容量较小。

（2）只读存储器（read-only memory，ROM）。

ROM 是一种只能读出数据不能写入数据的存储器，但断电后，ROM 中的内容仍存在。ROM 的容量很小，通常用于存放固定不变、无须修改而且经常使用的程序。例如基本输入输出系统（basic input/output system，BIOS）等程序，就由生产厂家固化在 ROM 中。目前，常用的是可擦可编程只读存储器（erasable programmable read-only memory，EPROM）。用户可通过编程器将数据或程序写入 EPROM。

（3）高速缓冲存储器（cache）。

cache 在逻辑上位于 CPU 与内存之间，其作用是加快 CPU 与 RAM 之间的数据交换速率。cache 技术的原理是：将当前急需执行及使用频繁的程序段和要处理的数据从内存复制到更接近于 CPU 的 cache 中，当 CPU 读写时，首先访问 cache。因此，cache 就像是内存与 CPU 之间的“转接站”。80386 以上的微型计算机一般都有 cache，容量从几十 kB 到几 MB。cache 分为两级：在 486 档次的微型计算机中，一级 cache 被集成到 CPU 芯片内部，其容量较小；而把二级 cache 放在系统板上，其容量比一级 cache 大一个数量级以上，价格也比一级 cache 便宜。从奔腾档次的微机开始，一级和二级 cache 都被集成在 CPU 芯片中，并将用于缓存数据和缓存代码的 cache 分开，这样就大大提高了 CPU 访问的速度和命中率。

5. 外存储器

外存储器也称辅助存储器（auxiliary memory），简称外存，可以长久保存大量的程序和数据，因此既可以作为输入设备也可以作为输出设备。外存相对于内存来说，存放信息量大，造价便宜，但是存取速度不如内存快。目前常用的外存有硬盘存储器和光盘存储器。

（1）硬盘存储器。

硬盘存储器简称硬盘，是最主要的外存储器。它是由若干个同样大小的、涂有磁性材料的铝合金圆盘片环绕一个共同的轴心组成。每个盘片上下两面各有一个读写磁头，磁头转动装置将磁头快速而准确地移到指定的磁道。硬盘驱动器采用温彻斯特技术（简称温盘），即把磁头、盘片及执行机构都密封在一个容器内，与外界环境隔绝。其内部结构如图 1-26 所示。

图 1-26　硬盘内部结构

硬盘的优点是：磁盘容量大（目前的主流硬盘容量为 500 GB ～ 2 TB）、存取速度快、可靠性高、存储成本低等。大多数微机上的硬盘是 3.5 英寸，也有 2.5 英寸和 1.8 英寸的。硬盘片的每个面上有若干个磁道，每个磁道分成若干个扇区，每个扇区可存储 512 字节，每个存储表面的相同磁道形成一个圆柱面，称为柱面。硬盘存储容量的计算公式如下：

存储容量＝柱面数 × 扇区数 × 扇区字节数 × 磁头数。

为了便于标识和存储，通常将硬盘赋予标号 C，当硬盘用于更多的用途时，可以对其进行逻辑分区，按顺序赋予标号 C，D，E，F…

（2）光盘存储器。

随着多媒体技术及应用软件向大型化方向发展，人们需要一种高容量、高速度、工作稳定可靠、耐用性强的存储介质来取代软盘，从而光盘应运而生。

光盘是利用激光照射来记录信息，再通过光盘驱动器将盘片上的光学信号读取出来。计算机上使用的光盘主要有 3 种类型：只读型光盘（compact disk read only Memory，CD-ROM）、只写一次型光盘（write once read memory，WORM）和可擦写型光盘（erasable optical disk）。

① 只读型光盘由制作者直接把信息一次性写入盘中，用户只能从中读取信息。与一般音乐 CD 不同，CD-ROM 是数字式的，其中可存放各种文字、声音、图形、图像和动画等多媒体数字信息。一般一张 CD-ROM 的容量为 650 MB 或 680 MB。其主要优点是价格便宜、制作容易、体积小、容量大、易长期存放等。

② 只写一次型光盘可由用户写入信息，写入后可以多次读出，但只能写一次，信息写入后不能修改，因此被称为“只写一次型”光盘。主要用于保存不允许随意修改的重要档案、历史性资料和文献等。

③ 可擦写型光盘类似于磁盘，可以重复读写信息，是很有发展前途的辅助存储器，主要使用的是磁光型（MO）盘。

第一代光盘驱动器的数据传输速率只有 150 kB/s，以后陆续推出了 2 倍速、4 倍速、6 倍速的光盘驱动器，目前 50 倍速的 CD-ROM 驱动器已广泛使用。

1996 年底推出了数字化视频光盘（digital video disc，DVD），它使多媒体信息数字化又向前迈进了一大步。它能从单个盘片上读取 4.7 ～ 17 GB 的数据量，目前其最大的传输速率可达 1.35 MB/s，相当于 9 倍速光驱。同时，它还具有多种存储格式，数据可直接通过接口读取，采用通用磁盘格式（universal disk format，UDF）标准向前后兼容等。

（3）闪盘。

闪盘又称 U 盘或优盘，如图 1-27 所示，是一种小体积的移动存储装置，以闪存为存储核心、通过 USB 接口与计算机相连的便携式存储设备。U 盘容量一般在 32 GB 以上。

即插即用的功能使得计算机可以自动侦测到 U 盘，只需将它插入计算机 USB 接口就可以使用。闪盘的结构很简单，主要部件就是一枚闪存芯片和一枚控制芯片，剩下的就是电路板、USB 接口和外壳。其中，闪存芯片负责数据存储，控制芯片负责闪存的读写和 USB 传输的控制，这两枚芯片位于同一块电路板上。

图 1-27　U 盘

（4）移动硬盘。

移动硬盘，顾名思义是以硬盘为存储介质，强调便携性的存储产品，如图 1-28 所示。

图 1-28　移动硬盘

目前市场上绝大多数的移动硬盘都是以标准硬盘为基础的，而很少使用微型硬盘（1.8 英寸硬盘等）。移动硬盘的数据读写模式和标准 IDE 硬盘是相同的。移动硬盘多采用 USB 和 IEEE 1394 等传输速度较快的接口，与系统进行数据传输。移动硬盘与笔记本电脑硬盘的结构类似，多采用硅氧盘片。这是一种比铝更为坚固耐用的盘片材料，而且具有更大存储容量和更好的可靠性，提高了数据的完整性。

（5）闪存卡。

闪存卡（flash card）是利用闪存技术的存储器，一般应用在数码相机、掌上电脑、MP3、MP4 等小型数码产品中，样子小巧，犹如一张卡片，所以称为闪存卡。根据不同的生产厂商和不同的应用，闪存卡包括 SM（SmartMedia）卡、CF（Compact Flash）卡、MMC 卡（MultiMedia Card）、SD 卡（Secure Digital Memory Card）、记忆棒（Memory Stick）、XD 卡（XD-Picture Card）和微硬盘（Microdrive）等。这些闪存卡虽然外观、规格不同，但是技术原理都是相同的。

图 1-29　闪存卡

（6）网盘。

网盘采用先进的海量存储技术，用户可以方便地将文档、照片、音乐、软件等资料保存在网盘上，无论何时何地，只要登录网盘地址或邮箱，就可以十分方便地存取和管理网盘中的文件和资料。现在有些网站提供的网盘完全是免费并且与邮箱捆绑，上传、下载都非常方便。只需一键操作便可将收到邮件的附件直接转存到网盘。网盘中的资料也可以直接作为附件发送，不会像其他附件，需要从电脑上传到邮件服务器。比如网易网盘是基于先进的海量存储技术，采用 HP（惠普）磁盘阵列、Java 前端应用、Cluster 系统架构，以及 HP RAIDADG 技术进行数据保护，其安全性远远高于基于闪存技术的 U 盘。

6. 输入设备

输入设备是向计算机输入程序、数据和命令的设备，常见的输入设备有键盘、鼠标、触压板、扫描仪等。

（1）键盘。

键盘是最常用也是最主要的输入设备，如图 1-30 所示，通过键盘可以将英文字母、数字、标点符号等输入到计算机中，从而向计算机发出命令、输入数据等。

图 1-30　键盘

目前，101 键和 104 键键盘占据市场的主流地位，其间也曾出现过 102 键、103 键的键盘。104 键键盘是新型多媒体键盘，它在传统的键盘基础上增加了不少常用快捷键或音量调节装置，使操作进一步简化，如收发电子邮件、打开浏览器软件、启动多媒体播放器等都只需要按一个特殊按键即可，同时在外形上也做了重大改善，着重体现了键盘的个性化。起初这类键盘多用于品牌机，如惠普、联想等，受到广泛的好评，并曾一度被视为品牌机的特色。随着时间的推移，渐渐地市场上也出现独立的具有各种快捷功能的键盘产品单独出售，并带有专用的驱动软件，在兼容机上也能实现个性化的操作。

（2）鼠标。

鼠标是常见的输入设备，如图 1-31 所示，鼠标的使用是为了使计算机的操作更加简便，来代替键盘上某些烦琐的指令。尤其随着 Windows 操作系统的流行，鼠标已和键盘一样成为一种标准的输入设备，主要用于图形用户界面操作。

鼠标按其工作原理可以分为机械鼠标和光电鼠标，按其键数可以分为两键鼠标、三键鼠标和多键鼠标。目前广泛采用带滚动轮的光电鼠标，前后滚动该轮可使页面上下滚动，而不需通过拖动页面窗口内的垂直滚动条来滚动，非常方便。

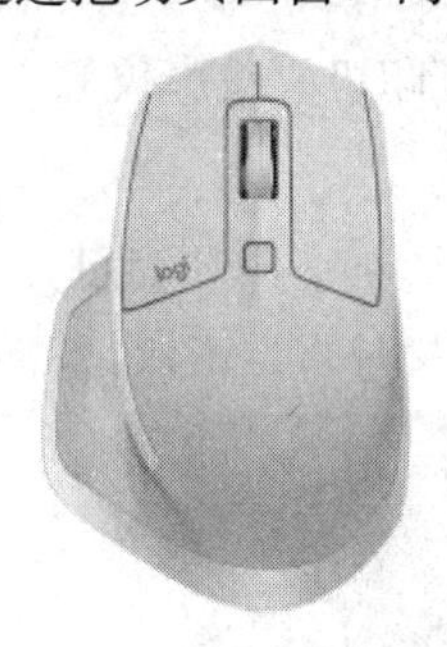

图 1-31　鼠标

图 1-32　触摸板

（3）触压板。

触压板（touchpad）是一种在平滑的触控板上，利用手指的滑动操作来移动游标的输入装置，是一种广泛应用于笔记本电脑上的输入设备，如图 1-32 所示。当使用者的手指接近触压板时会使电容量改变，触压板自身会检测出电容改变量，转换成坐标。触压板是借由电容感应来获知手指移动情况，对手指热量并不敏感。其优点在于使用范围较广，全内置、超轻薄笔记本均适用，而且耗电量少，可以提供手写输入功能。因为它是无移动式机构件，使用时可以保证耐久与可靠。

（4）扫描仪。

扫描仪是一种能够捕获图像并将之转换成计算机可以显示、编辑、储存和输出的数字化文档的输入设备。照片、文本页面、图纸、美术图画、照相底片、菲林软片，甚至纺织品、标牌面板、印制板样品等三维对象都可作为扫描对象。

扫描仪由扫描头、主板、机械结构和附件 4 个部分组成。扫描仪按照其处理的颜色可以分为黑白扫描仪和彩色扫描仪两种；按照扫描方式可以分为手持式、台式、平板式和滚筒式 4 种，图 1-33 给出了两种类型的扫描仪。

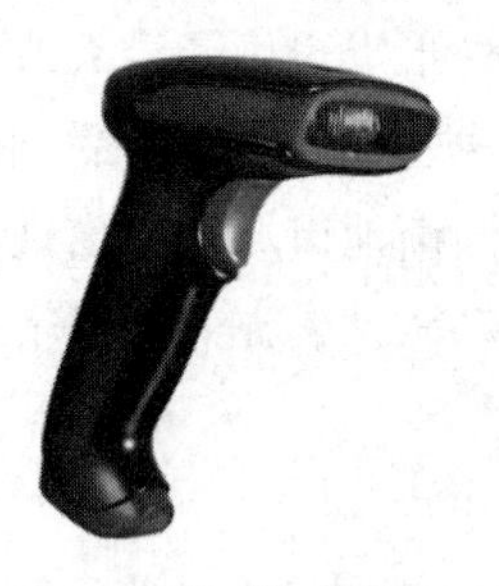
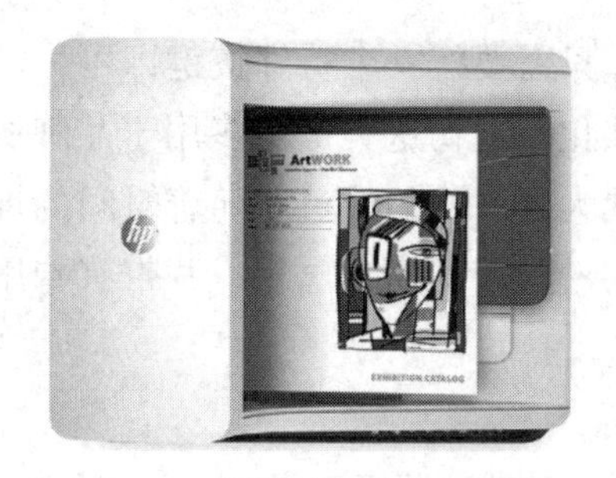
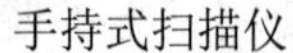

手持式扫描仪　　　　平板式扫描仪

图 1-33　扫描仪

扫描仪的性能指标主要有分辨率、扫描区域、灰度级、图像处理能力、精确度、扫描速度等。

7. 输出设备

输出设备是将计算机运算或处理后所得的结果，以字符、数据、图形等人们能够识别的形式进行输出。常见输出设备有显示器、打印机、投影仪等。

（1）显示器。

显示器是计算机的标准输出设备，如图 1-34 所示。用户通过显示器能及时了解到计算机工作的状态，看到信息处理的过程和结果，及时纠正错误，指挥计算机正常工作。

图 1-34　显示器

显示器由监视器和显卡组成。按颜色来划分，可分为单色和彩色显示器；按生产技术来划分，可分为阴极射线管（CRT）、液晶（LCD）、发光二极管（LED）、等离子（PDP）显示器；按规格和性能来划分，可分为 VGA、EGA、XGA、SVGA、AVGA 等显示器。

显示器的主要技术指标有屏幕尺寸、点距、分辨率、颜色深度及刷新频率。

分辨率是指能显示像素的数目，像素是可以显示的最小单位。例如，显示器的分辨率是 1 024×768，则共有 1 024×768 = 786 432 个像素。分辨率越高，则像素越多，显示的图形就越清晰。显示器的分辨率受点距和屏幕尺寸的限制，也和显卡有关。

颜色深度是指表示像素点色彩的二进制位数，一般有 2 位、4 位、8 位、16 位、24 位和 32 位，24 位可以表示的色彩数为 1 600 多万种，称为真彩色，32 位是指 24 位色彩数再加上 8 位的 alpha 通道。

刷新频率是指每秒钟内屏幕画面刷新的次数。刷新频率越高，画面闪烁越小，通常为 60 ～ 100 Hz。

（2）打印机。

打印机是计算机目前最常用的输出设备，也是品种、型号最多的输出设备之一。一般微机使用的打印机有点阵打印机、喷墨打印机和激光打印机 3 种。

① 点阵打印机。

点阵打印机主要由打印头、运载打印头的小车机构、色带机构、输纸机构和控制电路等几部分组成，如图 1-35 所示。打印头是点阵打印机的核心部件。点阵打印机有 9 针、24 针之分。24 针打印机可以打印出质量较高的汉字，是目前使用较多的点阵打印机。点阵打印机是在脉冲电流信号的控制下，打印针击打色带的针点在纸上形成字符或汉字的点阵。这类打印机的最大优点是耗材（包括色带和打印纸）便宜，缺点是打印速度慢、噪声大、打印质量差。

② 喷墨打印机。

喷墨打印机属于非击打式打印机，无机械击打动作，如图 1-36 所示。其工作原理是喷嘴朝着打印纸不断喷出极细小的带电的墨水雾点，当它们穿过两个带电的偏转板时受到控制，然后落在打印纸的指定位置上，形成正确的字符。喷墨打印机的优点是设备价格低廉、打印质量高于点阵打印机、可彩色打印、无噪声。缺点是打印速度慢、耗材贵。

图 1-35　点阵打印机

图 1-36　喷墨打印机

③ 激光打印机。

激光打印机也属非击打式打印机，如图 1-37 所示。其工作原理与复印机相似，涉及光学、电磁学、化学等。激光打印机将来自计算机的数据转换成光，射向一个充有正电的旋转的感光鼓上。感光鼓上被照射的部分便带上负电，并能吸引带色粉末。感光鼓与纸接触再把粉末印在纸上，接着在一定的压力和温度的作用下粉末熔解在纸的表面。

图 1-37　激光打印机

激光打印机的优点是无噪声、打印速度快、打印质量最高，常用来打印正式文件及图表。其缺点是设备价格高、耗材贵，打印成本是三种打印机中最高的。

（3）投影仪。

投影仪如图 1-38 所示，主要用于电化教学、培训、会议等公众场合，它通过与计算机的连接，可以把计算机屏幕显示的内容全部投影到影屏上。随着技术的进步，高清晰、高亮度的液晶投影仪的价格迅速下降，正在不断进入办公场所和学校等。投影仪的主要性能指标包括光输出、水平扫描频率、垂直扫描频率、视频带宽、分辨率、CRT 管的聚焦性能等。目前，有 CRT 投影仪和使用 LCD 投影技术的液晶板投影仪。液晶板投影仪具有体积小、重量轻、价格低且色彩丰富的优点。

图 1-38　投影仪

（4）其他输出设备。

在微机上使用的其他输出设备有绘图仪、声音输出设备（音箱或耳机）等。绘图仪有平板绘图仪和滚动绘图仪两类，通常采用增量法在 x 和 y 方向产生位移来绘制图形。

1.2.2　软件系统

计算机软件是各种程序和文档的总称，程序是人们为使计算机完成某个特定的任务而编写的按一定次序排列和执行的命令和数据的集合，文档则是应用各种编辑系统编写的文本。计算机软件系统包括系统软件和应用软件。

1. 系统软件

系统软件是指控制、管理和协调计算机及其外部设备，支持应用软件的开发和运行的软件的总称。系统软件包括：操作系统、语言处理程序和服务程序。

（1）操作系统。

操作系统是管理和控制计算机软、硬件资源协调运行的程序系统，由一系列具有不同管理和控制功能的程序组成，它是直接运行在计算机硬件上的、最基本的系统软件，是系统软件的核心。操作系统的主要目的有两个：① 方便用户使用计算机，是用户和计算机的接口。例如，用户键入一条简单的命令就能自动完成复杂的功能，这就是操作系统管理和控制程序的结果。② 统一管理计算机系统的全部资源，合理组织计算机工作流程，以便充分、合理地发挥计算机的效率。有关操作系统的知识将在第 2 章进行详细的介绍。

（2）程序设计语言。

程序设计语言是人们根据描述实际问题的需要而设计的、用于书写计算机程序的语言。程序设计语言可分为低级语言和高级语言。低级语言包括机器语言和汇编语言。

① 机器语言（machine language）。机器语言是以二进制代码形式表示的机器基本指令的集合。它的特点是运算速度快，每条指令都是 0 和 1 的组合，但不同计算机的机器语言不同，难阅读，难修改，难移植。

② 汇编语言（assemble language）。汇编语言是为了解决机器语言难于理解和记忆的问题，而用易于理解和记忆的名称和符号表示的机器指令。例如，加法指令 ADD，传送指令 MOV。汇编语言虽比机器语言直观，但基本上还是一条指令对应一种基本操作，对同一问题编写的程序在不同类型的机器上仍是互不通用的。汇编语言必须经过语言处理程序（汇编程序）的翻译才能被计算机识别。

③ 高级语言（high level language）。高级语言是人们为了解决低级语言的不足而设计的程序设计语言。它是由一些接近于自然语言和数学语言的语句组成，具有易学、易用、易维护的优点。但是由于机器硬件不能直接识别高级语言中的语句，因此必须经过解释或编译，将高级语言编写的程序翻译成机器语言才能执行。一般而言，高级语言的编程效率较高，但执行速度没有低级语言程序高。目前最常用的高级语言有 C，C ++，Java，Delphi 等。

（3）语言处理程序。

除机器语言外，采用其他程序设计语言编写的程序，计算机都不能直接识别，这种程序称为源程序。计算机必须把源程序翻译成相应的机器语言程序，即计算机能识别的 0 与 1 的组合，承担翻译工作的即为语言处理程序。语言处理程序又分为编译程序和解释程序。编译和解释过程如图 1-39 所示。

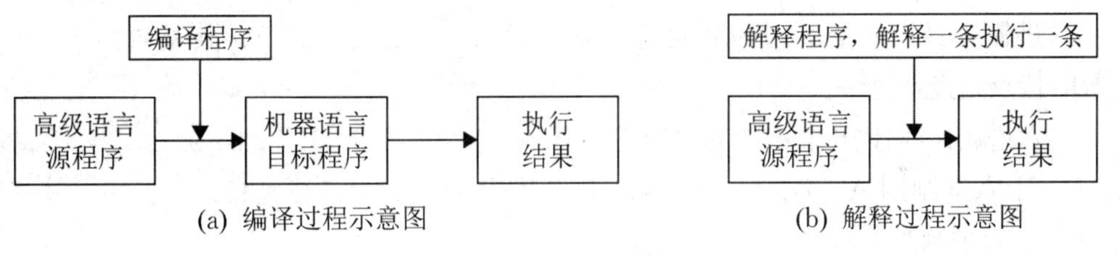

(a) 编译过程示意图　　(b) 解释过程示意图

图 1-39　编译和解释过程

2. 应用软件

应用软件是为计算机在特定领域中的应用而开发的专用软件。应用软件具体可分为两类：① 面向问题的应用程序，如企业管理系统、财务软件、订票系统、电话查询系统、仓库管理系统、旅馆服务系统；② 为用户使用而开发的各种工具软件，如诊断程序、调试程序、编辑程序、链接程序、文字处理软件、图形处理软件、系统操作与维护软件等。

应用软件包括的范围是极其广泛的，基本上所有计算机的应用都离不开应用软件。如办公应用软件 Microsoft Office，WPS；平面设计应用软件 Photoshop，Illustrator，CorelDRAW；视频处理应用软件 Premiere，After Effects，会声会影；网站建设应用软件 FrontPage，Dreamweaver；辅助设计应用软件 Auto CAD；三维制作应用软件 3ds Max；多媒体开发应用软件 Authorware，Flash；等等。

1.3 计算机数制及转换与运算

1.3.1 数制的概念

数制的种类很多，但在日常生活中，人们习惯使用十进制，所谓十进制，就是逢十进一。除十进制外，有时人们还使用十二进制、六十进制等，比如一打袜子为十二双，一年等于十二个月，即逢十二进一；一小时等于六十分钟，一分钟等于六十秒，即逢六十进一。

指令、数据、图形、声音等信息，都必须转换成二进制编码形式，才能存入计算机中。有时为书写方便，也常用八进制和十六进制。为了更好地理解数制，引入基数和位权两个概念。

基数：一组固定不变的不重复数字的个数。例如，二进制数基数是 2，十进制数基数为 10。

位权：某个位置上的数代表的数量大小。表示此数在整个数中所占的分量（权重）。

二进制：具有两个不同的数码符号，即 0 和 1；其基数为 2；二进制的特点是逢二进一。

十进制：具有 10 个不同的数码符号 0，1，2，3，4，5，6，7，8，9，其基数为 10；十进制数的特点是逢十进一。

八进制：具有 8 个不同的数码符号 0，1，2，3，4，5，6，7，其基数为 8；八进制数的特点是逢八进一。

十六进制：具有 16 个不同的数码符号 0，1，2，3，4，5，6，7，8，9，A，B，C，D，E，F，十六进制用 A，B，C，D，E，F 分别表示 10，11，12，13，14，15，其基数为 16；十六进制数的特点是逢十六进一。

对任一 r 进制，其基本数码符号有 r 个，计算规则是逢 r 进一，相应位 i 的权为 r^i。如二进制有数码符号 2 个，即 0 和 1，逢二进一，相应位 i 的权为 2^i。计算机中常用的 4 种进制的信息如表 1-2 所示。

表 1-2 计算机中常用的 4 种进制

进位制	计算规则	基数	数码	权值	表示形式
十进制	逢十进一	$r=10$	0,1,…,9	10^i	D
二进制	逢二进一	$r=2$	0,1	2^i	B
八进制	逢八进一	$r=8$	0,1,…,7	8^i	O
十六进制	逢十六进一	$r=16$	0,1,…,9,A,…,F	16^i	H

为区分不同数制的数，一般用（ ）带下标或加上字母 D（十进制）、B（二进制）、

O（八进制）、H（十六制）来表示数的进制。如 15H，表示十六进制数 15。另外，不特别标明进制的数，一般默认为十进制数，如 10，表示十进制数 10。

1.3.2 数值之间的转换

1. 二进制数与十进制数之间的转换

（1）二进制数转换为十进制数。

二进制数按权展开后，相加即得相应的十进制数，例如：

$(1101.011)_2=1\times2^3+1\times2^2+0\times2^1+1\times2^0+0\times2^{-1}+1\times2^{-2}+1\times2^{-3}=(13.375)_{10}$。

（2）十进制数转换为二进制数。

整数部分：采用除以 2 取余法，且除到商为 0 为止；按从下往上顺序排列余数即可得到结果。

小数部分：采用乘 2 取整法，直到小数部分为 0 或达到所要求精度为止，最先得到的整数排在最高位。例如将 $(241.43)_{10}$ 转换成二进制数，小数取 4 位，转换过程如下：

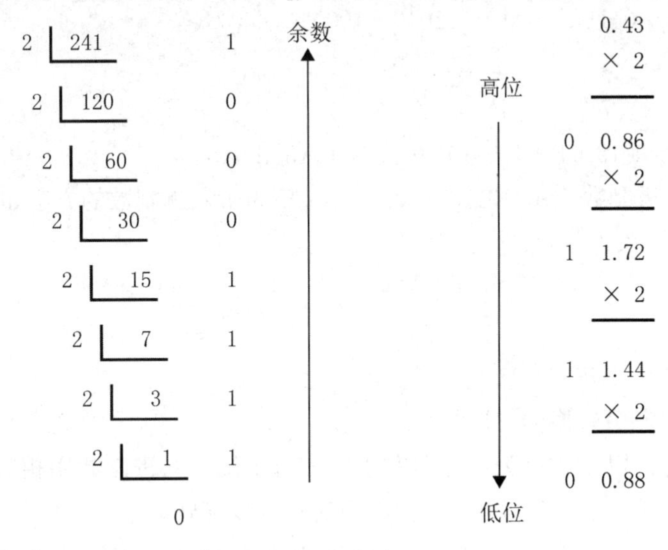

计算结果位 $(241.43)_{10}=(11110001.0110)_2$。

2. 二进制数与八进制数之间的转换

（1）二进制数转换为八进制数。

由于二进制数和八进制数之间存在特殊关系即 $8^1=2^3$，因此转换方法比较容易。具体转换方法是，将二进制数从小数点开始，整数部分从右向左 3 位一组，小数部分从左向右 3 位一组，不足 3 位用 0 补足即可。二进制数每 3 位对应八进制数的 1 位。

例如，将 $(10110101110.11011)_2$ 转换为八进制数的方法如下：

010 110 101 110 . 110 110

↓ ↓ ↓ ↓ ↓ ↓

2 6 5 6 . 6 6

于是，$(10110101110.11011)_2=(2656.66)_8$。

（2）八进制数转换为二进制数。

具体方法为，以小数点为界，向左或向右每 1 位八进制数用相应的 3 位二进制数取代，然后将其连在一起即可。例如，将 $(6237.431)_8$ 转换为二进制数的方法如下：

6　2　3　7　.　4　3　1

↓　↓　↓　↓　　↓　↓　↓

110　010　011　111　.　100　011　001

于是，$(6237.431)_8=(110010011111.100011001)_2$。

3. 二进制数与十六进制数之间的转换

（1）二进制数转换为十六进制数。

二进制数的每 4 位，刚好对应于十六进制数的 1 位（$16^1=2^4$），其转换方法是，将二进制数从小数点开始，整数部分从右向左 4 位一组，小数部分从左向右 4 位一组，不足 4 位用 0 补足，每组对应 1 位十六进制数。

例如，将二进制数 $(101001010111.110110101)_2$ 转换为十六进制数的方法如下：

1010　0101　0111　.　1101　1010　1000

↓　↓　↓　　↓　↓　↓

A　5　7　.　D　A　8

于是，$(101001010111.110110101)_2=(A57.DA8)_{16}$。

例如，将二进制数 $(100101101011111)_2$ 转换为十六进制数的方法如下：

0100　1011　0101　1111

↓　↓　↓　↓

4　B　5　F

于是，$(100101101011111)_2=(4B5F)_{16}$。

（2）十六进制数转换为二进制数。

具体方法为，以小数点为界，向左或向右每 1 位十六进制数用相应的 4 位二进制数取代，然后将其连在一起即可（整数前面的 0 可以省略）。

例如，将 $(3AB.11)_{16}$ 转换成二进制数的方法如下：

3　A　B　.　1　1

↓　↓　↓　　↓　↓

0011　1010　1011　.　0001　0001

于是，$(3AB.11)_{16}=(1110101011.00010001)_2$。

十进制与二进制、八进制、十六进制数字之间的转换关系如表 1-3 所示。

表 1-3　常用进制数字转换对照图

十进制	0	1	2	3	4	5	6	7	8	9	10	11	12	13	14	15
二进制	0000	0001	0010	0011	0100	0101	0110	0111	1000	1001	1010	1011	1100	1101	1110	1111
八进制	0	1	2	3	4	5	6	7	10	11	12	13	14	15	16	17
十六进制	0	1	2	3	4	5	6	7	8	9	A	B	C	D	E	F

1.4 数据信息的表示与存储

1.4.1 西文字符的编码

目前国际上普遍使用的是美国标准信息交换码，即 ASCII 码，如表 1-4 所示。ASCII 码共有 128 个字符，用 7 位二进制数编码，另外增加一位奇偶校验位，共 8 位。其中包括 32 个通用字符、10 个十进制数码、52 个英文大小写字母和 34 个专用符号。表 1-4 列出了其中 95 个可以显示或打印出来的图形符号，以及 33 个不可直接显示或打印的控制字符。

表 1-4 ASCII 码表

ASCII 值	字符	ASCII 值	字符	ASCII 值	字符	ASCII 值	字符
0	NUL	32	(space)	64	@	96	`
1	SOH	33	!	65	A	97	a
2	STX	34	″	66	B	98	b
3	ETX	35	#	67	C	99	c
4	EOT	36	$	68	D	100	d
5	ENQ	37	%	69	E	101	e
6	ACK	38	&	70	F	102	f
7	BEL	39	′	71	G	103	g
8	BS	40	(	72	H	104	h
9	HT	41	)	73	I	105	i
10	LF	42	*	74	J	106	j
11	VT	43	+	75	K	107	k
12	FF	44	,	76	L	108	l
13	CR	45	—	77	M	109	m
14	SO	46	.	78	N	110	n
15	SI	47	/	79	O	111	o
16	DLE	48	0	80	P	112	p
17	DC1	49	1	81	Q	113	q
18	DC2	50	2	82	R	114	r
19	DC3	51	3	83	S	115	s
20	DC4	52	4	84	T	116	t
21	NAK	53	5	85	U	117	u
22	SYN	54	6	86	V	118	v

续表

ASCII 值	字符	ASCII 值	字符	ASCII 值	字符	ASCII 值	字符
23	ETB	55	7	87	W	119	w
24	CAN	56	8	88	X	120	x
25	EM	57	9	89	Y	121	y
26	SUB	58	:	90	Z	122	z
27	ESC	59	;	91	[	123	{
28	FS	60	<	92	\	124	|
29	GS	61	=	93	]	125	}
30	RS	62	>	94	^	126	~
31	US	63	?	95	_	127	DEL

1.4.2 中文字符的编码

西文字符基本符号比较少，利用键盘就可以输入有关信息，因此编码比较容易，在计算机系统中，输入、内部处理、存储和输出都可以使用同一代码。汉字种类繁多，编码十分困难，因此在输入、计算机内部处理、输出时要使用不同的编码，各种编码之间要进行转换。

1. 汉字输入码

汉字输入码是一种用计算机标准键盘上的按键的不同组合输入汉字而编制的编码，也是汉字外部码，简称外码。目前输入法可分为以下 4 类。

（1）数字编码是用数字串代表一个汉字，国标区位码是这种类型编码的代表。国际区位码用 4 位十进制数表示，例如汉字“中”的区位码为“5448”，汉字“玻”的区位码为“1803”。

（2）字音编码是以汉语拼音为基础的输入方法。全拼输入法、智能 ABC 输入法、微软拼音输入法等都属于这种类型的编码。

（3）字形编码是以汉字的形状为基础确定的编码，即按汉字的笔画部件用字母或数字进行编码。如五笔字型就属于这种类型的编码。

（4）音形码，如自然码等。

2. 汉字交换码

汉字相对于西文字符而言，其数量较大，我国在 1981 年颁布了《信息交换使用汉字编码字符集》，简称国标码，代号为 GB 2312—80。国标码规定：一个汉字用两个字节来表示，每个字节只用低 7 位，最高位为 0 。但为了与标准的 ASCII 码兼容，避免每个字节的 7 位中的个别编码与计算机的控制符冲突，实际每个字节只使用了 94 种编码。也就是说，将编码分为 94 个区(section)，对应第一字节，每个区 94 个位(position)，对应第二字节。两个字节的值，分别为区号值和位号值各加 32（20H）。

GB 2312—80 规定，01 ～ 09 区（原规定为 1 ～ 9 区，为表示区位码方便起见，现改称 01 ～ 09 区）为符号、数字区，16 ～ 87 区为汉字区。而 10 ～ 15 区、88 ～ 94 区是有待于“进一步标准化”的“空白位置”区域。

GB 2312—80 把收录的汉字分成两级。第一级汉字是常用汉字，计 3 755 个，置于 16 ～ 55 区，按汉语拼音字母 / 笔形顺序排列；第二级汉字是次常用汉字，计 3 008 个，置于 56 ～ 87 区，按部首 / 笔区顺序排列。字音以普通话审音委员会发表的《普通话导读词三次审音总表初稿》（1963 年出版）为准，字形以中华人民共和国文化和旅游部、中国文字改革委员会公布的《印刷通用汉字字形表》（1964 年出版）为准。

由于 GB 2312—80 表示的汉字比较有限，我国的信息标准化委员会就对原标准进行了扩充，得到了扩充后的汉字编码方案 GBK，常用的繁体字被填充到了原编码标准中留下的空白码段，使汉字个数增加到 20 902。在 GBK 之后，我国又颁布了 GB 8030。GB 8030 共收录了 27 484 个汉字，总编码空间超过了 150 万个码位。Windows 2000 和 Windows 7 已提供了对 GB 8030 标准的支持。

3. 汉字机内码

由于国标码每个字节的最高位都是“0”，与国际通用的标准 ASCII 码无法区分。因此，计算机内部采用机内码来表示，又称汉字内码，是设备和汉字信息处理系统内部存储、处理、传输汉字而使用的编码。机内码就是将国标码的两个字节的最高位设定为“1”。

4. 汉字字形码

表示汉字字形的字模数据，也称输出码，用于显示或打印汉字时产生字形。该编码有两种表示方式：点阵和矢量表示方式。用点阵表示时，字形码指的就是这个汉字字形点阵的代码。根据输出汉字的要求不同，点阵的类型也不同，有 16×16，24×24，32×32，48×48 等点阵类型。例如，对于黑点用二进制数“1”表示，白点用“0”表示。这样，一个汉字的“中”字形就可以用一串二进制数表示了，这就是字形码，如图 1-40 所示。显然，字形码是对汉字的点阵信息进行的编码。

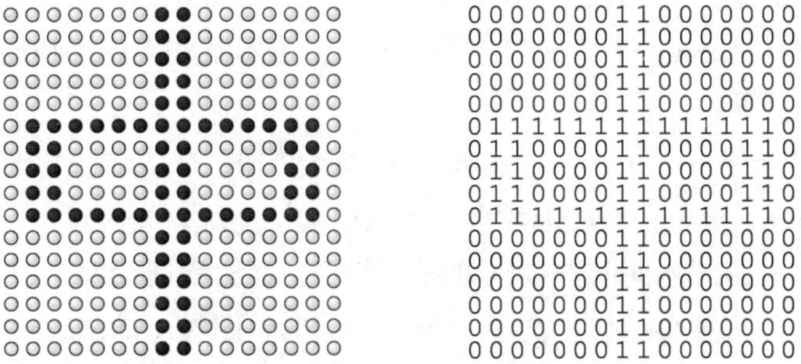

```
0000000110000000
0000000110000000
0000000110000000
0000000110000000
0000000110000000
0111111111111110
0110000110000110
0110000110000110
0110000110000110
0111111111111110
0000000110000000
0000000110000000
0000000110000000
0000000110000000
0000000110000000
0000000110000000
```

(a) 字形点阵　　(b) 字形二进制码

图 1-40　汉字字形码

1.5 多媒体的概念及其技术

1.5.1 多媒体的概念

多媒体的英文为multimedia，由multiple和media复合而成，核心词是媒体（media）。媒体是指存储或传递信息的载体，它在计算机领域有两种含义：① 存储信息的实体，如磁盘、光盘、磁带、半导体存储器等，也称其为媒质；② 传递信息的载体，如数字、文字、声音、图形和图像、视频等，也称其为媒介。多媒体计算机技术中的媒体指的是后者，它是应用计算机技术将各种媒体以数字化的方式集成在一起，从而使计算机具有表现、处理、存储各种媒体信息的综合能力和交互能力。

人类通过自身的感觉（视觉、听觉、嗅觉、触觉、味觉）来感知以不同表现形式存在于不同存储媒体上的外部信息，不同的感觉器官对不同媒体形式的信息会产生不同的感知效果及作用。视觉是人类感知信息的最重要最有效的途径，人类感知得到的信息的70%～80%是通过视觉获得的，而且视觉获得的信息对人的记忆、印象最深刻；其次的10%是通过听觉获得的；另外，通过嗅觉、触觉、味觉获得的外部信息约占10%。因此，多种媒体信息作用和刺激于人的不同感官，大大提高了人对信息的接受效率和效果。

国际电报电话咨询委员会曾对媒体做过如下分类：

① 感觉媒体（perception medium）：能直接作用于人们的感觉器官，从而能使人产生直接感觉的媒体，如人类的各种语言、音乐，自然界中的各种声音、图像、动画，计算机中的文字、数据和文件等。

② 表示媒体（representation medium）：为了传送感觉媒体而人为研究、构造出来的一种媒体，如声音编码、图像编码、ASCII编码、电报码、条形码等。借助于此种媒体，便能更有效地存储感觉媒体或将感觉媒体从一个地方传送到另一个地方。

③ 呈现媒体（presentation medium）：用于通信中使电信号和感觉媒体之间产生转换的媒体，它又分为两种：一种是输入呈现媒体，如键盘、鼠标器、摄像机、光笔、话筒等；另一种是输出呈现媒体，如显示器、打印机、喇叭等。

④ 存储媒体（storage medium）：用于存放、表示某些媒体的物理媒体，如纸张、磁带、磁盘、光盘等。

⑤ 传输媒体（transmission medium）：用于传输某些媒体的物理媒体。传输媒体是通信的信息载体，如电话线、双绞线、通信电缆、光纤、微波等。

多媒体技术是指能够同时获取、处理、编辑、存储和展示两个以上不同类型信息媒体的技术，这些信息媒体包括文字、声音、图形、图像、动画、视频等。由于计算机技术和数字信息处理技术的飞速发展，使得计算机拥有了处理多媒体信息的能力，才使得多媒体成为一种现实。现在人们所说的多媒体，常常不是指多种媒体本身，而主要是指处理和应用它的一整套技术。因此，多媒体实际上常常被当作多媒体技术的同义语。多媒体技术就是指利用计算机技术把文本、图形、图像、声音、动画和视频等多种媒体综合起来，集成为一个系统并具有交互性，使多种信息建立逻辑连接，并能对它们进行获取、压缩、加工处理、存储等。

1.5.2 多媒体技术的特点

（1）集成性。

多媒体技术是多种媒体信息的有机集成，也包括处理这些媒体信息的软、硬件的集成。多媒体信息的集成是指各种媒体信息的多通道统一获取、存储、组织以及表现合成等方面。

（2）多样性。

媒体种类及其处理技术具有多样性。多样性使计算机能够处理的信息空间得到扩展和放大，不再局限于数值和文本，而是广泛采用图像、图形、视频、音频等媒体形式来表达。

（3）交互性。

交互性是指用户与计算机之间进行数据交换、媒体交换和控制权交换的一种特性，它提供了用户更加有效地控制和使用信息的手段。

（4）实时性。

实时性是指当用户给出操作命令时，相应的多媒体信息都能够得到实时控制。

（5）数字化。

与传统的媒体不同，多媒体中的各种媒体信息都以数字形式存放在计算机中。

（6）压缩性。

计算机在处理多媒体信息，特别是图像和音频视频信息时，要占用大量的空间，如果不将信息进行压缩的话，现在的计算机很难满足这样大的存储量，所以对多媒体信息进行实时的压缩和解压缩是十分必要的。

1.5.3 多媒体技术的应用及发展前景

1. 多媒体技术的应用

（1）娱乐领域。

娱乐是多媒体技术应用极为成功的一个领域。目前每年都有大量的游戏产品和其他娱乐产品问世，人们既能用计算机听音乐、看影视节目，又能参与游戏，与其中的角色联合或者对抗。目前，互联网上的多媒体娱乐活动更是多姿多彩，从在线音乐、在线电视、在线影院到联网游戏，应有尽有。

（2）商业领域。

在商业领域，互动多媒体正在越来越多地承担着向客户、职员和大众发布信息的任务，并实现了及时性、高效率、低成本的运营要求。现在，许多公共场所，如商店、酒楼、旅游景点、营业厅、博物馆甚至是在飞机、火车上，都能够找到多媒体技术的应用所在。

（3）教育培训领域。

多媒体技术将多种媒体信息集成于一体，传递的信息更丰富、更直观，是一种合乎自然的交流方式。人们在这种交流中通过多种感官接收信息，加快了理解和掌握知识的过程，有助于接收者的联想和推理等思维活动。用于军事、体育、医学和驾驶等各方面培训的多媒体计算机，不仅可以使受训者在生动、直观、逼真的场景中完成训练过程，而且能够设置各种复杂环境，提高受训人员对困难和突发事件的应付能力，还能极大地节约成本。

（4）多媒体电子出版物。

利用多媒体技术制作的电子出版物（通常为光盘出版物）由于信息种类丰富、出版周期短、信息含量大，已经成为最受欢迎的媒体形式之一。利用 CD－ROM 和 DVD 等大容量的存储空间，与多媒体声像功能结合，可以提供大量的信息产品。例如百科全书、地理系统、旅游指南等电子工具。

（5）家庭及个人应用。

多媒体技术的广泛应用，使得大量的数码产品，如数码相机、数码摄像机、MP3 播放器、掌上电脑（PDA）、移动存储器和 MP4 播放器等迅速进入家庭，并普及到个人，这些产品都使得多媒体信息的复制和欣赏更加方便和及时。如今，随着信息化住宅小区的发展，宽带网的接入，拥有多功能的多媒体个人计算机（MPC）和各类数码产品既可以办公、创作、学习，也可以游戏、娱乐。采用交互视听功能，用户还可以根据自己的爱好联网点播或发布视听节目。

2. 多媒体技术的发展前景

如今的多媒体技术正向着高分辨化、高速度化、操作简单化、高维化、智能化和标准化的方向发展，它将集娱乐、教学、通信、商务等功能于一身，从而标志着人类视听一体化的理想生活方式即将到来。就技术方面而言，主要表现在以下 5 个方面：

（1）研究建立新一代多媒体通信网络环境，使多媒体从单机、单点向分布、协同多媒体环境发展，在全球范围内建立一个可自由交互的综合业务通信网。其中，网络结构、网络设备以及网上分布应用与信息服务的研究将是热点。社会生活中的计算机网络、电信网络以及广播电视网络首先会在技术层面上合而为一，形成交互式综合网络的服务能力。未来的多媒体通信将朝着不受空间、时间、通信对象约束和限制的方向发展，其目标是实现任何人在任何时刻与任何地点进行任何形式的通信交流。

（2）利用已较成熟的图像理解、语音识别、全文检索等技术研究多媒体基于内容的处理，开发能进行基于内容的处理系统（包括编码、创作、表现及应用）是多媒体信息管理的重要方向。

（3）多媒体标准仍是研究的重点。各类标准的研究将有利于产品规范化，使应用更方便。以多媒体为核心的信息产业已突破了单一行业的限制，涉及诸多行业，而多媒体系统的集成特性对标准化提出很高的要求，所以必须开展标准化研究，它是实现多媒体信息交换和大规模产业化的关键所在。

（4）多媒体技术与相关技术相结合，提供完善的人机交互环境。同时，多媒体技术继续向其他领域扩展，使其应用的范围进一步扩大。目前，多媒体仿真、智能多媒体等新技术层出不穷，不断扩大了原有技术领域的内涵，激发新的理念。

（5）多媒体技术与外围技术构成的虚拟现实研究仍在继续发展。多媒体虚拟现实技术与可视化技术需要相互补充，并与语音、图像识别、智能接口等技术相结合，建立高层次虚拟现实系统。同时，多媒体技术将在听觉、视觉、触觉媒体技术研究的基础上，开展味觉和嗅觉媒体技术的研究工作。

1.5.4 多媒体计算机系统

多媒体计算机系统是指能把视、听和计算机交互式控制结合起来，能够对音频、视频等多媒体信息进行获取、生成、存储、处理、回收和传输的一个完整的计算机系统。一个完整的多媒体计算机系统由多媒体计算机硬件和多媒体计算机软件两部分组成。

1. 多媒体计算机硬件

多媒体计算机的主要硬件除了常规的硬件如主机、硬盘驱动器、显示器、网卡之外，还要有音频信息处理硬件、视频信息处理硬件及光盘驱动器等部分。

（1）音频卡：用于处理音频信息，它可以把话筒、录音机、电子乐器等输入的声音信息进行 A/D 转换、压缩等处理，也可以把经过计算机处理的数字化的声音信号通过还原（解压缩）、D/A 转换后用音箱播放出来，或者用录音设备记录下来。

（2）视频卡：用来支持视频信号（如电视）的输入与输出。

（3）采集卡：能将电视信号转换成计算机的数字信号，便于使用软件对转换后的数字信号进行剪辑处理、加工和色彩控制，还可将处理后的数字信号输出到录像带中。

（4）扫描仪：将摄影作品、绘画作品或其他印刷材料上的文字和图像甚至实物扫描到计算机中，以便进行加工处理。

（5）光驱：分为只读光驱（CD-ROM，DVD-ROM）和可读写光驱（CD-R，CD-RW），可读写光驱又称刻录机，用于读取或存储大容量的多媒体信息。

常用多媒体硬件的连接如图 1-41 所示。

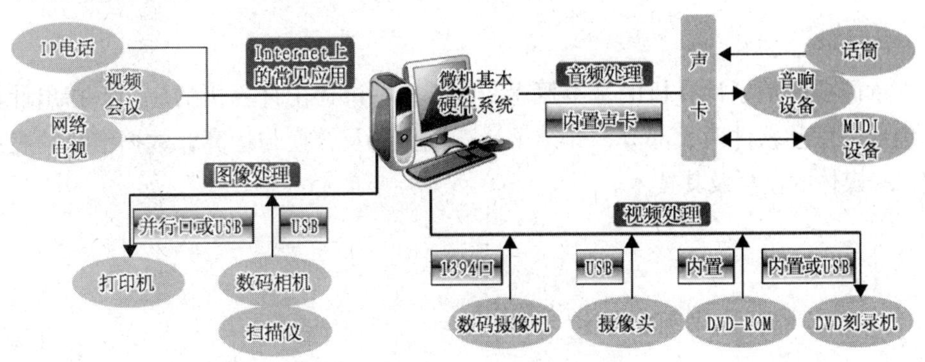

图 1-41 常用多媒体硬件的连接

2. 多媒体计算机软件

（1）多媒体 I/O 驱动。

多媒体 I/O 驱动主要指各种硬件的驱动程序。这一层的主要功能是连接、驱动硬件设备并提供软件编程接口，以便高层软件调用。

（2）多媒体操作系统。

多媒体操作系统是多媒体高层软件与硬件之间交换信息的桥梁，是用户使用多媒体设备的操作接口，主要包括三大功能：① 向用户提供使用多媒体设备的操作（命令、图标等）接口；② 向用户提供多媒体程序设计的程序调用接口；③ 提供一般操作系统的管理功能。Microsoft 公司的 Windows 系列（特别是 Windows 2000、Windows XP、Windows 7）、Apple 公司的 Mac OS X 等都是典型的多媒体操作系统。

（3）多媒体开发工具。

多媒体开发工具是集成了多媒体信息处理、多媒体应用创作与开发的各种工具软件，它向用户提供多媒体信息的编辑能力、多媒体信息的集成交互能力和多媒体应用的开发能力，从而构成一个高效方便的多媒体集成环境。

目前，多媒体开发工具种类繁多、功能各异，如 MS Windows 操作系统中的多媒体录制与播放工具，各种外挂多媒体播放器（CD 播放器、VCD 播放器、MP3 播放器、MP4 播放器、流媒体播放器等），Adobe 公司的 Photoshop 图像处理软件、Premiere 视频编辑软件，Micromedia 公司的 Authorware 多媒体创作软件、Flash 动画制作软件及 Dreamweaver 网页制作软件，Microsoft 公司的 PowerPoint 与 FrontPage 等多媒体集成软件。

（4）多媒体应用系统。

多媒体应用系统位于多媒体计算机系统层次结构的最高层，是利用多媒体创作工具设计、开发的面向应用领域的多媒体软件系统。例如，多媒体计算机辅助教学系统、视频会议系统、网络教育系统、电子商务系统等，其最大特点是强调人与系统的交互。

本 章 小 结

本章简要介绍了计算机的基本概念和发展，并讲述了计算机的应用，指出计算机系统包括硬件和软件两大部分，介绍了计算机数制及转换与运算，数据信息的表示与存储，多媒体的概念及其技术。

第2章　计算机操作系统

操作系统并不是与计算机硬件一起诞生的，它是在人们使用计算机的过程中，为了满足提高资源利用率、增强计算机系统性能的需求，伴随着计算机技术本身及其应用的日益发展，而逐步地形成和完善起来的。

计算机发展初期是没有操作系统的，用户既是程序员也是操作员，使用机器语言操作计算机，且只能进行一些简单运算。随着科学技术的发展与应用需求，提高计算机的利用率、效率与速度等要求十分迫切，因此相继出现了批处理操作系统、分时操作系统与实时操作系统等。计算机网络的出现，促使网络操作系统和分布式操作系统随之产生。

操作系统是管理计算机硬件与软件资源的计算机程序，同时也是计算机系统的内核与基石。操作系统需要处理许多基本事务，如管理与配置内存、决定系统资源供需的优先次序、控制输入与输出设备、操作网络与管理文件系统等。操作系统也提供一个让用户与系统交互的操作界面。

操作系统的类型非常多，不同计算机安装的操作系统可从简单到复杂，可从移动电话的嵌入式系统到超级计算机的大型操作系统。许多操作系统制造者对它涵盖范围的定义也不尽一致，例如有些操作系统集成了图形用

户界面,而有些仅使用命令行界面,而将图形用户界面视为一种非必要的应用程序。

2.1　操作系统概述

2.1.1　操作系统的概念

操作系统是管理硬件与软件资源的第一层系统软件，操作系统提供用户和底层硬件之间的接口，是两者通信的桥梁，用户通过操作系统提供的用户界面来使用计算机系统的各类资源，实现管理计算机的操作。

计算机系统由硬件和软件两大部分所构成，而如果按功能再细分，可分为7层，如图2-1所示。把计算机系统按功能分为多级层次结构，有利于正确理解计算机系统的工作过程，明确软件、硬件在计算机系统中的地位和作用。

第0级是硬联逻辑级，这级是计算机的内核，由存储器、控制器、CPU和输入输

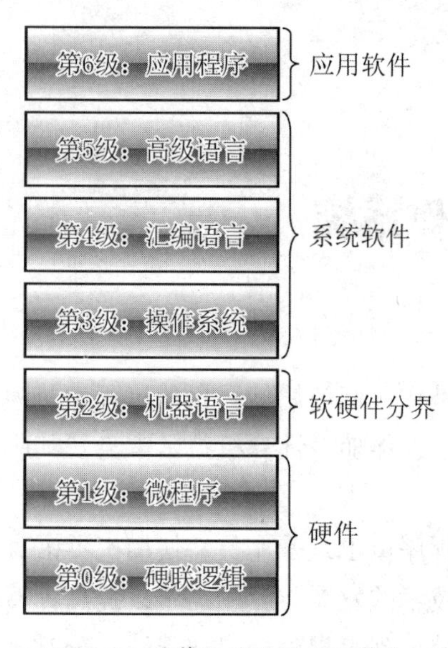

图 2-1 计算机系统的层次结构

出设备组成。

第 1 级是微程序级，这级的计算机语言是微指令集，程序员用微指令编写的微程序，一般是直接由硬件执行的。

第 2 级是机器语言级，这级的机器语言是该机的指令集，程序员用机器语言编写的程序可以由微程序进行解释。

第 3 级是操作系统级，从操作系统的基本功能来看，一方面它要直接管理传统机器中的软硬件资源，另一方面它又是传统机器的延伸。

第 4 级是汇编语言级，完成汇编语言翻译的程序叫作汇编程序。

第 5 级是高级语言级，通常用编译程序来完成高级语言翻译的工作。

第 6 级是应用程序级，这一级是为了使计算机满足某种用途而专门设计的，因此这一级语言就是各种面向问题的应用语言。

2.1.2 操作系统分类

对操作系统进行严格的分类是很困难的。早期的操作系统，按用户使用的操作环境和功能特征的不同，可分为批处理操作系统、分时操作系统和实时操作系统。随着计算机体系结构的发展，又出现了嵌入式操作系统、分布式操作系统和网络操作系统。

1. 批处理操作系统

批处理操作系统 (batch processing operation system) 是一种早期用在大型机上的操作系统，其特点是能够脱机使用计算机、作业成批处理和多道程序运行。批处理操作系统要求用户事先把上机解题的作业准备好，包括程序、数据以及作业说明书，然后直接交给系统操作员，并按指定的时间收取运行结果，用户不直接与计算机打交道。系统操作员不是立即进行输入作业，而是要等到一定时间或作业达到一定数量之后才进行成批输入。由系统操作员将用户提交的作业分批进行处理，每批中的作业由操作系统控制执行。

2. 分时操作系统

分时操作系统 (time-sharing operating system) 允许多个用户共享同一台计算机的资源，即在一台计算机上连接几台甚至几十台终端机，终端机可以没有 CPU 与内存，只有键盘与显示器，每个用户都通过各自的终端机使用这台计算机的资源，计算机系统按固定的时间片轮流为各个终端服务，一个时间片通常是几十毫秒。由于计算机的处理速度很快，用户感觉不到等待时间，似乎这台计算机专为自己服务一样。分时操作系统的主要目的是对联机用户的服务响应，具有同时性、独立性、及时性和交互性等特点。

3. 实时操作系统

随着工业过程控制和对信息进行实时处理的需要，产生了实时操作系统 (real-time operating system)。“实时”是“立即”的意思，指对随机发生的外部事件做出及时的响应并对其进行处理。实时操作系统指系统能及时响应外部事件的请求，在规定的时间内完成对该事件的处理，并控制所有实时任务协调一致地运行。实时系统是较少有人为干预的监督和控制系统，其软件依赖于应用的性质和实际使用的计算机的类型。实时系统的基本特征是事件驱动设计，即当接到某种类型的外部信息时，由系统选择相应的程序去处理。实时操作系统是以在允许的时间范围内做出响应为主要特征，要求计算机对外来的信息能以足够快的速度进行处理，并在被控对象允许时间范围内做出快速响应，其响应时间在秒级、毫秒级或微秒级甚至更小范围，通常用于工业过程控制和信息实时处理方面。工业过程控制主要包括数控机床、电力生产、飞行器、导弹发射等方面的自动控制；信息实时处理主要包括民航中的查询班机航线和票价、银行系统中的财务处理等。实时操作系统的主要特点是高响应性、高可靠性、高安全性等。分时操作系统与实时操作系统的主要差别是在交互能力和响应时间上，分时系统注重交互性，而实时系统追求快捷响应。

4. 嵌入式操作系统

嵌入式操作系统 (embedded operating system) 是指运行于计算和存储能力受限的计算机系统或硬件设备上的专用系统。嵌入式操作系统是一种用途广泛的系统软件，通常包括与硬件相关的底层驱动软件、系统内核、设备驱动接口、通信协议、图形界面、标准化浏览器等。嵌入式操作系统负责嵌入式系统的全部软、硬件资源的分配和任务调度，控制、协调并发程序。嵌入式操作系统必须体现其所在系统的特征，并能够通过装卸某些模块来达到系统所要求的功能。目前，在嵌入式领域广泛使用的操作系统有：嵌入式实时操作系统 μC/OS-Ⅱ，嵌入式 Linux，Windows Embedded，VxWorks，以及应用在智能手机和平板电脑的 Android、iOS 等。

5. 网络操作系统

网络操作系统 (network operating system) 用于对多台计算机的硬件和软件资源进行管理和控制，提供网络通信和网络资源的共享功能。它是负责管理整个网络资源和方便网络用户的程序的集合，要保证网络中信息传输的准确性、安全性和保密性，提高系统资源的利用率和可靠性。

网络操作系统除了具备一般操作系统的基本功能之外，其网络管理模块还提供以下功能：高效而可靠的网络通信能力；多种网络服务，如远程作业录入服务、分时服务、文件传输服务；对网络中的共享资源进行管理；实现网络安全管理。

网络操作系统允许用户通过系统提供的操作命令与多台计算机硬件和软件资源

打交道，通常用在计算机网络系统中的服务器上。最有代表性的几种网络操作系统有 Windows 2000 Server，UNIX，Linux，Novell Netware 等。

6. 分布式操作系统

分布式操作系统 (distributed operating system) 是由多台计算机经网络连接在一起而组成的系统，系统中任意两台计算机都可以通过远程过程调用（remote procedure call, RPC）交换信息，系统中的计算机无主次之分，系统中的资源供所有用户共享，一个程序可以分布在几台计算机上并行地运行，互相协作完成一个共同的任务。分布式操作系统的引入主要是为了增加系统的处理能力、节省投资、提高系统的可靠性。

2.2 了解常见的操作系统

2.2.1 Windows 操作系统

Microsoft Windows 是微软公司推出的一系列操作系统。Windows 系统于 1985 年诞生，起初是 MS-DOS 之下的桌面环境，其后续版本逐渐发展成为主要为个人计算机和服务器用户设计的操作系统，并最终获得了个人计算机操作系统的垄断地位。此操作系统可以在多种不同类型的平台上运行，如个人计算机、移动设备、服务器和嵌入式系统等。

图 2-2 Windows 操作系统

2.2.2 macOS 操作系统

图 2-3 macOS 操作系统

macOS(2012 年前称 Mac OS X,2012—2016 年称 OS X, 2016 年起称 macOS) 是苹果公司推出的图形用户界面操作系统，为麦金塔（Mac）计算机专用，自 2002 年起在所有的 Mac 计算机预装。

StatCounter 在 2017 年 1 月的数据表示，在桌面操作系统中，macOS 的使用份额为 11.2%，仅次于 Microsoft Windows 的 84.4%。

2.2.3 UNIX 操作系统

UNIX 是一个多用户、多任务的操作系统，支持多种处理器架构，按照操作系统的分类，属于分时操作系统，最早由肯•汤普森(Ken Thompson)、丹尼斯•里奇(Dennis

Ritchie）和道格拉斯·麦克罗伊（Douglas Mcllroy）于1969年在AT&T的贝尔实验室开发。目前，它的商标权由国际开放标准组织（The Open Group）所拥有，只有匹配单一UNIX规范的UNIX系统才能使用UNIX这个名称，否则只能称为类UNIX（UNIX—like）。其中最为著名的两个版本为AIX与Solaris。

图2-4 UNIX系统两个版本

AIX是IBM开发的一套UNIX操作系统，它符合国际开放标准组织的UNIX 98行业标准，通过全面集成对32位和64位应用的并行运行支持，为这些应用提供了全面的可扩展性。它可以在所有的IBM p系列和IBM RS/6000工作站、服务器和大型并行超级计算机上运行。AIX的一些特性如chuser，mkuser，rmuser命令等，允许如同管理文件一样来进行用户管理。AIX级别的逻辑卷管理正逐渐被添加进各种自由的UNIX风格操作系统中。通用桌面环境（common desktop environment，CDE）是AIX系统的默认图形用户界面。作为同Linux结合的一部分，针对Linux应用的AIX工具箱（ATLA）也提供了开源的KDE和GNOME桌面。

Solaris最初是Sun公司研制的类UNIX操作系统，在Sun公司被Oracle并购后被称作Oracle Solaris。目前最新版为Solaris 11。早期的Solaris是由BSD Unix发展而来。随着时间的推移，Solaris现在在接口上正在逐渐向System V靠拢。2005年6月14日，Sun公司将正在开发中的Solaris 11的源代码以通用开发与发行许可（common development and distribution license，CDDL）开源协议许可开放，这一开放版本就是OpenSolaris。2010年8月23日，OpenSolaris项目被Oracle中止。2011年11月9日，Solaris 11发布。

2.2.4 Linux操作系统

Linux是一种自由和开放源代码的类UNIX操作系统。该操作系统的内核由芬兰科学家林纳斯·托瓦兹（Linux Torvalds）在1991年10月5日首次发布，林纳斯·托瓦兹将其放在Internet上允许用户自由下载。Linux的优点在于其开放性，众多志愿者为其提供代码支持，这使得Linux系统的漏洞缺陷能够很快被发现并提供相应的解决措施。而且Linux是基于UNIX概念开发出来的操作系统，继承了UNIX稳定高效的优良传统，所以Linux经常被作为服务器操作系统使用。

图2-5 Linux

2.2.5 智能手机操作系统

手机操作系统主要应用在智能手机上。目前，智能手机操作系统主要有谷歌安卓（Google Android）和苹果 iOS 等。智能手机与非智能手机的区别主要在于能否基于系统平台的功能进行扩展。

Android 是 Google 于 2007 年 11 月 5 日宣布的基于 Linux 平台的开源手机操作系统，该平台由操作系统、中间件、用户界面和应用软件组成，基于 Android 深度定制的手机系统有 HTC Sense、华为 EMUI、小米 MIUI、魅族 Flyme、vivo FunTouch OS、OPPO Color OS、锤子 Smartisan OS 等。

iOS 是由苹果公司为 iPhone，iPod touch 以及 iPad 开发的闭源操作系统。就像其基于的 Mac OS 操作系统一样，它也是以 Darwin 为基础的。原本这个系统名为 iPhone OS，直到 2010 年 6 月 7 日 WWDC 大会上宣布改名为 iOS。iOS 的系统结构分为 4 个层次：核心操作系统层，核心服务层，媒体层和可触摸层。目前，最新版本为 iOS 12。

图 2-6　谷歌 Android

图 2-7　苹果 iOS

Windows Phone 是微软开发的一款智能手机操作系统，于 2010 年 10 月 11 日发布，同时将谷歌的 Android 和苹果的 iOS 列为主要竞争对手。2012 年 3 月 21 日，Windows Phone 7.5 登陆中国。2012 年 6 月 21 日，微软正式发布最新手机操作系统 Windows Phone 8， Windows Phone 8 采用和 Windows 8 相同的针对移动平台的精简优化 NT 内核并内置诺基亚地图。

图 2-8　Windows Phone

塞班（Symbian）操作系统是塞班公司为手机设计的操作系统，它包含了联合的数据库、使用者界面架构和公共工具的参考实现，它的前身是 EPOC。2008 年 12 月塞班公司被诺基亚收购。Symbian 曾经是移动市场使用率最高的操作系统，占有大部分市场份额。但随着 Android 和 iOS 火速占据手机系统市场，Symbian 已基本失去手机系统的市场。Symbian 系统的分支很多，主要有早期的 Symbian S80，Symbian S90，Symbian UIQ 和后期的 Symbian S60 3rd，Symbian S60 5th，Symbian3，Symbian Anna，Symbian Belle 等。塞班系统已于 2013 年 1 月 24 日正式谢幕，告别历史舞台。

最后一款搭载塞班系统的手机是诺基亚 808 PureView。

黑莓（BlackBerry）操作系统是 Research In Motion 为其智能手机产品黑莓开发的专用操作系统。该系统具有多任务处理能力，并支持特定输入装置，如滚轮、轨迹球、触摸板及触摸屏等。

图 2-9　Symbian OS

图 2-10　BlackBerry OS

2.3　Windows 7 操作系统

Windows 系列作为应用最广泛的操作系统，重要性不言而喻。本节将详细介绍 Windows 7 操作系统。

2.3.1　Windows 7 概况

Windows 7 是由微软公司推出的操作系统，供个人、家庭及商业使用，一般安装于台式机、笔记本电脑、平板电脑等。

1. 版本类型

（1）Windows 7 Starter（简易版）。

（2）Windows 7 Home Basic（家庭基础版）。

（3）Windows 7 Home Premium（家庭高级版）。

（4）Windows 7 Professional（专业版）。

（5）Windows 7 Enterprise（企业版）。

（6）Windows 7 Ultimate（旗舰版）。

2. 运行环境

微软推荐的 Windows 7 最低安装配置，如表 2-1 所示。

表 2-1　Windows 7 最低安装配置

硬件	基本配置	备注
CPU	1 GHz	1 GHz 32 位或 64 位处理器及以上
内存	2 GB 及以上	最低内存 1 GB，小于 1 GB 安装时会提示内存不足，1 GB（32 位），2 GB（64 位）
硬盘	20 GB 以上可用空间	安装后占用约 20 GB
其他硬件	DVD-R/RW 驱动器或者 U 盘等其他介质	

2.3.2 Windows 7 的基本操作

1. 桌面

启动计算机，登录 Windows 7 操作系统后，首先展示在屏幕上的就是桌面，桌面是用户的操作平台，主要由背景、图标、「开始」菜单和任务栏等组成，如图 2-11 所示。

图 2-11 桌面

在桌面空白处单击鼠标右键，打开快捷菜单中选择"个性化"命令，根据个人喜好选择图片或颜色来设置桌面背景，丰富桌面内容，美化工作环境。

2. 图标

图标是指软件标识，由图片和文字组成，用来标识计算机内的各种资源（文件、文件夹、程序等），如图 2-12 所示。

图 2-12 桌面图标

图标有助于用户快速执行命令和打开程序文件，常见的桌面图标包含"计算机""网络""回收站""控制面板"等，将它们添加到桌面的步骤如下：

① 右键单击桌面上的空白区域，打开快捷菜单，然后单击"个性化"菜单项，打开"个性化"窗口。

② 在"个性化"窗口左窗格中，单击"更改桌面图标"链接，打开"桌面图标设置"对话框，如图 2-13 所示。

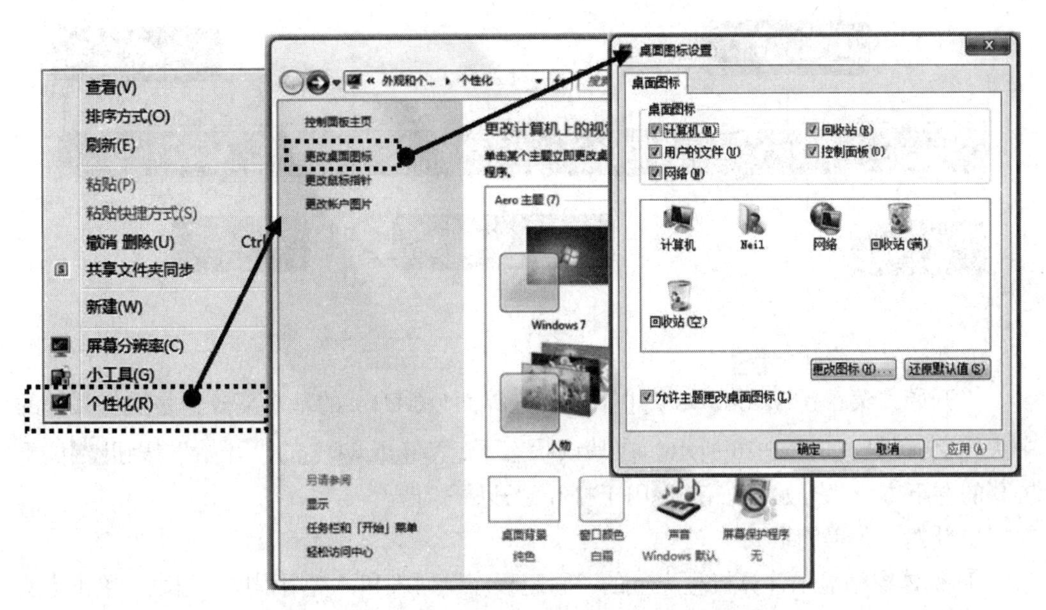

图 2-13 桌面图标设置

③ 在“桌面图标”选项卡中，选中想要添加到桌面的图标的复选框，或清除想要从桌面上删除的图标的复选框，然后单击【确定】按钮。

用户使用鼠标或键盘可以对图标进行选定、复制、移动、删除等操作，双击图标启动对应的应用程序或打开文件、文件夹，右击图标可以打开对象属性操作菜单。

桌面图标排列在桌面左侧，并将它们锁定在此位置，若要对桌面图标解除锁定以便可以移动并重新排列它们，可右击桌面上的空白区域，然后在快捷菜单中选择“查看 | 自动排列图标”菜单项。若“自动排列图标”菜单项前有选择标记“√”，则表示由系统自动排列桌面图标，否则用户可以拖动桌面图标以便移动它们的位置。也可以通过选定或清除“显示桌面图标”菜单项前的复选标记来显示或隐藏桌面图标，如图 2-14 所示。

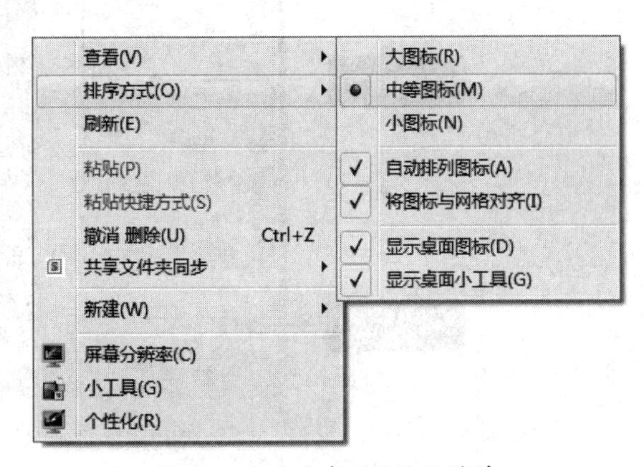

图 2-14 右击桌面的快捷菜单

右击桌面上的空白区域，然后在快捷菜单中选择“排序方式”菜单项，可选择桌面图标的排列方式。

3. 任务栏

任务栏是位于屏幕底部的水平长条，与桌面不同的是，桌面可以被打开的窗口覆盖，而任务栏几乎始终可见，它主要由“开始”按钮、快速启动区、应用程序区、通知区域、“显示桌面”按钮等组成，如图 2-15 所示。

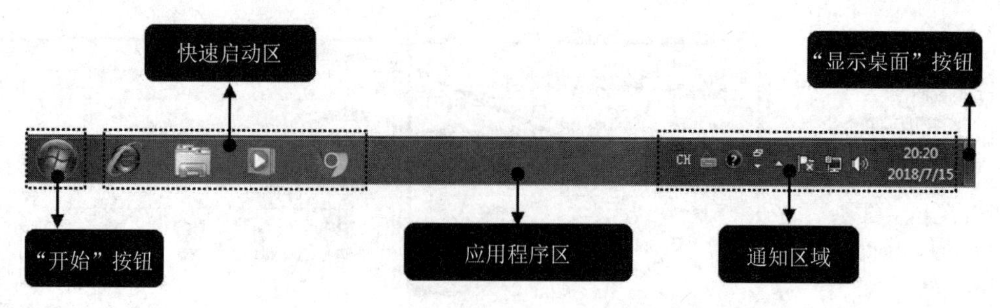

图 2-15 任务栏

(1)“开始”按钮。

“开始”菜单是 Windows 7 中图形用户界面(GUI)的基本部分,是操作系统的中央控制区域,如图 2-16 所示。在默认状态下,Windows 7 的“开始”按钮位于屏幕的左下方,“开始”按钮用于打开“开始”菜单。

“开始”菜单的组成:

① 整体窗格显示计算机程序上的“固定程序”列表和“常用程序”列表,单击【所有程序】按钮后可以显示“所有程序”列表。

② 窗格左下角是搜索框。

③ 窗格右下角是【关机】按钮。

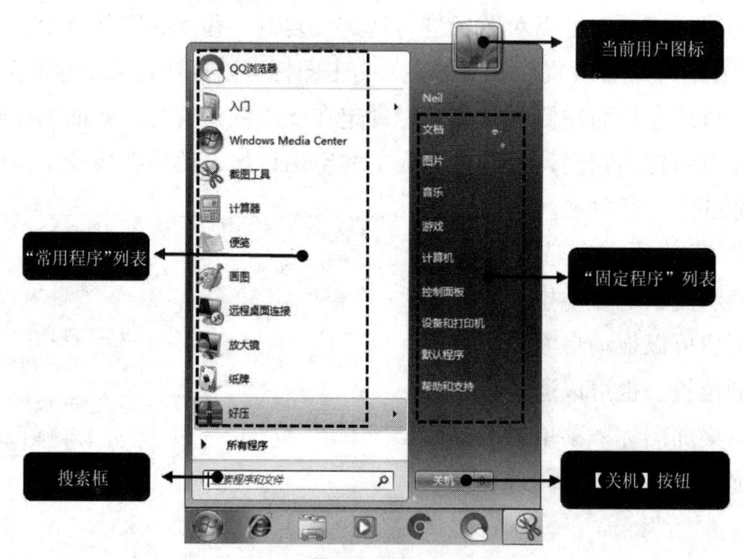

图 2-16 “开始”菜单

(2)快速启动区。

快速启动区内存放的是最常用程序的快捷方式,并且可以按照个人喜好拖动并更改。

(3)应用程序区。

应用程序区是多任务工作时的主要区域之一,它可以存放大部分正在运行的程序窗口。

(4)通知区域。

一些正在运行的程序、系统音量、网络图标等会显示在任务栏右侧的通知区域。隐藏一些常用图标会增加任务栏的可用空间。隐藏的图标放在一个面板中,查看时只需单击通知区域左侧向上的箭头按钮即可打开该面板，若想隐藏一个图标，只需将该图标向面板空白处拖动；若想重新显示被隐藏的图标，只需将该图标从面板中拖动到通知区域即可，同时也可以单击【自定义】按钮打开“通知区域图标”窗口，选择在任务栏上出现的图标和通知，如图 2-17 所示。

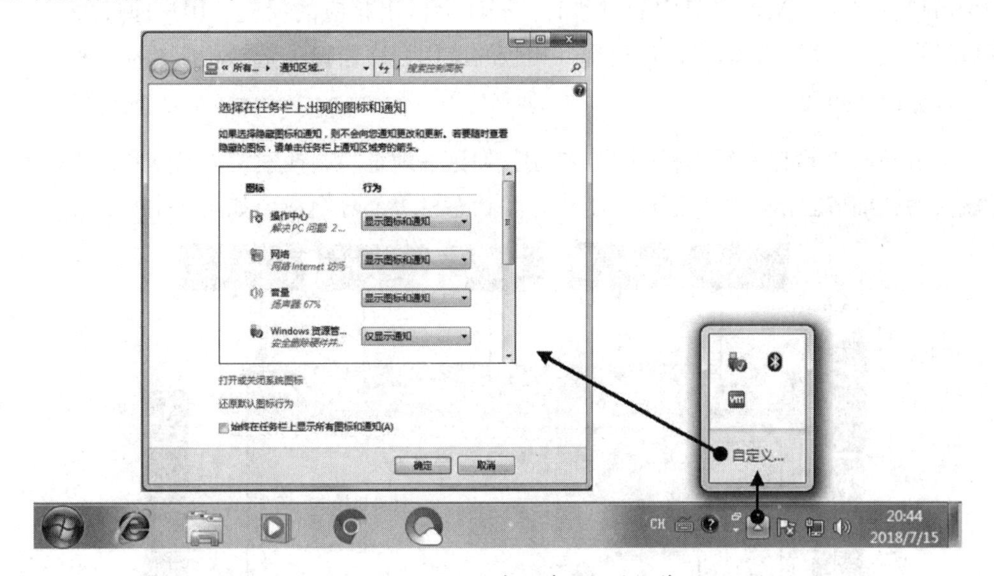

图 2-17　通知区域隐藏图标的操作

（5）“显示桌面”按钮。

快速显示桌面可以按住键盘上的 Windows 徽标键的同时按 [D] 键，或者单击任务栏右端的矩形区域，也可以将鼠标指针“无限”移动到屏幕右下角，而不需要对准该区域。

任务栏是使用频繁的界面元素之一。符合用户操作习惯的任务栏，可以提高操作的效率。右击任务栏的空白处，在弹出的快捷菜单中选择“属性”菜单项，打开“任务栏和「开始」菜单属性”对话框，如图 2-18 所示。在“任务栏”选项卡中，可以设置是否锁定任务栏、屏幕上的任务栏位置、任务栏按钮显示方式等，还可以自定义通知区域中出现的图标和通知，以及设置是否使用 Aero Peek 预览桌面等。

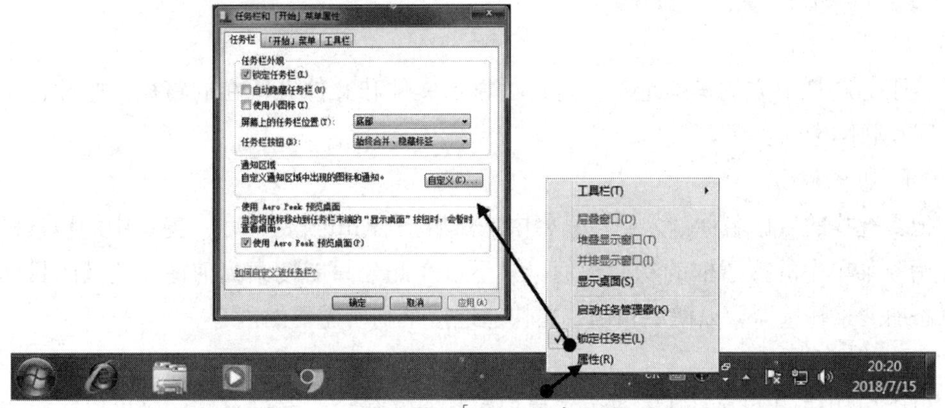

图 2-18　“任务栏和「开始」菜单属性”对话框

2.3.3 窗口

在 Windows 7 系统中，窗口是用户界面中最重要的部分，它是桌面上与一个应用程序相对应的矩形区域。每当用户开始运行一个应用程序时，应用程序就创建并显示一个窗口。当用户操作窗口中的对象时，程序会做出相应的反应。用户通过关闭一个窗口来终止一个程序的运行，通过选择相应的应用程序窗口来选择相应的应用程序。

1. 窗口的组成

Windows 7 窗口一般由标题栏、控制按钮区、地址栏、搜索栏、菜单栏、工具栏、导航窗格、细节窗格、预览窗格、工作区和状态栏等部分组成，如图 2-19 所示。

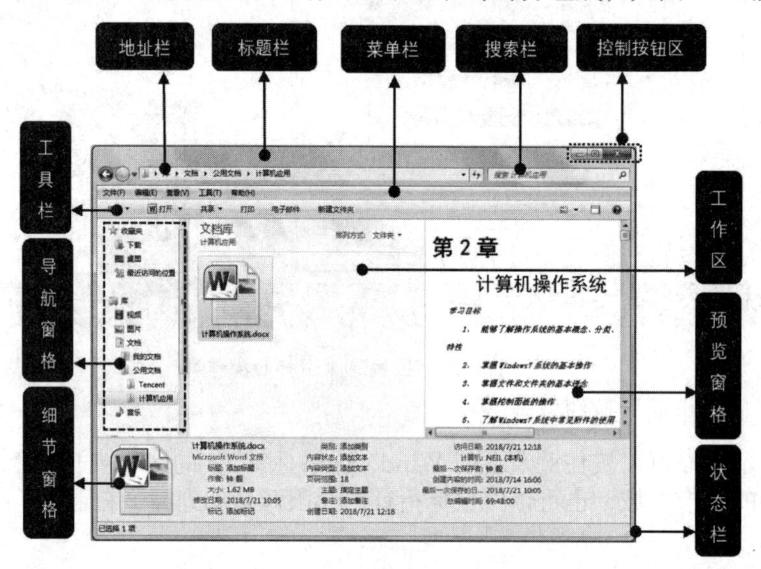

图 2-19 窗口组成部分

（1）标题栏。

标题栏是窗口最上方的长条，拖动标题栏可以移动窗口的位置。

（2）控制按钮区。

在控制按钮区有 3 个窗口控制按钮，即“最小化”按钮、“最大化 / 恢复”按钮 / 和“关闭”按钮。

（3）地址栏。

位于标题栏下方的是地址栏，地址栏显示文件和文件夹所在的路径，通过它还可以访问互联网中的资源。

（4）搜索栏。

把要查找的目标名称输入到搜索栏中，然后按 [Enter] 键即可。窗口中的搜索栏和“开始”菜单中的搜索框的功能相似，只不过在此处只能搜索当前窗口范围的目标，可以添加搜索筛选器，以便更精确、更快速地搜索到所需要的内容。

（5）菜单栏。

位于标题栏的下方，其中每个菜单都包括一些命令，通过这些命令可以完成相应的操作。

（6）工具栏。

当打开不同类型的窗口或选择不同类型的文档时，工具栏中的按钮会发生相应的变化，但【组织】按钮、“视图”按钮及“显示预览窗格”按钮是不会改变的。

（7）导航窗格。

在窗口的左侧有一个侧栏，里面显示了其他常用的文件夹，单击可以快速切换到该文件夹。

（8）细节窗格。

细节窗格用于显示选中对象的详细信息。例如要显示“本地磁盘 D”的详细信息，只需要单击一下选中“本地磁盘 D”，就会在细节窗口中显示它的详细信息。

（9）预览窗格。

预览窗格会调用与所选文件相关联的应用程序进行预览。

（10）工作区。

窗口中间的区域就是工作区，里面存放文件和文件夹，也是应用程序实际工作的区域。

（11）状态栏。

状态栏用于显示当前操作的状态信息。可通过“查看”菜单选择显示或隐藏。

2. 窗口的操作

（1）关闭。

窗口是应用程序的运行界面，因此，一个窗口的出现意味着一个相应的应用程序启动运行，而窗口的关闭则意味着应用程序的运行结束。关闭窗口的方法有以下几种：

① 单击控制按钮区最右端的“关闭”按钮。

② 双击标题栏最左端的图标。

③ 单击标题栏最左端的图标，弹出“系统控制”菜单，选择“关闭”菜单项。

④ 使用 [Alt] + [F4] 组合键。

⑤ 利用应用程序提供的菜单，结束该程序运行，一般在应用程序的第一个菜单的下拉菜单中。

（2）最小化、最大化、还原。

单击标题栏右端的“最小化”按钮，或单击该窗口在任务栏上相应的图标，窗口将最小化到任务栏，但此时窗口并没有关闭。单击已最小化到任务栏上相应的图标，则该窗口恢复原状。

“最大化”按钮和“恢复”按钮实际上是同一个按钮的不同状态，当窗口已最大化，显示的是“恢复”按钮，否则显示的是“最大化”按钮。单击“最大化”按钮，则窗口扩展覆盖整个屏幕；单击“恢复”按钮，则窗口恢复到上一次窗口大小。双击标题栏空白区域的功能相当于单击“最大化 / 恢复”按钮 / 。

还可以通过单击标题栏左端的图标，通过控制菜单对窗口进行最小化、最大化和还原操作等。

（3）改变大小。

在窗口处于非最小化且非最大化状态时，可以改变其大小。将鼠标移动到窗口边界上，当鼠标形状为双箭头形状 ⤡ 时，按住鼠标左键拖动即可改变大小。

（4）移动。

在窗口处于非最小化且非最大化状态时，将鼠标移动到标题栏空白区域，按住左键拖动即可移动。

（5）排列。

用鼠标右键单击任务栏空白处，在弹出的快捷菜单里选择“层叠窗口”“堆叠显示窗口”或“并排显示窗口”菜单项，可以改变窗口的排列方式。

（6）窗口的切换。

Windows 7 是一种多任务操作系统，可以同时打开多个窗口，通过单击任务栏上相应窗口的图标实现窗口的切换，也可以通过快捷键切换。

① 按 [Alt] ＋ [Tab] 组合键将弹出一个缩略图面板，按住 [Alt] 键不放，并重复按 [Tab] 键将循环切换所有打开的窗口和桌面，释放 [Alt] 键可以显示所选的窗口。

② 按 [Alt] ＋ [Esc] 组合键，具体的使用方法与按 [Alt] ＋ [Tab] 组合键相似，唯一的区别是按 [Alt] ＋ [Esc] 组合键不会弹出缩略图面板，而是直接在各个窗口之间切换。

③ Aero 三维窗口切换以三维堆栈形式排列窗口。按住 Windows 徽标键 ⊞ 的同时按 [Tab] 键可打开 Aero 三维窗口，重复按 [Tab] 键可以循环切换打开的窗口，释放 Windows 徽标键 ⊞ 可以显示堆栈中最前面的窗口，如图 2-20 所示。

图 2-20 Aero 三维窗口切换

3. 对话框操作

对话框是特殊类型的窗口，可以提出问题，允许用户选择选项来执行任务，或者提供信息。当程序或 Windows 需要与用户进行交互时，经常会运用对话框，“任务栏和「开始」菜单属性”对话框如图 2-21 所示。

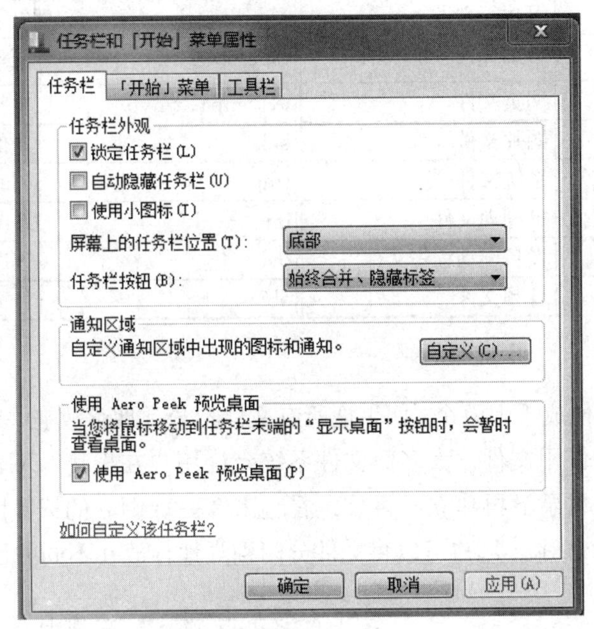

图 2-21　“任务栏和「开始」菜单属性”对话框

与常规窗口不同，多数对话框无法最大化、最小化或调整大小，但是可以被移动。

2.3.4　文件与文件夹管理

文件和文件夹是 Windows 7 系统的重要组成部分，只有管理好文件和文件夹时，才能对操作系统运用自如。

1. 文件概述

在计算机中，任何一个文件都有文件名，文件名是文件存取和执行的依据。文件名由程序设计员或用户命名。文件名通常由主文件名和扩展名两部分组成，中间以小圆点间隔。主文件名一般由有意义的英文、中文、数字及一些符号组成，例如“test.txt”，但不能使用“+”“<”“>”“*”“?”“\”等符号。扩展名表示文件的类型，通常由 3 个字母组成。

不同操作系统对文件命名的规则有所不同。例如，Windows 7 操作系统不区分文件名的大小写，所有文件名的字符在操作系统执行时，都会转换为大写字符，如 test.txt，TEST.TXT，Test.TxT 在 Windows 7 操作系统中都视为同一个文件；而有些操作系统是区分文件名大小写的，如在 Linux 操作系统中，test.txt，TEST.TXT，Test.TxT 被认为是 3 个不同文件。

常见的文件扩展名和文件类型如表 2-2 所示。

表 2-2 常见的文件扩展名和文件类型

扩展名	文件类型	扩展名	文件类型
txt	文本文件	doc，docx	Word 文件
exe，com	可执行文件	xls，xlsx	电子表格文件
hlp	帮助文档	rar，zip	压缩文件
htm，html	网页文件	avi，mp4，rmvb	视频文件
bmp，gif，jpg	图片文件	bak	备份文件
int，sys，dll	系统文件	tmp	临时文件
bat	批处理文件	ini	系统配置文件
drv	设备驱动程序文件	ovl	程序覆盖文件
mp3，wav，mid	音频文件	obj	目标代码文件

2. 文件夹结构

计算机中的文件成千上万个，如果把所有文件不分类地存放在一起会有许多不便，为了有效地管理和使用文件，大多数文件系统允许用户在根目录下建立子目录（也称为文件夹），在子目录下再建立子目录，看起来像一棵倒立的树，因此被称为树形目录结构，如图 2-22 所示。用户可以将文件分门别类地存放在不同的目录中。

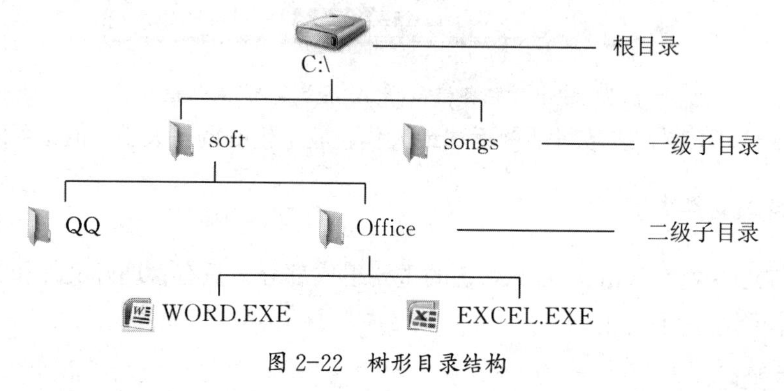

图 2-22 树形目录结构

3. 文件路径

操作系统对文件是“按名存取”的，在树形目录结构中，用户存取一个文件时，仅仅指定文件名是不够的，还应该说明该文件是在哪一盘区的哪个目录之下，这样才能唯一确定一个文件。由此引入“路径”的概念。路径是指从根目录（或当前目录）出发，到达被操作文件所在目录的目录列表。路径由一系列目录名组成，目录名之间用“\”隔开。

文件路径分为绝对路径和相对路径。绝对路径指从根目录开始，依序到该文件之前的子目录列表；相对路径是从当前目录开始，到某个文件之前的子目录列表。

在如图 2-22 所示的目录结构中，WORD.EXE 文件的绝对路径为“C: \soft\Office”。如果用户当前在“C: \soft\QQ”目录中，则 WORD.EXE 文件的相对路径为“..\Office”，“..”表示上一级目录。

4. 查看文件与文件夹

（1）资源管理器的启动。

资源管理器是 Windows 7 系统提供的资源管理工具，可以通过它来查看本台电脑的所有资源。资源管理器提供的树形目录结构，使人们能更清楚、更直观地认识计算机的文件和文件夹。

另外，在资源管理器中还可以对文件进行各种操作，如打开、复制、移动等，双击桌面上的“计算机”图标，可打开“计算机”窗口，如图 2-23 所示。

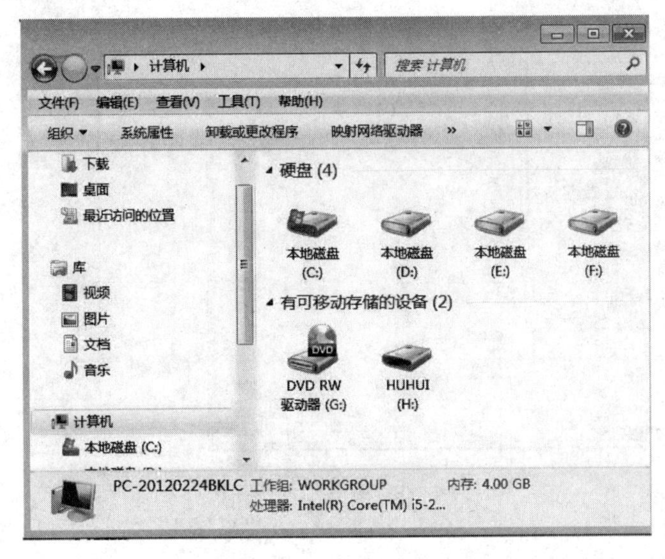

图 2-23　计算机窗口

资源管理器和计算机这两个用于资源管理的工具在 Windows 7 中已经没有区别，结构、布局和功能均相同，仅仅延续了它们在早期版本中的概念。

为了方便用户，除了直接双击桌面上“计算机”图标外，Windows 7 还提供了多种方法，用来打开“资源管理器”。

① 直接在“开始”菜单的搜索框中输入“资源管理器”，看到程序列表中出现“Windows 资源管理器”，单击打开，如图 2-24 所示。

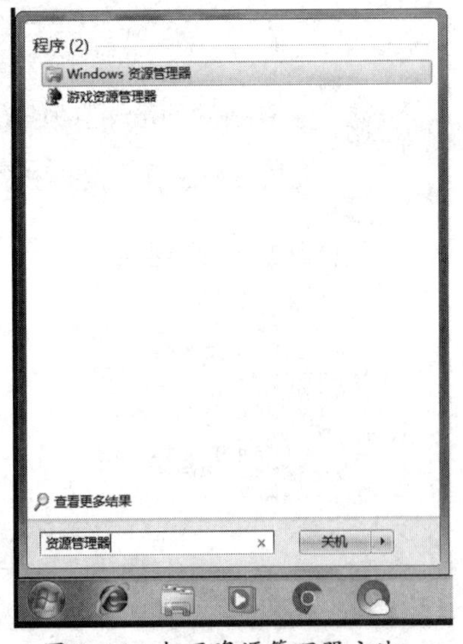

图 2-24　打开资源管理器方法一

② 用鼠标右键单击“开始”菜单，在弹出的快捷菜单中单击“打开 Windows 资源管理器”，如图 2-25 所示。

图 2-25　打开资源管理器方法二

③ 用鼠标右键单击任务栏上文件夹窗口对应的图标，在弹出的快捷菜单中选择“Windows 资源管理器”。

（2）设置视图模式。

在 Windows 资源管理器中，有多种浏览文件和文件夹的方法，可以根据需要随时改变文件和文件夹的显示方式。

打开“Windows 资源管理器”窗口，单击搜索栏下的“视图设置”按钮，可以改变文件和文件夹的显示方式；单击其右边的三角下拉按钮，则会弹出如图 2-26 所示的快捷菜单。可在该快捷菜单中进行所需要的设置。

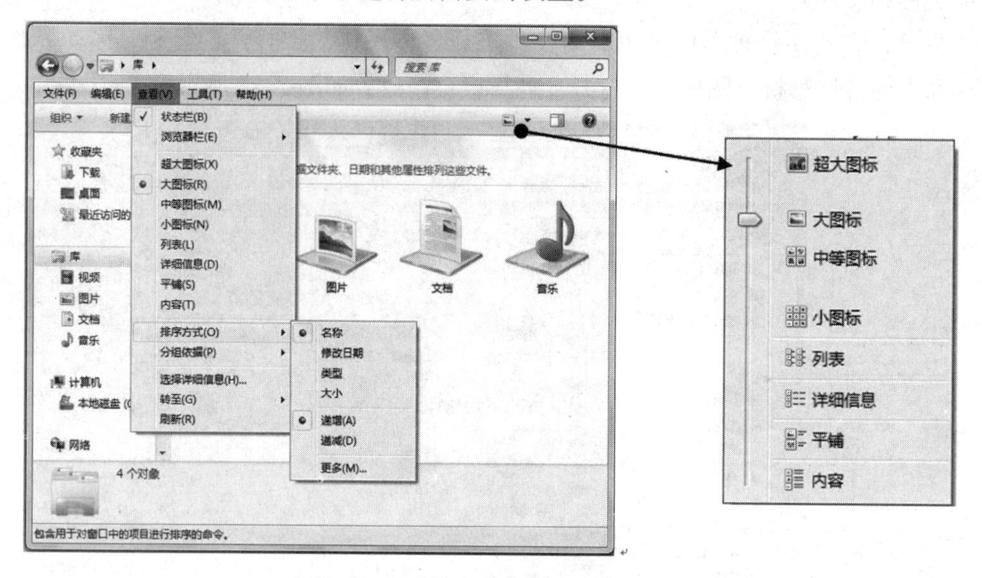

图 2-26 文件和文件夹的显示设置

“平铺”“列表”和各类图标方式仅显示文件和文件夹的图标与名称。“内容”和“详细信息”方式则可显示文件和文件夹的名称、大小、类型及修改时间等。在使用“详细信息”方式显示文件时，把鼠标放到列标题右侧的分界线上，待鼠标指针变为双向箭头时，拖动鼠标可以调整列的宽度，以便显示出所需要的信息。

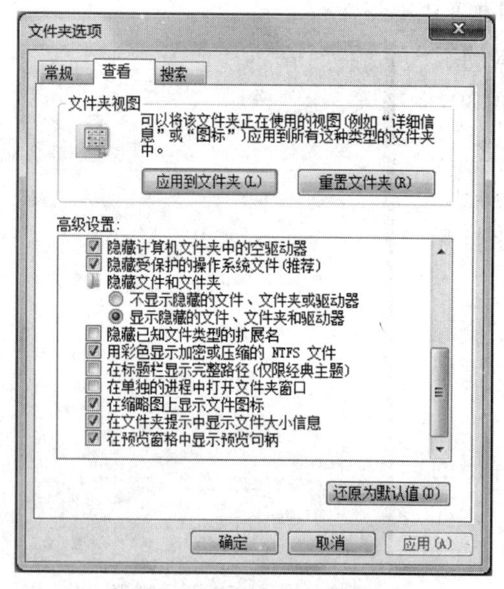

图 2-27 “文件夹选项”对话框

（3）修改其他查看项。

在图 2-26 中，单击“工具|文件夹选项”菜单项，在打开的“文件夹选项”对话框中选择“查看”选项卡，如图 2-27 所示，选中“显示隐藏的文件、文件夹和驱动器”单选按钮可以把隐藏的文件显示出来；把“隐藏已知文件类型的扩展名”复选框的“√”去掉，可把文件隐藏的扩展名显示出来。

（4）文件的排序。

当窗口中包含了太多的文件(夹)时，可按照一定规律对窗口的文件(夹)进行排序，以便浏览。具体方法如下：

设置窗口中文件（夹）的显示模式为“详细信息”。

单击文件列表上方的相应标题按钮，文件和文件夹会根据相应标题进行升序或降序排列，如图 2-28 所示。

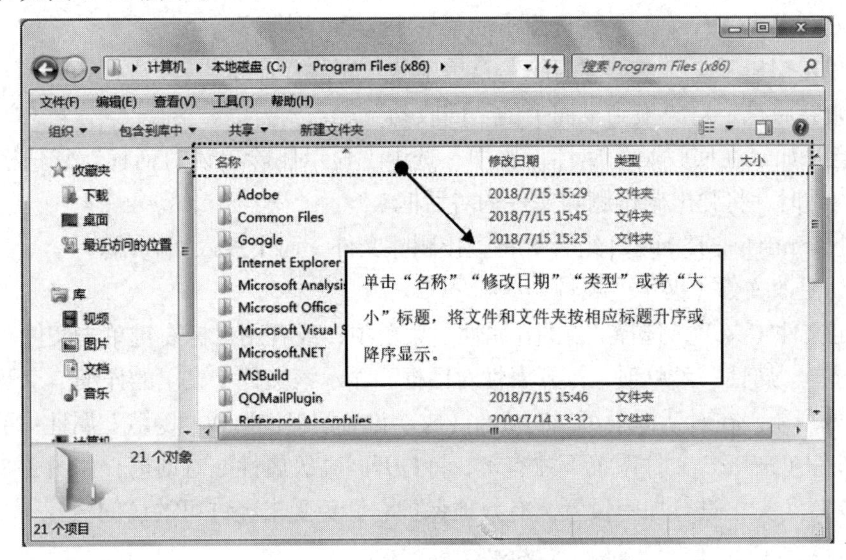

图 2-28　文件与文件夹的排序

5. 文件 (夹) 的操作

（1）选取文件（夹）。

在对文件（夹）进行任何操作之前，都需要先进行选取操作。选取操作有如下几种：

① 单选：单击文件（夹）图标即可选定。

② 连续选定：先单击所要选定的第一个文件（夹），按住 [Shift] 键，再单击最后一个文件（夹）；或者在窗口中按下鼠标左键，拖动指针进行框选。

③ 不连续选定：按下 [Ctrl] 键的同时在窗口中单击所需的各个文件（夹）。

④ 全选：按 [Ctrl] + [A] 组合键，可选中当前窗口中的全部文件（夹）。

（2）移动或复制文件（夹）。

选定要移动或复制的文件（夹），单击“编辑 | 剪切或复制”菜单项，然后选定目标盘或目标文件夹，单击“编辑 | 粘贴”菜单项即可。

（3）修改文件（夹）的名称。

文件（夹）的名称应尽可能反映出其包含的内容，即应该做到“见名知意”。若对已经存在的文件或文件夹的名称感到不满意，可随时进行名字的修改。修改名字的方法有如下几种：

① 右键单击选定的文件（夹），选择“重命名”菜单项，键入新的名称。

② 单击选定的文件（夹），按 [F2] 键，进入重命名，键入新的名称。

（4）删除文件（夹）。

当有些文件（夹）不再需要时，可将其删除，以便腾出存储空间。删除后的文件（夹）

将被移动到回收站中，可以根据需要选择将回收站的文件进行彻底删除或还原到原来的位置。在选定了文件（夹）后，将其删除有以下几种方法：

① 直接按键盘上的 [Delete] 键。

② 单击文件菜单下的删除命令。

③ 右键单击文件（夹），从弹出的菜单中选择“删除”。

④ 单击窗口工具栏中的“组织”菜单中的“删除”命令。

⑤ 直接将选定对象拖到桌面上的“回收站”。

注意：如果在回收站的属性设置中，选中“显示删除确认对话框”复选框，则在清空回收站时，将弹出确认删除文件的对话框。

按下 [Shift] + [Delete] 组合键将直接删除文件，而不放入回收站。

（5）更改文件（夹）的属性。

选定文件（夹），选择“文件 | 属性”菜单项，或者用鼠标右键单击文件，在弹出菜单中选择“属性”菜单项，打开属性对话框，显示该文件（夹）的详细信息及属性，如图 2-29 所示。在对话框中可以对文件（夹）设置“只读”或“隐藏”属性；单击【高级…】按钮（NTFS 文件系统下才有），将打开“高级属性”对话框，如图 2-30 所示，可以对文件（夹）进行加密设置，有效地保护它们免受未经许可的访问。

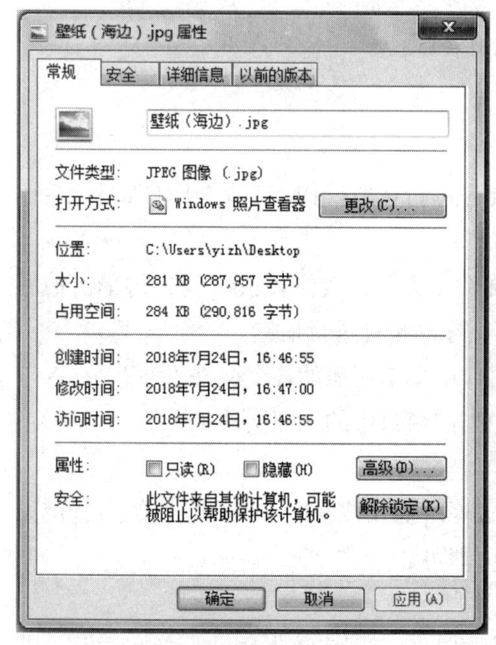

图 2-29 文件属性设置对话框

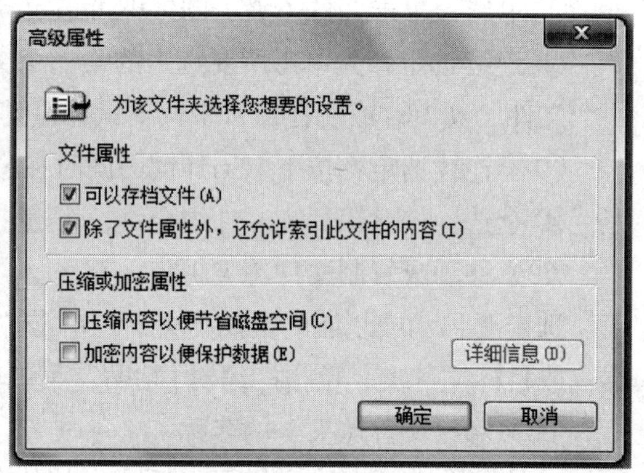

图 2-30 “高级属性”对话框

（6）查找文件（夹）。

当用户不记得文件（夹）存放的位置或文件名时，可以利用搜索功能迅速定位。方法有以下几种：

① 使用“开始”菜单上的搜索框搜索文件（夹）。

该搜索框的默认搜索范围包括“开始”菜单中的程序、Windows 库和索引中的用户文件（图片、文档、音乐、收藏夹等）、Internet 浏览历史等。

② 在文件夹或库中使用搜索栏搜索文件（夹）。

在搜索栏输入目标文件（夹）的关键字即可，非常方便。搜索时也可以根据文件的生成时间或者大小来缩小范围，单击搜索栏空白处，在弹出的下拉列表底部单击【修改日期】或【大小】按钮，如图 2-31 所示。

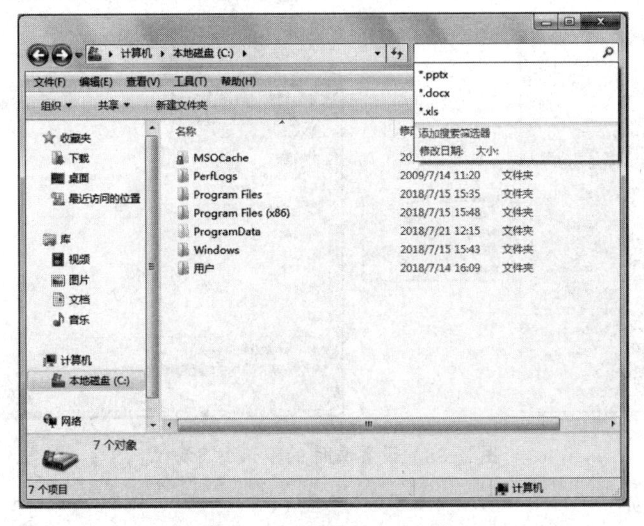

图 2-31　搜索栏下拉列表

Windows 7 对于系统预置的用户个人媒体文件夹和“库”中的内容搜索速度非常快，这是因为 Windows 7 加入了索引机制。搜索系统预置的用户个人媒体文件夹和“库”中的内容其实是在数据库中搜索，而不是扫描硬盘，所以速度大大加快。

默认情况下，Windows 7 只对预置的用户个人媒体文件夹和“库”添加索引，用户可以根据需要添加其他索引路径，以提高效率。在“开始”菜单的搜索框中输入“索引选项”或者从“控制面板”窗口中打开“索引选项”对话框，单击【修改】按钮弹出“索引位置”对话框，选中需要添加索引的盘符或文件夹，单击【确定】按钮，如图 2-32 所示。

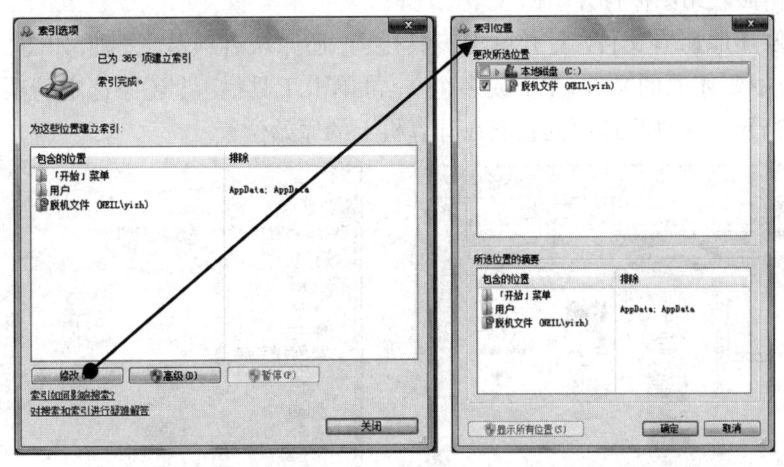

图 2-32　添加索引路径

6. 设置文件的默认打开方式

对于一个应用，用户有多个应用程序可以选择，例如打开图片文件，可以用

Windows 照片查看器，也可以用画图软件，完全取决于用户自身的习惯。

用户可以使用更改文件属性的方式来选择默认的打开程序。右键单击要打开的文件，在弹出的快捷菜单中选择“打开方式”菜单项，在下级菜单中单击“选择默认程序”命令，在“打开方式”对话框中选择所需应用程序即可，如图 2-33 所示。

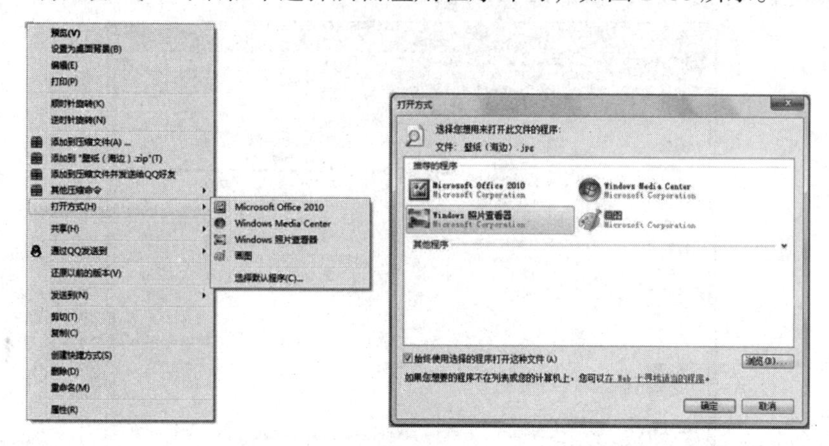

图 2-33 设置文件的默认打开方式

7. 管理回收站

回收站用于临时保存用户从磁盘中删除的各类文件（夹）。当用户对文件（夹）进行删除操作后，它们并没有从计算机中直接被删除，而是保存在回收站中。对于误删的文件（夹），可以随时通过回收站恢复；对于确认无用的文件，再从回收站中彻底删除。

（1）恢复删除的文件（夹）。

在回收站被清空之前，用户可以恢复误删的文件（夹），将它们还原到其原来位置。具体操作如下：

① 单击回收站图标打开“回收站”窗口。

② 若要还原所有文件（夹），单击工具栏上【还原所有项目】按钮，如图 2-34 所示；否则，先选中要还原的文件（1 个或多个），再单击工具栏上【还原选定的项目】按钮，如图 2-35 所示，文件将还原到它们在计算机上的原始位置。

图 2-34 还原所有项目

图 2-35 还原选定的项目

（2）彻底删除文件（夹）。

将回收站中的文件（夹）彻底删除的具体操作如下：

① 打开“回收站”窗口。

② 执行以下操作之一：

- 选中要删除的特定文件（夹），打开右键快捷菜单，然后选择“删除”菜单项。
- 不选择任何文件（夹），然后在工具栏上单击【清空回收站】按钮。

③ 在弹出的对话框中单击【是】按钮，即可完成删除操作。

8. 库

Windows 7 的“库”是把搜索功能和文件管理功能整合在一起的一个进行文件管理的功能，其实质是将分布在硬盘上不同位置的同类型文件进行索引，将文件信息保存到“库”中，也就是说库里面保存的只是一些文件（夹）的快捷方式，并没有改变文件的原始路径。通过库可以将散落在各个目录下的相关文件，如视频、音频、图片、文档等资料，进行统一管理、搜索，从而可以大大提高工作效率。

Windows 7 系统默认建有四个库：视频库、音乐库、图片库、文档库。打开资源管理器，在左侧窗口可以看到库的基本情况。单击相应的库名，则库中的内容可以显示在工作区内。往库中添加内容的方法是在库名上右键单击，在弹出菜单中选择“属性”命令，打开属性对话框，单击【包含文件夹】按钮，选择文件夹即可添加内容。

用户也可以创建自己的新库，例如，为下载文件夹创建一个库。具体方法有两种：① 在“Windows 7 资源管理器”窗口中，单击工具栏中的【新建库】按钮进行新建；② 首先在“Windows 7 资源管理器”窗口中单击“库”，打开“库”文件夹，在“库”窗口空白处右键单击，弹出快捷菜单，依次选择“新建 / 库”菜单项，创建一个新库，并输入库的名称。

可以在一个库里添加多个子库，这样可以将不同文件夹中的同一类型的文件放在同一库中，方便进行集中管理。

为了让用户更方便地在库中查找资料，系统提供了强大的库搜索功能，这样可以不打开相应的文件（夹）就能找到需要的资料。

搜索时，在“库”窗口上面的搜索栏中输入需要搜索文件的关键字，随后按 [Enter] 键，这样系统将自动检索当前库中的文件信息。库搜索功能非常强大，不但能搜索到文件夹、文件标题、文件信息、压缩包中的关键字信息，还能对一些文件中的信息进行检索，大大提高了搜索效率。

在库中可以根据需要对某个库进行共享，这样其他用户就可以通过网络来访问该库了。在 Windows 7 中对库进行共享，和对文件夹共享的方式是一样的，右键单击需要共享的库，在弹出的菜单中选择“共享”，并在下拉菜单中选择共享权限即可。

2.3.5 磁盘操作

1. 磁盘清理

计算机使用过程中会产生一些临时文件，随着时间的推移，这些文件会逐渐变得杂乱无序，并且会占用一定的磁盘空间并影响系统的运行速度。因此，用户应适时对磁盘进行清理，将这些临时文件从系统中彻底删除。

单击“开始 | 所有程序 | 附件 | 系统工具 | 磁盘清理”菜单项，选择所要整理的磁盘进行清理；也可以打开“计算机”窗口，右键单击要整理的磁盘，在弹出的快捷菜单中选择“属性”菜单项，打开相应磁盘的属性对话框，选择“常规”选项卡，如图 2-36 所示，单击【磁盘清理】按钮，系统会花一点时间检查磁盘，当出现“磁盘清理”对话框时，在“要删除的文件”列表框中选中相应的复选框，然后单击【确定】按钮删除这些文件，如图 2-37 所示。

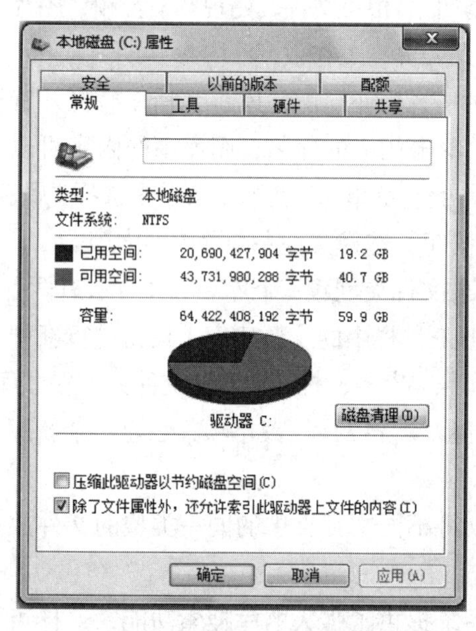

图 2-36 “本地磁盘(C:)属性”对话框

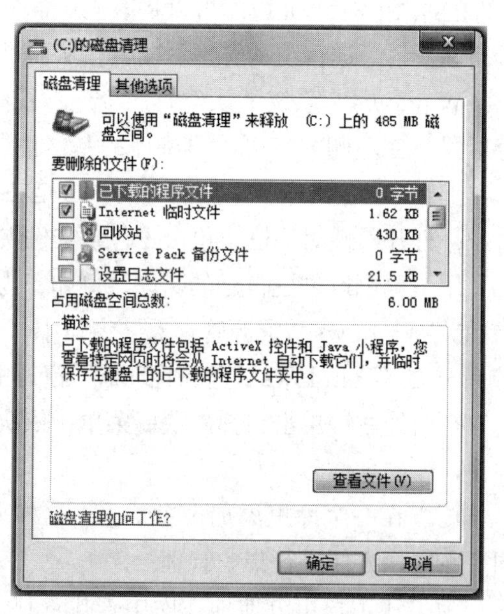

图 2-37 “(C:)的磁盘清理”对话框

2. 磁盘碎片整理

计算机系统在存储文件时，会占用磁盘空间。当系统删除或修改一些文件时，就会在磁盘上形成一些不连续的空间。随着文件不停地存储到这些空间，又不断地被删除，磁盘上这样的小空间就会越来越多，这种小空间就是磁盘碎片。计算机在存取大文件时，不得不把文件分成许多小块存储在这些不连续的空间内，从而影响了系统的数据存取速度。因此，磁盘在使用一段时间后，应当使用磁盘整理程序对磁盘上的文件和这些碎片空间进行重新组织，以提高系统速度。

选择“开始 | 所有程序 | 附件 | 系统工具 | 磁盘碎片整理程序”菜单项，或者在如图 2-36 所示的磁盘属性对话框中单击“工具”选项卡，再单击【立即进行碎片整理…】按钮进行磁盘碎片整理，如图 2-38 所示。

2.3.6 任务管理器

任务管理器在 Windows 7 系统中经常被使用，通过使用任务管理器不仅可以轻松查看计算机 CPU 与内存的使用情况，还可以查看计算机网络占用情况。通过任务管理器还可以知道目前计算机中运行了哪些程序，并且可以关闭掉不需要的程序或进程。

按 [Ctrl] + [Shift] + [Esc] 组合键或在任务栏的空白处右键单击打开快捷菜单，在快捷菜单中选择“启动任务管理器”菜单项可打开“Windows 任务管理器”窗口，如图 2-39 所示。下面介绍“Windows 任务管理器”窗口下的“应用程序”“进程”“服务”和“性能”选项卡。

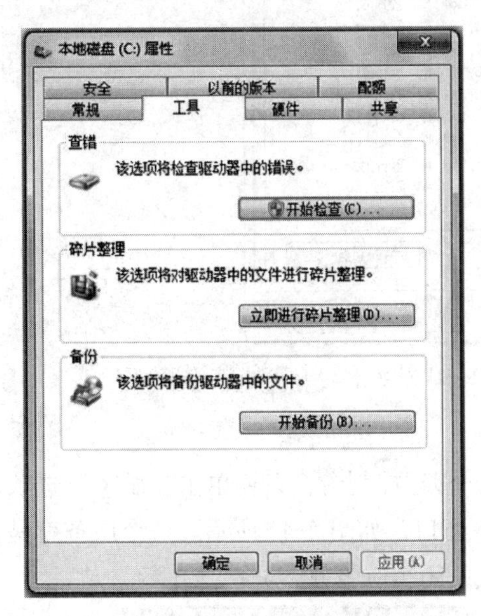

图 2-38 “工具”选项卡

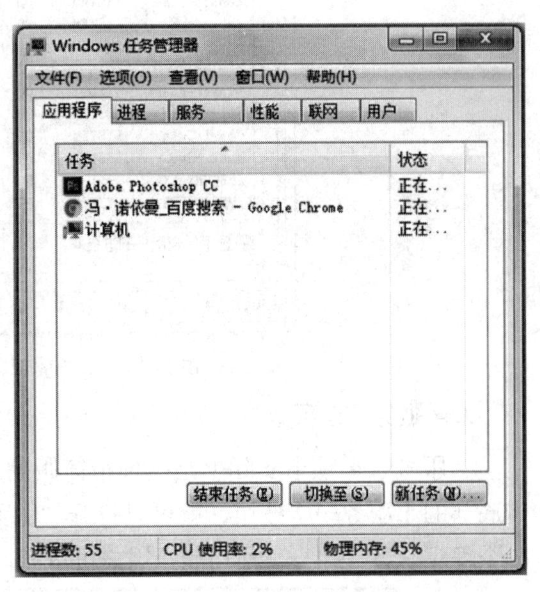

图 2-39 “Windows 任务管理器”窗口

1. “应用程序”选项卡

“应用程序”选项卡显示了当前活动的应用程序列表，当计算机开启的程序过多或者开启大程序的时候，可能因为系统内部程序运行出错导致计算机卡死，鼠标、键盘等都操作不了，此时在“应用程序”选项卡下会看到对应的程序无响应，选择无响应程序，单击【结束任务】按钮即可终止该程序。

2. “进程”选项卡

“进程”选项卡拥有排查和确认问题方面最有用的信息。它在默认情况下显示了 5 列信息：映像名称、用户名、CPU、内存和描述，如图 2-40 所示。如果计算机运行速度很慢，且没有响应，但“应用程序”选项卡上的显示程序运行正常，可以通过“进程”选项卡内存列观察是否某个程序在占用大量可用资源。如果发现 CPU 或内存资源被很少见的进程所使用，就有可能是可疑进程或恶意进程导致的。

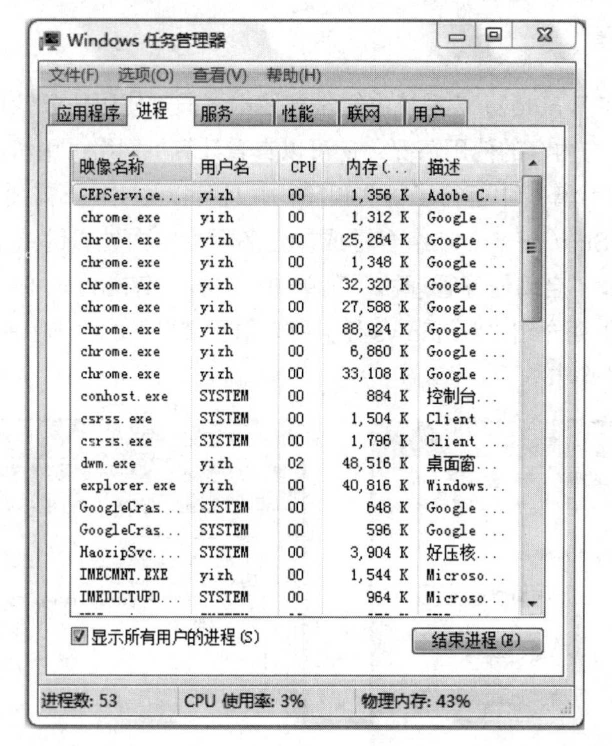

图 2-40 任务管理器“进程”选项卡

3.“服务”选项卡

“服务”选项卡实际上是一种精简版的服务管理控制台，只要单击“服务”选项卡底部的【服务…】按钮，就可以打开“服务”窗口，如图 2-41 所示。每个服务就是一个程序，旨在执行某种功能，用户可以启动或关闭相应服务。

图 2-41 “服务”窗口

4. “性能”选项卡

在“性能”选项卡里可以看到CPU使用率、内存情况等，如图2-42所示。单击【资源监视器…】按钮可打开“资源监视器”窗口，如图2-43所示。通过资源监视器，可以查看CPU、内存、磁盘和网络的实时使用和读取情况等。

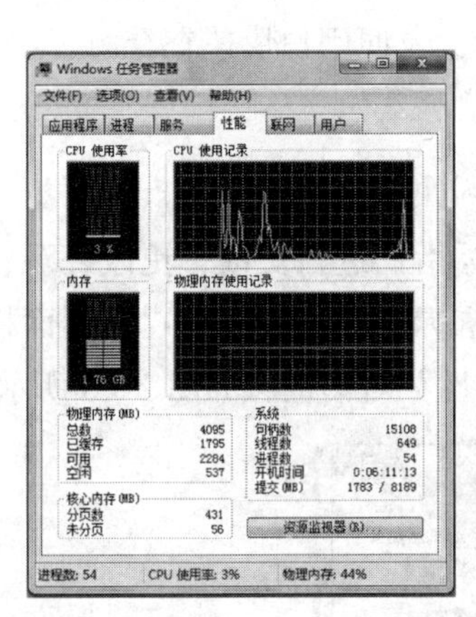

图2-42 任务管理器“性能”选项卡

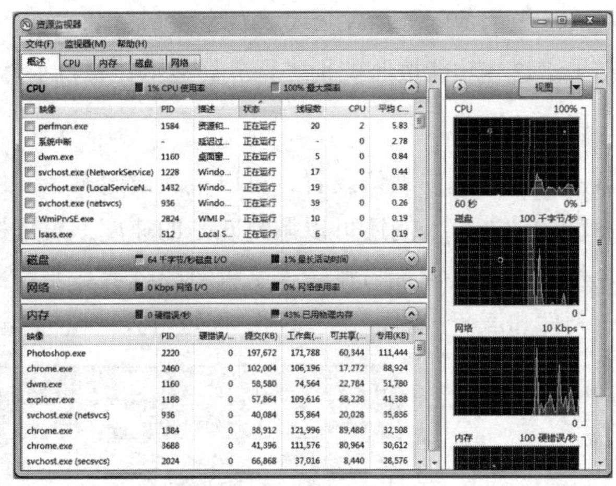

图2-43 “资源监视器”窗口

2.3.7 Windows 7的控制面板

控制面板是Windows 7提供的用来对系统进行设置的工具集，集成了设置计算机软硬件环境的绝大部分功能，用户可以根据需要和爱好进行设置。

启动控制面板的方法是：在“计算机”窗口中，单击工具栏上的【打开控制面板】按钮，或单击“开始”菜单“固定程序”列表中的【控制面板】按钮，都可以打开控制面板窗口，如图2-44所示。在控制面板中，最常见的项目按照类别进行组织，分为系统和安全，用户账户和家庭安全，网络和Internet，外观和个性化，硬件和声音，时钟、语言和区域，程序，轻松访问等类别，每个类别下会显示该类的具体功能选项。

图2-44 “控制面板”窗口

除了“类别”，控制面板还提供了“大图标”和“小图标”两种查看方式，只需单击控制面板右上角“查看方式”旁边的【类别】按钮（默认为“类别”查看方式），在弹出的下拉列表中选择自己喜欢的形式即可。

Windows 7 系统的搜索功能非常强大，在控制面板中也同样有所体现，只需在控制面板右上角的搜索栏中输入关键词，按 [Enter] 键后即可看到控制面板功能中相应的搜索结果。这些功能按照类别进行分类显示，一目了然，方便用户快速查看。

1. 鼠标的设置

若不喜欢鼠标的默认设置，可以重新设定鼠标。例如，惯用左手的人可以更换鼠标左右键的功能。人们还可以调整双击的速度，对鼠标指针进行更改，更改外观，改善可见性，或将其设置为在输入字符时隐藏等。要对鼠标进行设置，可在控制面板中单击“硬件和声音 | 鼠标”菜单项，即可打开“鼠标 属性”对话框，如图 2-45 所示。

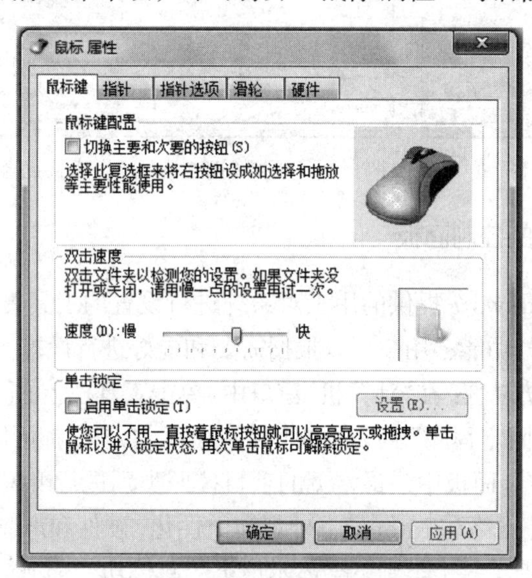

图 2-45 “鼠标 属性”对话框

该对话框包括“鼠标键”“指针”“指针选项”“滑轮”和“硬件”五个选项卡（随鼠标的不同而改变），可以根据需要完成相应的设置。

2. 日期、时间、区域和语言设置

（1）日期和时间。

若需要更改系统日期和时间，可在控制面板中单击“时钟、语言和区域|日期和时间”菜单项，也可以双击任务栏右端的时钟按钮，即可打开“日期和时间”对话框。在“日期和时间”选项卡中单击【更改日期和时间…】按钮，弹出“日期和时间设置”对话框，进行日期和时间的调整，完成设置后，单击【确定】按钮。

（2）区域和语言选项。

在控制面板中单击“时钟、语言和区域|区域和语言选项”菜单项，可打开“区域和语言”对话框，如图 2-46 所示。在“键盘和语言”选项卡中，可以进行键盘和语言的设置。

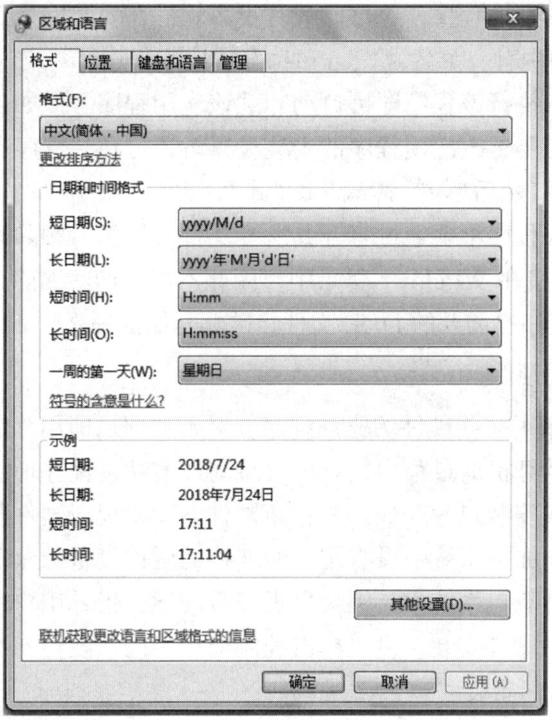

图 2-46 “区域和语言”对话框

3. 更改或删除程序

在使用计算机的过程中，经常需要安装程序、更新程序或删除已有的应用程序。在控制面板中单击“程序 | 程序和功能”菜单项，打开“程序和功能”窗口，其中列出了当前安装的所有程序，如图 2-47 所示。

图 2-47 “程序和功能”窗口

对于不再使用的应用程序，应该卸载。很多软件在安装完成后，会在其安装目录或程序组的快捷菜单中有一个名为“Uninstall +应用程序名”或“卸载+应用程序名”的文件或快捷方式，执行该程序即可自动卸载该应用程序。但如果应用程序没有带相应的卸载程序，或需要更改应用程序的安装设置时，可在“程序和功能”窗口中右击要删除或更改的程序，然后单击“卸载”或“卸载/更改”菜单项，按提示进行操作即可。

注意：删除应用程序不要通过打开其所在文件夹，然后删除其中文件的方式。因为有些 DLL 文件安装在 Windows 目录中，因此不可能彻底删除，而且这种方式很可能会删除某些其他程序也需要的 DLL 文件，破坏其他依赖这些 DLL 文件的程序。

4. 打印机和其他硬件

Windows 7 自带了一些硬件的驱动程序，对于“即插即用”的硬件设备，不需要用户安装，在启动计算机的过程中，系统会自动搜索新硬件并加载其驱动程序，同时在任务栏上会提示其安装过程，如“查找新硬件”“发现新硬件”“已经安装好并可以使用了”等信息。如果系统中没有用户所连接的硬件设备的驱动程序，当系统检测到有新的硬件接到计算机系统中，则会出现安装向导，指导用户进行新设备的安装。如果在新设备插入时没有安装，可以单击控制面板中的“硬件和声音”，选择相应的设备类型，进行设备的安装。

5. 用户账户和家庭安全

当多人共享计算机时，有时设置会被意外修改，用户之间可能会相互影响。Windows 7 加强了安全性，具有多种登录方式可供选择。每个用户可以有自己个性化的工作环境和运行权限，还可保护个人的系统配置，可以使用多重身份在应用程序之间穿梭，如图 2-48 所示。

图 2-48 “用户账户和家庭安全”窗口

例如，在家庭和公司环境中，使用标准用户账户可以提高安全性。当用户使用标准用户权限（而不是管理权限）运行时，系统的安全配置（如防病毒和防火墙配置）将得到保护。这样，用户可以拥有安全的区域，可以保护账户及系统的其余部分。而在共享家庭计算机上，不同的用户账户将受到保护，避免其他账户的更改。

Windows 7 有计算机管理员账户、受限制账户和来宾账户 3 种账户类型。

（1）计算机管理员账户拥有对系统的完全控制权，可以改变系统设置，安装、删除程序和访问计算机上所有的文件。除此之外，还可以创建和删除计算机上的用户账户，更改其他人的账户名、图片、密码和账户类型等。Windows 7 中至少要有一个计算机管理员账户，当只有一个计算机管理员账户时，该账户不能改成受限制账户。

（2）受限制账户可以访问已经安装在计算机上的程序，更改自己的账户图片，可以创建、更改或删除自己的密码，但无权更改大多数计算机的设置和删除重要文件，不能安装软件或硬件，也不能访问其他用户的文件。在使用受限制账户时，某些程序可能无法正确工作，此时可通过计算机管理员账户将受限制账户类型临时或永久性的更改为计算机管理员账户。

（3）来宾账户则是给那些在计算机上没有用户账户的人用的。来宾账户权力最小，它没有密码，可以快速登录，仅限于进行检查电子邮件或者浏览 Internet 等简单操作。默认情况下来宾账户是没有激活的，因此必须要激活后才能使用。

要进行新账户的增加，或账户的注册方式的更改等，可单击控制面板下的“用户账户和家庭安全 | 用户账户”菜单项，在弹出的“用户账户”窗口中进行相应的操作。

Windows 7 自带有家长控制功能，家长可以使用这个功能设置允许孩子使用电脑的时段、可以玩的游戏类型以及可以运行的程序。这样即使父母不在家，也不必担心孩子无节制地使用电脑。

注意：不可对来宾账号使用家长控制功能，系统建议在使用家长控制功能时关闭来宾账号。

2.3.8 Windows 7 附件程序的使用

Windows 7 的附件中有记事本、计算器等常用的应用程序，便于用户使用。单击“开始”菜单“所有程序”中的“附件”菜单项即可见到附件下的所有应用程序，如图 2-49 所示。单击菜单项，就可打开相应的应用程序。

图 2-49 “附件”中的应用程序菜单

1. 记事本、写字板与便笺

（1）记事本。

记事本是 Windows 7 自带的一款文本编辑工具，用于在计算机中输入与记录各种文本内容。

（2）写字板。

写字板是 Windows 7 自带的一款字处理软件，除了具有记事本的功能外，还可以对文档的格式、页面排列进行调整，从而编排出更加规范的文档。

（3）便笺。

便笺是为了方便用户在使用计算机的过程中临时记录一些备忘信息而提供的工具。与现实中的便笺功能类似，便笺只是用于临时记录信息，无须保存，所以便笺窗口仅有【新建便笺】按钮和【删除便笺】按钮。右键单击“便笺”会弹出快捷菜单，其中的颜色菜单项可设置便笺的底色。

2. 画图与截图工具

（1）画图。

画图是 Windows 7 自带的一款简单的图形绘制工具，使用画图，用户可以绘制各种简单的图形，或者对计算机中的照片进行简单的处理，包括裁剪图片、旋转图片以及在图片中添加文字等。另外通过画图，还可以方便地转换图片格式，如打开“.bmp”格式的图片，然后另存为“.jpg”格式。

通过单击“开始”菜单左边的常用程序列表中的“画图”就可以使用画图工具。

（2）截图工具。

截图工具是 Windows 7 自带的一款简单的用于截取屏幕图像的工具，使用该工具能够将屏幕中显示的内容截取为图片，并保存为文件或直接粘贴到其他文件中。

3. 计算器与放大镜

（1）计算器。

Windows 7 自带计算器，除了可以进行简单的加、减、乘、除运算外，还可以进行各种复杂的函数计算与科学计算。这些计算对应于不同的计算模式，如图 2-50 所示。不同模式的转换是通过“计算器”窗口的“查看”菜单进行的。

图 2-50 “计算器”窗口

① 标准模式。

标准模式与现实中的计算器使用方法相同。

② 科学模式。

科学模式提供了各种方程、函数与几何计算功能，用于日常进行各种较为复杂的公式计算。在科学模式下，计算器会精确到32位数。

③ 程序员模式。

程序员模式提供了程序代码的转换与计算功能，以及不同进制数字的快速计算功能。程序员模式只是整数模式，小数部分将被舍弃。

④ 统计信息模式。

使用统计信息模式时，可以同时显示要计算的数据、运算符以及计算结果，便于用户直观地查看与核对，其他功能与标准模式相同。

（2）放大镜。

Windows 7提供的放大镜工具，能够将计算机屏幕显示的内容放大若干倍，从而让用户更清晰地查看。单击“开始|所有程序|附件|轻松访问|放大镜”菜单项，打开“放大镜”窗口，如图2-51所示，同时当前屏幕内容会按放大镜的默认设置倍率（200%）显示。在“放大镜”窗口可以对放大镜的放大分辨率和放大区域进行设置。

图2-51 “放大镜”窗口

4. 命令提示符

Windows 7的命令提示符程序又被称为“MS-DOS方式”。MS-DOS是Microsoft Disk Operating System的缩写，“MS-DOS方式”是在32位以上系统（如Windows XP，Windows NT和Windows 2000等）中仿真MS-DOS环境的一种外壳。因为MS-DOS应用程序运行安全、稳定，有的用户还在使用。

Windows 7中的“命令提示符”提高了与DOS操作命令的兼容性，在Windows 7系统下可以直接运行DOS命令。“命令提示符”窗口如图2-52所示。可在窗口中的命令提示符“>”之后输入DOS命令，按[Enter]键执行该命令。可以设置“命令提示符”窗口属性，即可以改变命令提示符程序的窗口模式、字体、布局和颜色等。方法是在窗口模式下，右键单击标题栏，在弹出的快捷菜单中选择“属性”命令，打开“‘命令提示符’属性”对话框，如图2-53所示，按照对话框中的提示操作即可。

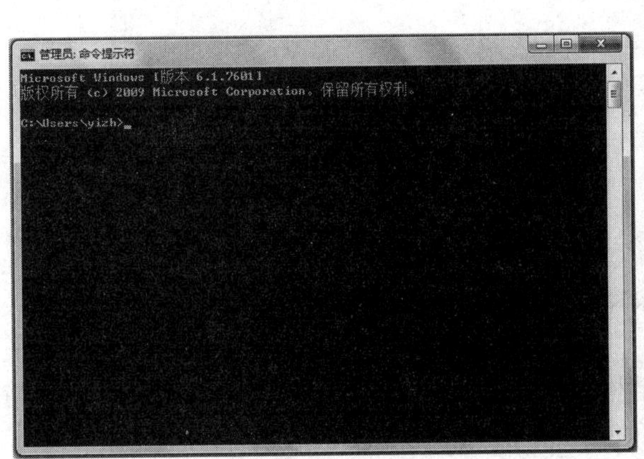

图2-52 “管理员:命令提示符”窗口

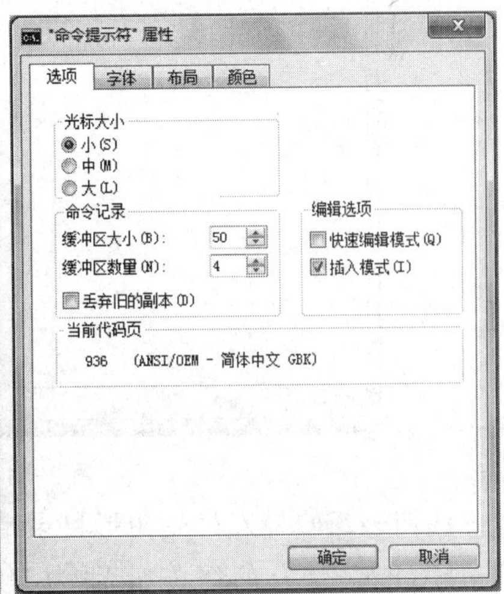

图2-53 “‘命令提示符’属性”对话框

2.3.9 注册表

1. 注册表概述

Windows 7注册表(registry)实质上是一个庞大的数据库，它存储着下面这些内容：用户计算机软、硬件的有关配置和状态信息，应用程序和资源管理器外壳的初始条件、首选项和卸载数据；计算机的整个系统的设置和各种许可，文件扩展名与应用程序的关联，硬件的描述、状态和属性；计算机性能记录和底层的系统状态信息，以及各类其他数据。操作系统和应用程序频繁访问注册表，以保存和获取必要的数据。

一般情况下注册表中的数据可直接通过操作系统及应用软件提供的界面来自动变更，但也可以通过注册表编辑器对注册表的数据直接进行修改。直接修改注册表的原因有两点：① 快捷，可以不经由操作系统或应用软件，减少不必要的操作；② 对于注册表中的某些数据，操作系统或应用软件不提供修改途径，若要进行变更，只能直接修改注册表。需要注意的是，由于 Windows 7 是严格的多用户操作系统，在进行注册表操作时，应以管理员身份进入。

2. 注册表编辑器

打开注册表编辑器的方法是单击“开始”按钮，在搜索框中键入“regedit”，按 [Enter] 键或者用鼠标单击搜索到的程序，即可打开“注册表编辑器”窗口。注册表编辑器的界面类似于资源管理器，如图 2-54 所示。

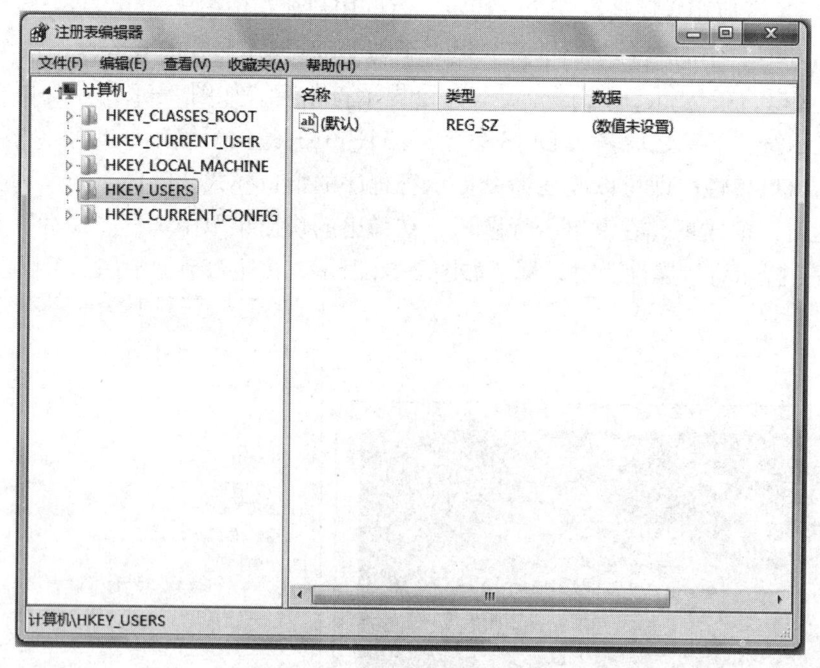

图 2-54 “注册表编辑器”窗口

注册表编辑器左栏是树形目录结构，共有 5 个根目录，称为子树，各子树以字符串“HKEY_”为前缀(分别为 HKEY_CLASSES_ROOT，HKEY_CURRENT_

USER，HKEY_LOCAL_MACHINE，HKEY_USERS，HKEY_CURRENT_CONFIG）。子树下依次为项、子项和活动子项，活动子项对应右栏中的值项，值项包括3部分：名称、类型、数据。

在Windows 7注册表编辑器中可直接修改、添加和删除项、子项与值项，并且可利用查找命令快速查找各子项和值项。

（1）设置权限。

在多用户情况下，可设置注册表的某个分支不能被指定用户访问。具体方法是选择要处理的项，并选择“编辑|权限”菜单项，在弹出的对话框中设置相应权限。但这里要注意，设置访问权限意味着该用户进入系统后运行的任何程序均不能访问此注册表项，建议用户一般情况下不要用此功能。

（2）查找。

选择“编辑|查找”菜单项（或按[Ctrl]＋[F]组合键），在弹出的“查找”对话框中选中要查找目标的类型，并输入待查找内容，单击【查找下一个】按钮，等待片刻便能看到结果，按[F3]键可查找下一个相同目标。

（3）收藏。

有些注册表项经常需要修改，这时可将此项添加到“收藏夹”菜单中。选择注册表项，单击“收藏夹|添加到收藏夹”菜单项，输入名称并单击【确定】按钮后该注册表项便添加到了“收藏夹”菜单列表中，以后访问时可直接从“收藏夹”菜单进入。

（4）添加子项或值项。

在注册表左窗格中选择要在其下添加新项的注册表项，然后在右窗格中单击鼠标右键，弹出快捷菜单，选择“新建”下的相应数据类型。

（5）更改值项。

右键单击要更改的值项，弹出快捷菜单，选择“修改”菜单项，在弹出的“编辑字符串”对话框中输入新数据并单击【确定】按钮即可。实际上，如要删除、重命名子项、值项，只需选择相应对象，右键单击，即可选择进行相应操作。

（6）注册表项的“导出”和“导入”。

注册表包含有复杂的系统信息，对计算机至关重要，对注册表更改不正确可能会使计算机无法正常运行。建议在修改注册表时，如果没有把握，请将修改项先导出以备修改错误时再导入恢复。选择要导出的注册表项，单击“文件”菜单下的“导出”菜单项，弹出“导出注册表文件”对话框，“保存类型”下拉列表一般选择“*.reg”，在“文件名”框中输入文件名后单击【保存】按钮即可。要导入已备份的注册表项只需单击“文件”菜单下的“导入”菜单项，弹出“导入注册表文件”对话框，并选择准备导入的文件，若是上一步导出时存为“*.reg”文件，导入时直接双击此文件即可完成任务。

当需要修改注册表的时候，一定要导出注册表进行备份。若想取消更改，导入备份的注册表副本，就可以恢复原样了。

本章小结

操作系统相当于一个大管家，一方面，它管理着计算机的硬件资源，使用户无须了解过多的硬件细节就能够方便灵活地使用计算机；另一方面，它又管理着计算机的软件资源，为用户操作计算机提供方便、快捷的服务。

常用的操作系统有 Windows 操作系统、 macOS 操作系统、UNIX 操作系统、Linux 操作系统、智能手机操作系统等。

Windows 7 是由微软公司（Microsoft）推出的计算机操作系统，供个人、家庭及商业使用，一般安装于台式机、笔记本电脑、平板电脑等。它是目前使用最广泛的操作系统之一。

Windows 7 操作系统的桌面主要由背景、图标、开始菜单和任务栏组成。常见的桌面图标包含“计算机”“网络”“回收站”“控制面板”等，任务栏主要由“开始”按钮、快速启动区、应用程序区、通知区域、“显示桌面”按钮等组成。

窗口一般由标题栏、控制按钮区、地址栏、搜索栏、菜单栏、工具栏、导航窗格、细节窗格、预览窗格、工作区和状态栏等部分组成。对话框允许用户选择选项来执行任务，或者提供信息。与常规窗口不同，多数对话框无法最大化、最小化或调整大小，但是可以被移动。

文件名通常由主文件名和扩展名两部分组成，中间以小圆点间隔，Windows 操作系统不区分文件名的大小写。磁盘采用树形目录结构。文件路径是文件存取时，需要经过的子目录的名称，各级子目录之间用“\”分隔。绝对路径指从根目录开始，依序到该文件之前的子目录名称；相对路径是从当前目录开始，到某个文件之前的子目录名称。

通过使用任务管理器可以查看目前计算机中 CPU 与内存的使用情况、网络占用情况、运行了哪些程序。

控制面板是 Windows 7 提供的用来对系统进行设置的工具集，集成了设置计算机软硬件环境的绝大部分功能，用户可以根据需要和爱好进行设置。

Windows 7 的附件中有记事本、写字板、便笺、画图工具、截图工具、计算器、放大镜等常用的应用程序。

Windows 7 的“命令提示符”程序又被称为“MS-DOS 方式”，是仿真 MS-DOS 环境的一种外壳，可以直接运行 DOS 程序。

Windows 7 注册表实际上是一个庞大的数据库，用于记录计算机软硬件环境的各种信息，在 Windows 7 注册表编辑器中可直接修改、添加和删除注册表的项、子项与值项。当需要修改注册表的时候，一定要先导出注册表进行备份，以便还原。

第 3 章　文字处理软件 Microsoft Word 2010

Microsoft Word 是微软公司开发的文字处理软件，最初在 1983 年由理查德·布罗迪（Richard Brodie）为运行 DOS 的 IBM 计算机而编写，随后的版本可运行于 Apple Macintosh（1984 年）、SCO UNIX 和 Microsoft Windows（1989 年），并成为 Microsoft Office 的一部分。

本章将以 Microsoft Word 2010（以下简称 Word 2010）为例对其进行介绍。

3.1　Word 2010 概述

Word 2010 是使用最广泛的中文文字处理软件之一，其特长是制作专业的文档，用它可以方便地进行文本输入、编辑和排版，实现段落的格式化处理、版面设计和模板套用，生成规范的办公文档、可供印刷的出版物等。

Word 的历史

Word 2010 是利用计算机进行文字处理工作而设计的应用软件，它将文字的输入、编辑、排版、存储和打印融为一体，彻底改变了用纸和笔进行文字处理的传统方式，为用户提供了很多便利，例如，能够很容易地改进文档的拼写、语法和写作风格，进行文档校对时也很容易修正错误，打印出来的文档总是干净整齐等。很多早期的文字处理软件只能以文字为主，现代的文字处理软件则可以将表格、图形和声音等其他内容任意穿插于字里行间，使得文章的表达层次清晰、图文并茂。

Word 2010 一般具有以下功能：

（1）文档创建、编辑、保存和保护。

包括以多种途径输入文档内容（语音、各种汉字输入法以及手写输入），进行拼写和语法检查、自动更正错误、大小写转换、中文简 / 繁体转换等，并以多种格式保存以及自动保存文档、文档加密和意外情况恢复等，以提高文档编辑效率，确保文件的安全。

（2）文档排版。

包括字符、段落、页面多种美观的排版方式，提高排版效率。

（3）制作表格。

包括表格的建立、编辑和格式化，对表格数据进行统计、排序等，以完成各种复杂表格的制作。

（4）插入对象。

包括各种对象的插入，如图片、图形对象（形状、SmartArt 图形、文本框、艺术字等）、公式、图表等，以使文档丰富多彩，更具表现力。

（5）高级功能。

包括使用样式、建立目录等，以提高文档自动处理的能力。

（6）文档打印。

包括打印预览、打印设置等，以方便文档的纸质输出。

3.2 Word 2010 的工作界面

Word 2010 窗口由快速访问工具栏、标题栏、窗口控制按钮、选项卡（标签）、功能区、文档编辑区、滚动条、状态栏、视图按钮、缩放标尺等部分组成，如图 3-1 所示。

① 快速访问工具栏主要包括一些常用命令，例如“Word”按钮、“保存”按钮、“撤销”按钮和“恢复”按钮。在快速访问工具栏的最右端是一个下拉按钮，单击此按钮，在弹出的下拉列表中可以添加其他常用命令到快速访问工具栏中。

② 标题栏主要用于显示正在编辑的文档的文件名以及所使用的软件名。

③ 窗口控制按钮用于控制整个窗口的最小化、最大化、关闭等。

④ 选项卡（标签）主要包括“文件”“开始”“插入”“页面布局”“引用”“邮件”“审阅”和“视图”等选项卡，以及其他工作时需要用到的命令。

⑤ 功能区用于放置编辑文档时所需要的功能，程序将各功能划分为一个一个的组。

⑥ 文档编辑区用于显示或编辑文档内容的工作区域。文档窗口中闪烁着的垂直条称为光标或插入点，它代表了文字当前的插入位置。

⑦ 拖动滚动条可向左右或上下查看文档中未显示的内容。

⑧ 状态栏用于显示当前文档的页数、字数、使用语言、输入状态等信息。

⑨ 视图按钮：用于切换文档的查看方式。这几个按钮分别是“页面视图”、“阅读版式视图”、“Web 版式视图”、“大纲视图”和“草稿视图”。在需要时，用户可以在各个视图间进行切换。

⑩ 缩放标尺用于对编辑区的显示比例和缩放尺寸进行调整，缩放后，标尺左侧会显示出缩放的具体数值。

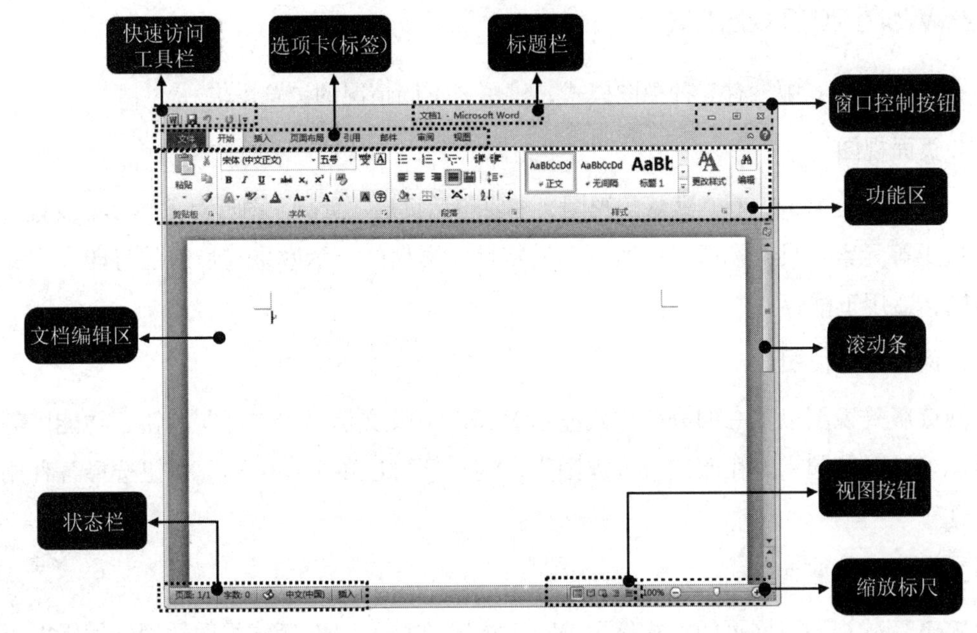

图 3-1　Word 2010 工作界面

3.3　Word 2010 的基本操作

3.3.1　Word 2010 的启动和退出

1. Word 2010 的启动

Word 2010 的启动有如下 3 种方式：

（1）单击“开始”按钮，选择“所有程序 | Microsoft Office | Microsoft Word 2010”命令，如图 3-2 所示。

（2）在 Windows 桌面双击“Microsoft Word 2010”的快捷图标。

（3）双击 Word 2010 文档图标。

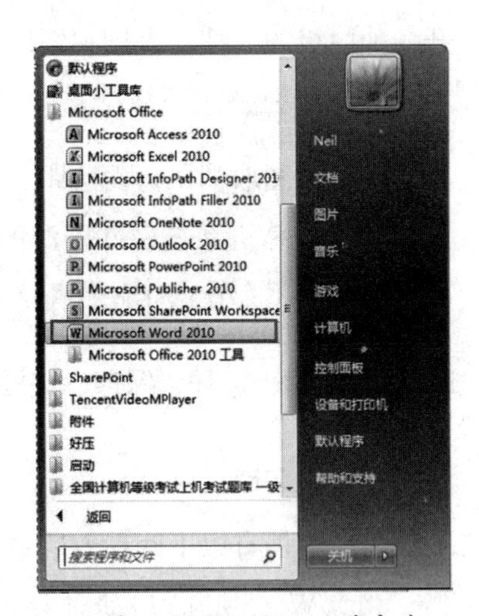

图 3-2　Word 2010 的启动

2. Word 2010 的退出

Word 2010 的退出有如下 3 种方式：

（1）单击“文件”选项卡下的“关闭”命令，如图 3-3 所示。

（2）单击窗口右上角的“关闭”按钮。

（3）使用 [Alt] + [F4] 组合键。

图 3-3　Word 2010 的退出

3.3.2 Word 2010 视图方式

在 Word 2010 中，有 5 种视图模式，供用户不同情况的浏览需求。

1. 页面视图

页面视图是 Word 2010 默认的视图，主要包括页眉、页脚、图形对象、分栏设置、页面边距等元素，具有“所见即所得”的特性，文档的显示效果与最终的打印效果完全相同，适用于排版。

2. 阅读版式视图

阅读版式视图以图书的分栏样式显示 Word 2010 文档，“文件”按钮、功能区等窗口元素被隐藏起来。在阅读版式视图中，用户还可以单击“工具”按钮选择各种阅读工具。

3. Web 版式视图

Web 版式视图以网页的形式显示 Word 2010 文档，Web 版式视图适用于编辑电子邮件和创建网页。

4. 大纲视图

大纲视图主要用于设置 Word 2010 文档标题的层级结构，并可以方便地折叠和展开各种层级的文档。大纲视图广泛用于 Word 2010 长文档的快速浏览和设置中。

5. 草稿视图

草稿视图取消了页面边距、分栏、页眉、页脚和图片等元素，仅显示标题和正文，是最节省计算机系统硬件资源的视图方式。当然，现在计算机系统的硬件配置都比较高，基本上不存在由于硬件配置偏低而使 Word 2010 运行遇到障碍的问题。

3.3.3 新建、打开、保存、关闭文档

1. 新建文档

新建文档有以下两种方法：

（1）Word 2010 启动时会自动创建一个新的空白文档，默认命名为“文档 1”，用户可以在保存时重新命名。

（2）单击“文件”选项卡下的“新建”命令，在“可用模板”下选择合适的模板，然后单击【创建】按钮即可，如图 3-4 所示。

2. 打开文档

打开文档有以下 4 种方法：

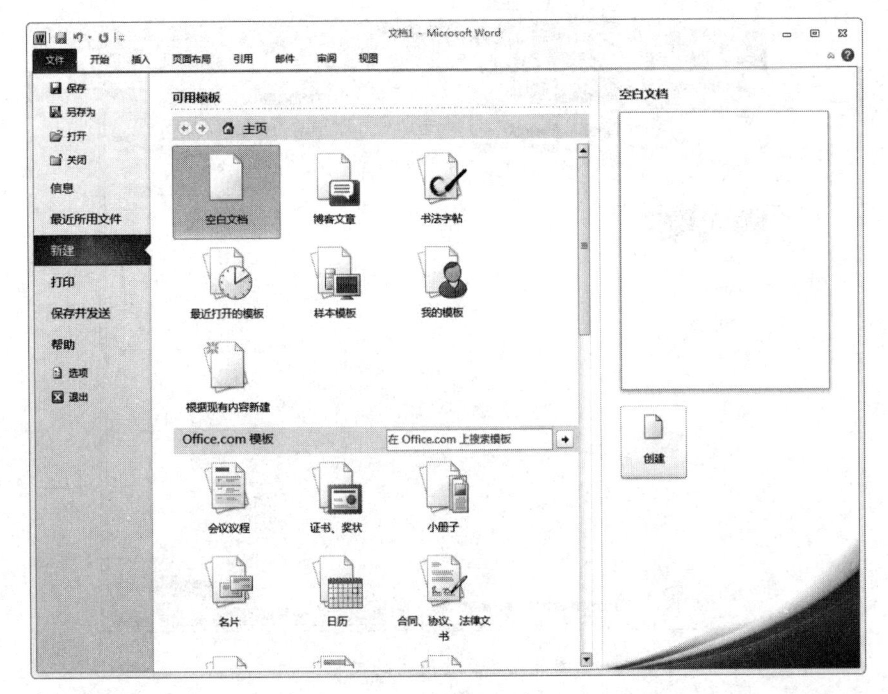

图 3-4　新建文档窗口

（1）单击“文件”选项卡下的“打开”命令，如图 3-5 所示。

（2）以只读方式或副本方式打开文档，如图 3-6 所示。

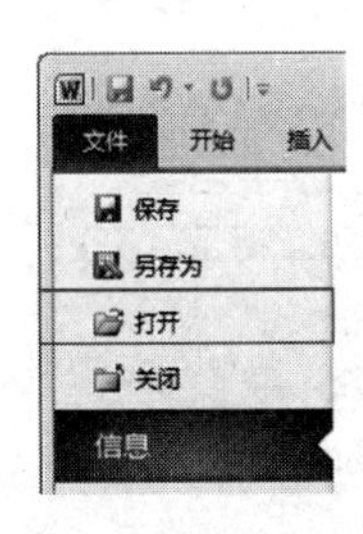

图 3-5　“文件”选项卡

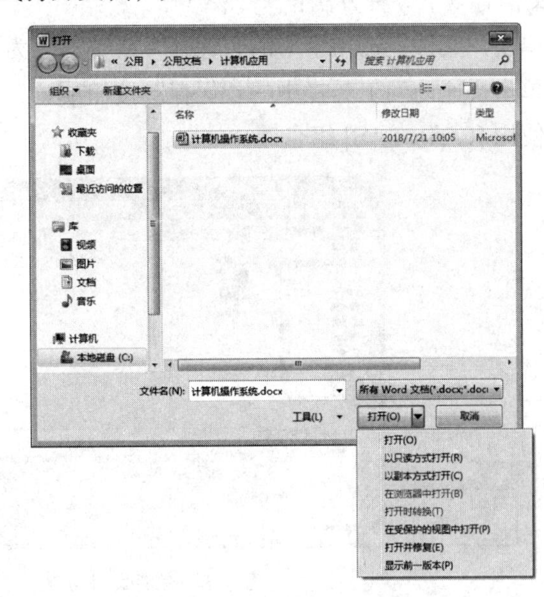

图 3-6　文件打开方式

（3）单击“文件”选项卡下的“最近所用文件”命令打开文档，如图 3-7 所示。

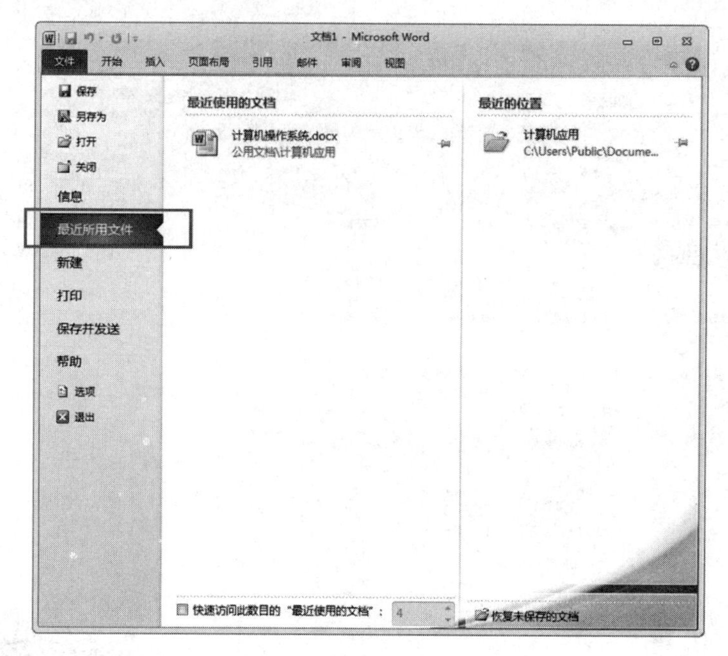

图 3-7　最近使用的文档

（4）在 Word 2010 中，使用 [Ctrl] + [O] 组合键启动"打开"对话框。

3. 保存文档

保存文档有以下 3 种方法：

（1）单击"文件"选项卡下的"保存"或"另存为"命令，如图 3-8 所示。

（2）单击快速访问工具栏中的"保存"按钮。

（3）使用 [Ctrl] + [S] 组合键。

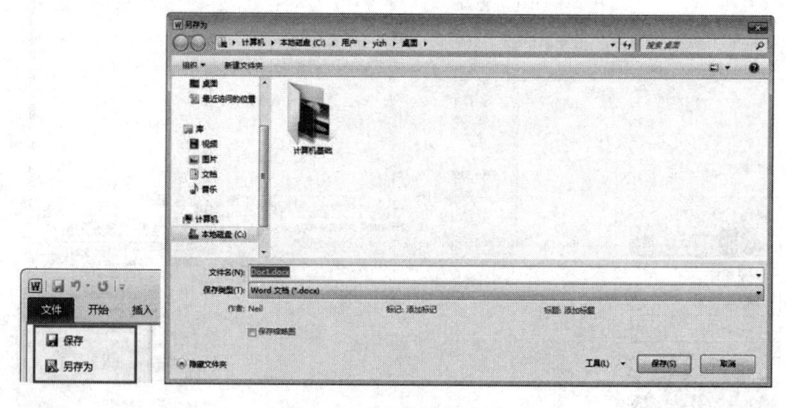

图 3-8　保存文件方法

4. 关闭文档

关闭文档有以下两种方法：

（1）单击"文件"选项卡下的"关闭"命令，如图 3-9 所示。

（2）单击窗口控制按钮中的"关闭"按钮关闭当前文档。

图 3-9　关闭文档

3.4　文本录入与编辑

3.4.1　文本录入

1. 中英文录入

（1）切换输入法。

使用 [Ctrl] + [Shift] 组合键切换输入法。

使用 [Ctrl] + [Space] 组合键切换中英文输入法。

（2）插入与改写。

插入状态：输入的字符插在光标后的字符前。

改写状态：输入的字符将替代光标后的字符。

切换插入 / 改写状态的方法有以下两种：

① 按键盘上的 [Insert] 键。

② 单击状态栏的【插入】或【改写】按钮，如图 3-10 所示。

图 3-10　状态栏【插入】按钮

2. 插入符号

单击“插入”选项卡“符号”功能组中的“符号”按钮Ω，选择其中的“其他符号”命令，将弹出“符号”对话框，如图 3-11 所示。

图 3-11 “符号”对话框

3.4.2 文本的编辑

1. 选定文本

（1）选择任意文本。

将鼠标指针置于要选择文本首字的左侧，按住鼠标左键，拖动鼠标指针至要选择文本尾字的右侧，然后释放鼠标，即可选择所需的文本内容。

（2）选择连续文本。

将鼠标指针置于要选择文本首字的左侧，然后按住 [Shift] 键不放，单击要选择文本尾字的右侧，即可选中该区间内的所有文本。

（3）选择整行文本。

将鼠标置于要选择文本行的左侧，待鼠标指针呈箭头状时单击，即可选择鼠标指针右侧的整行文本。

（4）选择整句文本。

先按住 [Ctrl] 键不放，再单击要选择句子的任意位置即可。

（5）选择整段文本。

将鼠标指针置于要选择文本段落的左侧，待指针呈箭头状时双击，即可选择鼠标指针右侧的整段文本。

（6）选择整篇文本。

将鼠标指针置于要选择文本段落的左侧，待指针呈箭头状时连续单击 3 次，即可选择整篇文档的内容。

2. 移动、复制和删除文本

（1）移动文本。

选中文本内容后，移动该文本内容有以下 3 种方法：

① 直接拖动到目标位置。

② 选择“开始”选项卡“剪贴板”功能组下的“剪切”按钮，然后在目标位置选择“开始”选项卡→“剪切板”→“粘贴”命令。

③ 按 [Ctrl] + [X] 组合键进行剪切，然后在目标位置按 [Ctrl] + [V] 组合键进行粘贴。

（2）复制文本。

选中文本内容后，复制该文本内容有以下 3 种方法：

① 按下 [Ctrl] 键直接拖动到目标位置。

② 选择“开始”选项卡“剪贴板”功能组下的“复制”按钮，然后在目标位置选择“开始”选项卡→“剪切板”→“粘贴”命令。

③ 按 [Ctrl] + [C] 组合键进行复制，然后在目标位置按 [Ctrl] + [V] 组合键进行粘贴。

（3）删除文本。

选中文本内容后，删除该文本内容有以下 3 种方法：

① 按 [Backspace] 键。

② 按 [Delete] 键。

③ 选择“开始”选项卡“剪贴板”功能组下的“剪切”按钮。

3. 撤销与恢复操作

如果不小心删除了一段不该删除的文本，可通过单击快速访问工具栏中的“撤销”按钮把刚刚删除的内容还原到原始位置。如果仍要删除该段文本，则可以单击快速访问工具栏中的“恢复”按钮。

4. 查找与替换文本

（1）查找。

单击“开始”选项卡“编辑”功能组下的“查找”按钮，将在文档左侧出现“导航”搜索框，如图 3-12 所示。

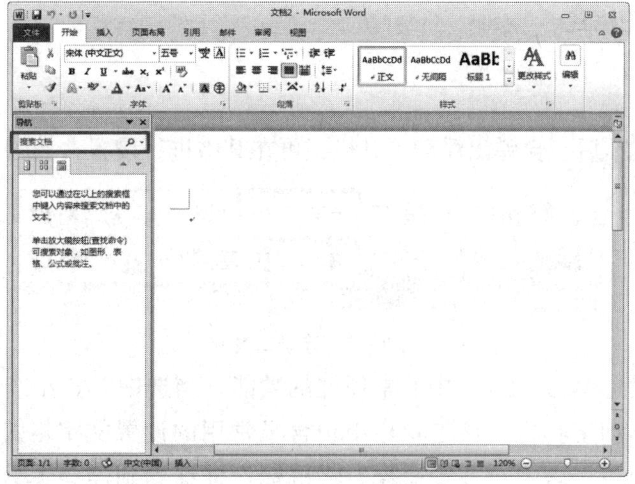

图 3-12　查找文本

（2）替换。

单击“开始”选项卡“编辑”功能组下的“替换”按钮，将弹出“查找和替换”对话框，如图 3-13 所示。

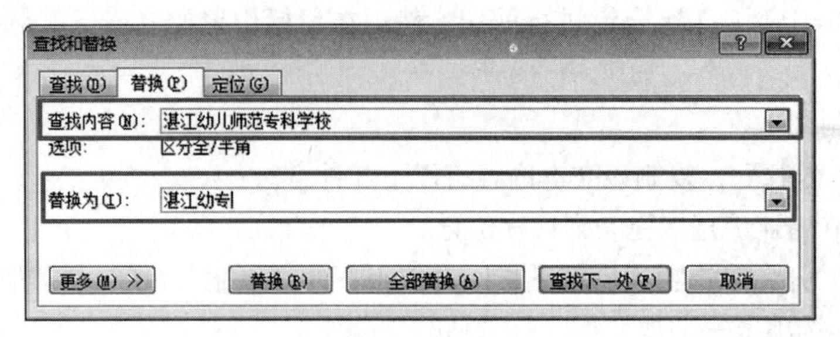

图 3-13 替换文本

5. 定位

定位功能可将鼠标指针定位到特定项目或位置。例如，将鼠标指针定位到第 88 页的操作如下：

单击“开始”选项卡“编辑”功能组下的“替换”按钮，打开“查找和替换”对话框。在“定位”标签中的“定位目标”框中选中“页”，在“输入页号”框中，输入页号为“88”，单击【定位】按钮，如图 3-14 所示。

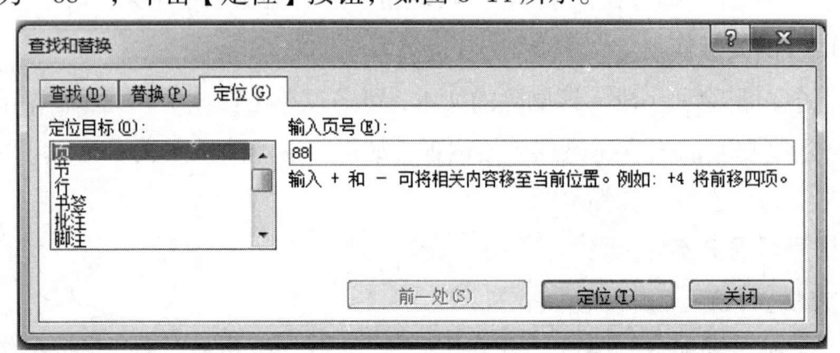

图 3-14 定位

3.4.3 设置字符格式

1. 设置字体

（1）选中文本后，会弹出浮动工具栏，可在其中进行设置，如图 3-15 所示。

图 3-15 浮动工具栏

浮动工具栏是 Word 2010 中非常便捷的功能。当选中 Word 2010 文档中的文字时，将会出现浮动工具栏。该工具栏中包含了常用的设置文字格式的命令，如设置字体、字号、颜色、居中对齐等命令。将鼠标指针移动到浮动工具栏上将使这些命令完全显示，进而可以方便地设置文字格式。如果不需要在 Word 2010 文档窗口中显示浮动工具栏，可以在“Word 选项”对话框中将其关闭。

（2）在“开始”选项卡“字体”功能组“字体”下拉列表框中设置字体，如图 3-16 所示。

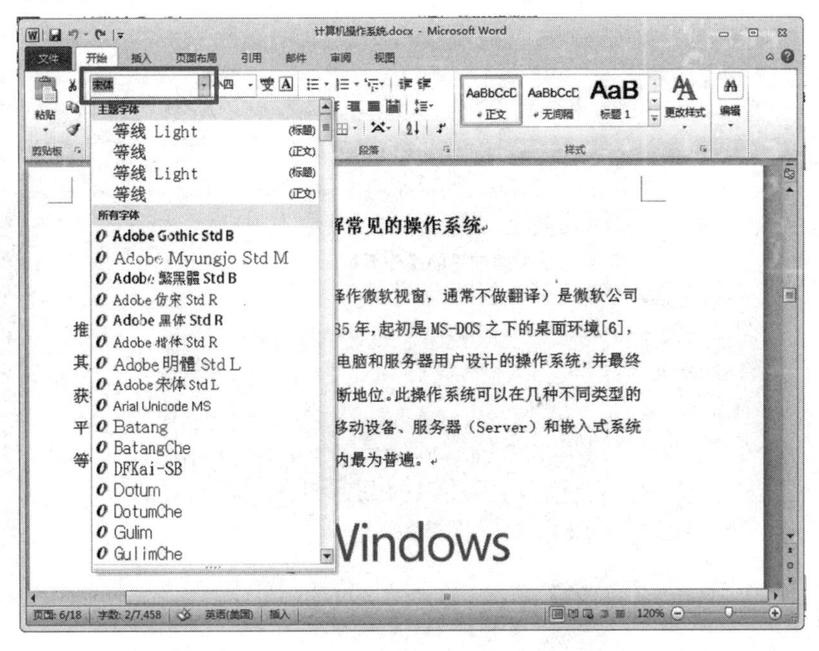

图 3-16　“开始”选项卡“字体”功能组“字体”下拉列表框

（3）通过“字体”对话框设置字体。选中文本后，单击“开始”选项卡“字体”功能组右下角的对话框启动器，或右键单击选中的文本，在弹出的快捷菜单中选择“字体”菜单项，弹出“字体”对话框，如图 3-17 所示。

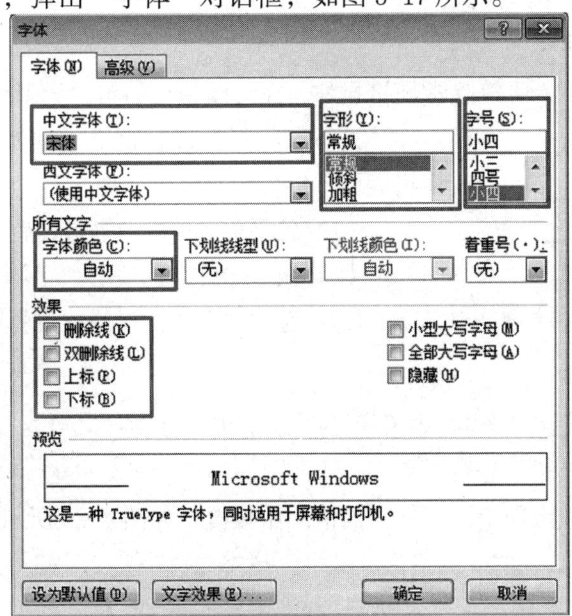

图 3-17　“字体”对话框

2. 设置字号

（1）选中文本后，在浮动工具栏中进行设置。

（2）在“开始”选项卡“字体”功能组“字号”下拉列表框中设置字号，如图 3-18 所示。

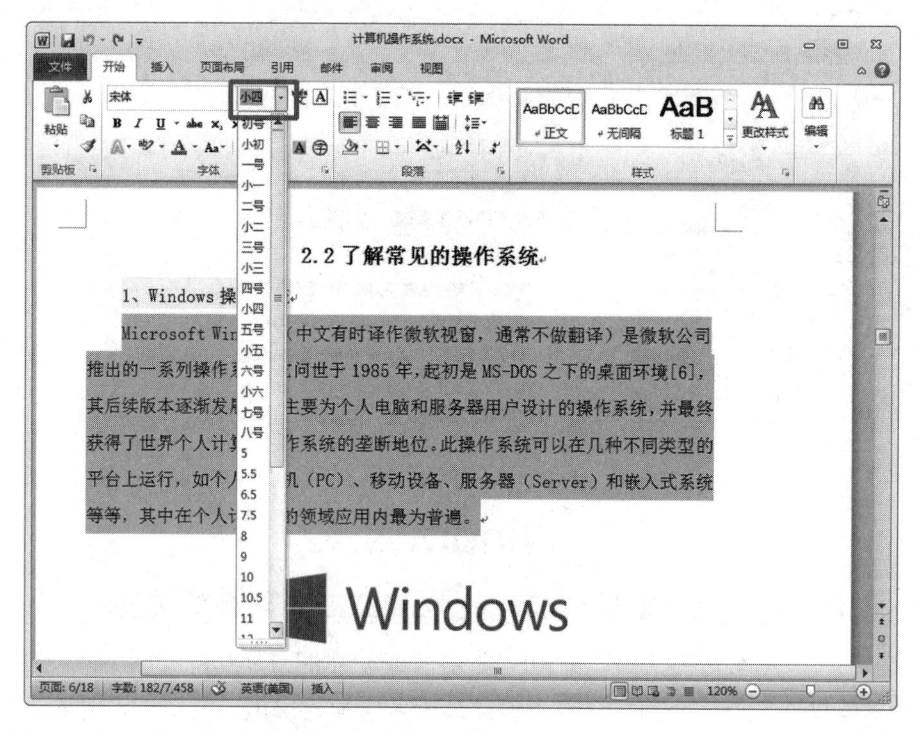

图 3-18 “字体”功能组“字号”下拉列表框

（3）通过“字体”对话框设置字号。

3. 设置倾斜与加粗

在 Word 2010 中，字符除常规格式外，还有倾斜、加粗、倾斜加粗等格式。

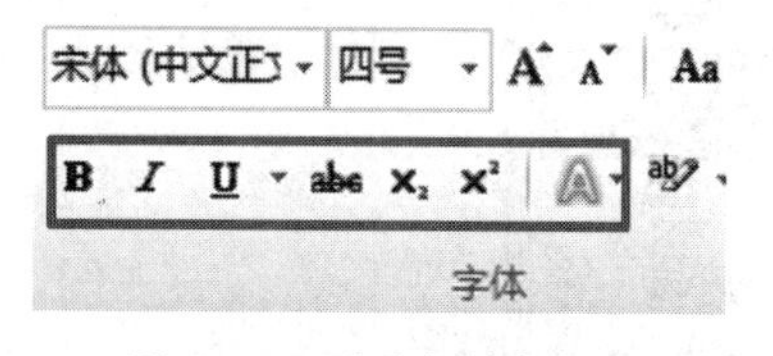

图 3-19 设置倾斜与加粗

选中文本后，设置该文本的倾斜、加粗、倾斜加粗等格式的方法有以下 3 种：

（1）在浮动工具栏中进行设置，如图 3-19 所示。

（2）在“开始”选项卡“字体”功能组中设置。

（3）通过“字体”对话框设置。

4. 设置字体颜色

选中文本后，设置该文本字体颜色的方法有以下 3 种：

（1）在浮动工具栏中进行设置。

（2）在“开始”选项卡“字体”功能组中设置，如图 3-20 所示。

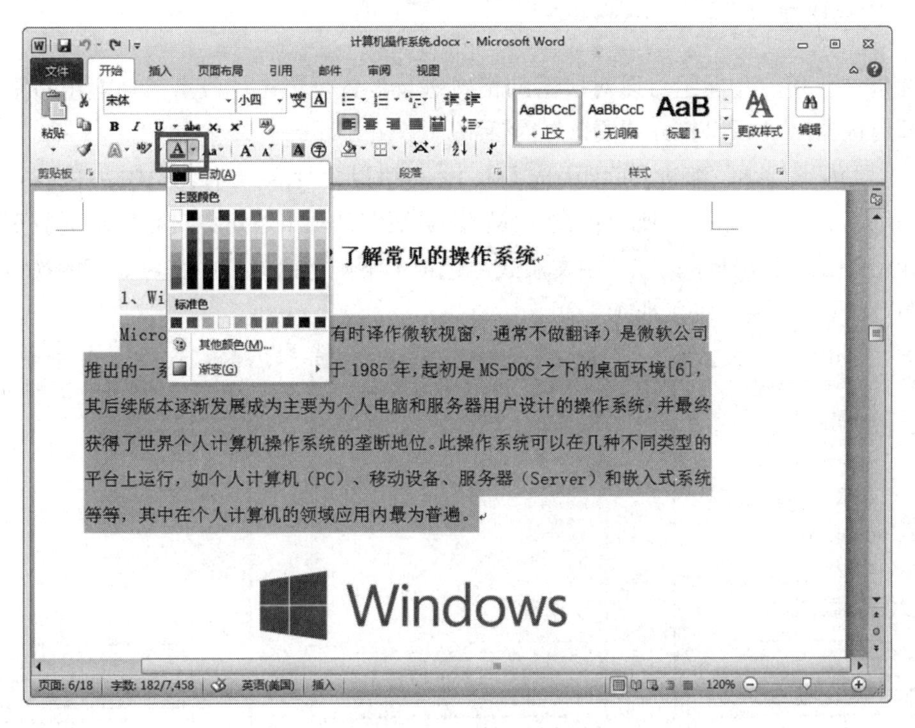

图 3-20　设置字体颜色

（3）通过“字体”对话框设置字体颜色。

5. 设置特殊效果

字体的特殊效果如表 3-1 所示。

表 3-1　字体的特殊效果

字体特殊效果	示例
正常	广东是岭南文化的重要传承地－Guangdong
删除线	~~广东是岭南文化的重要传承地－Guangdong~~
双删除线	~~广东是岭南文化的重要传承地－Guangdong~~
上标	广东是岭南文化的重要传承地$^{-\text{Guangdong}}$
下标	广东是岭南文化的重要传承地$_{-\text{Guangdong}}$
小型大写字母	广东是岭南文化的重要传承地－GUANGDONG
全部大写字母	广东是岭南文化的重要传承地－GUANGDONG

选中文本后，设置该文本字体的特殊效果的方法有以下 3 种：

（1）在浮动工具栏中进行设置。

（2）在“开始”选项卡“字体”功能组中设置。

（3）通过“字体”对话框设置。

3.4.4 设置段落

通过“段落”功能组可以对段落的格式进行设置。单击“段落”功能组右下角的对话框启动器，可以打开“段落”对话框。

在“段落”对话框“缩进和间距”选项卡下，可以设置段落的对齐方式、缩进、行间距、段间距等，如图 3-21（a）所示；在“换行和分页”选项卡下可以设置段落的分页方式等，如图 3-21（b）所示；在“中文版式”选项卡下则可以设置中文习惯下的换行和字符间距等，如图 3-21（c）所示。

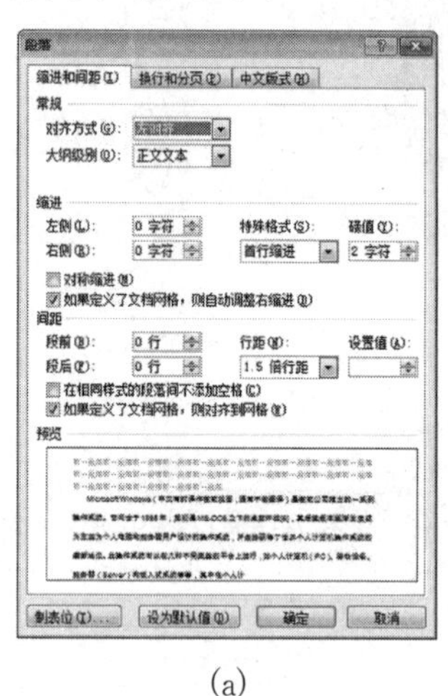

(a)

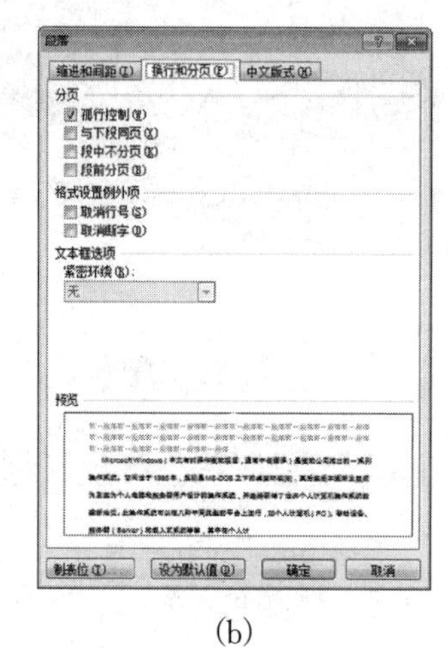

(b)

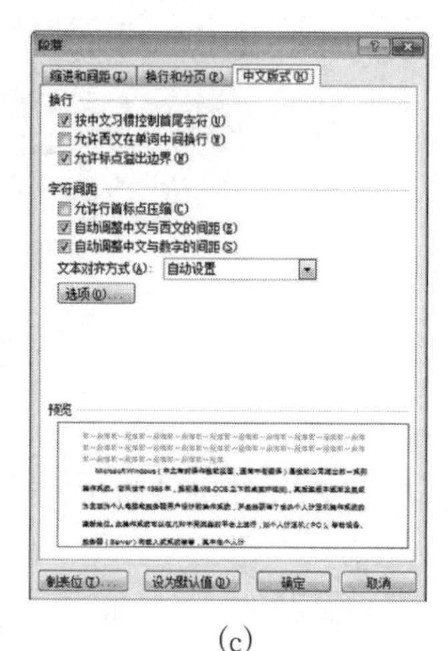

(c)

图 3-21 “段落”对话框

3.4.5 格式刷

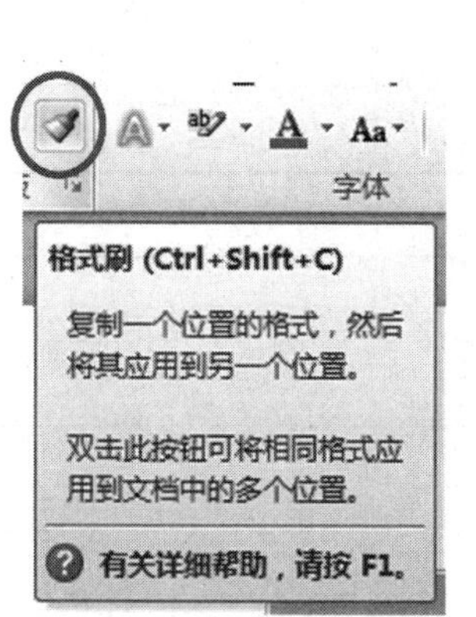

图 3-22 格式刷

格式刷是 Word 2010 中一种非常便捷的工具。用格式刷“刷”格式，可以快速将指定段落或文本的格式应用到其他段落或文本上。格式刷位于“开始”选项卡“剪贴板”组，如图 3-22 所示。

3.4.6 项目符号与编号

项目符号与编号能够为列表或文档设置层次结构。可以快速在现有的文本行中添加项目符号或编号，也可以在键入时自动创建项目符号和编号列表。如果是为 Web 页创建项目符号列表，还可使用图像或图片作为项目符号。

1. 添加项目符号或编号

选定要添加项目符号或编号的文本。在“开始”选项卡中的“段落”功能组上，单击“项目符号”按钮，可为其添加项目符号；单击“编号”按钮，可为其添加编号，如图 3-23 所示。

图 3-23　“段落”功能组

用户可以自定义项目符号和编号，先选中要添加项目符号或编号的文本，右键单击，在弹出的快捷菜单中选择“项目符号 | 定义新项目符号”菜单项，弹出“定义新项目符号”对话框，在其中进行相应设置，如图 3-24 所示。

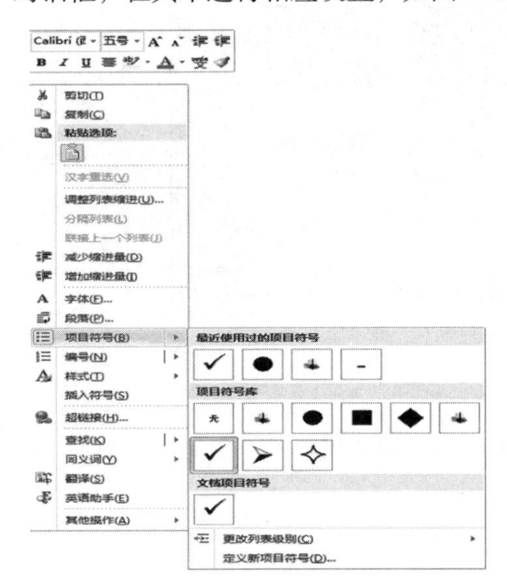

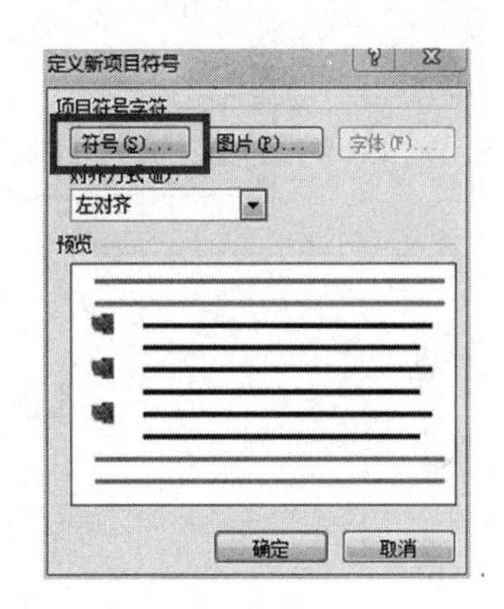

图 3-24　自定义项目符号

要在输入时自动创建项目符号或编号，可键入“1.”或“*”，再按空格键或 [Tab] 键，然后键入任何所需文字。当按下 [Enter] 键以添加下一列表项时，Word 2010 会自动插入下一个项目符号或编号。要结束列表，按两次 [Enter] 键，或通过按 [Backspace] 键删除列表中的最后一个项目符号或编号，来结束该列表。如果在段落开始处键入连字符（－）或星号（*），其后紧跟着键入空格或制表符及一些文本，那么在按下 [Enter] 键结束该段落时，Word 2010 会自动将该段落转换为带有项目符号的列表项。

2. 删除项目符号或编号

选定要删除其项目符号或编号的列表项，在“开始”选项卡中的“段落”功能组上，单击“项目符号”按钮 ☰ ▾，可删除项目符号；单击“编号”按钮 ☰ ▾，可删除编号。Word 2010 将自动调整编号列表中的编号顺序。要删除单个项目符号或编号，可先在项目符号或编号与对应文本之间单击，再按下 [Backspace] 键。要删除多余的缩进，可再次按下 [Backspace] 键。

3.4.7 边框和底纹

为 Word 2010 文档设置边框和底纹的方法如下：

单击“开始”选项卡 “段落”功能组中的“边框和底纹”按钮，弹出“边框和底纹”对话框，可在其中进行相应设置，如图 3-25 所示。

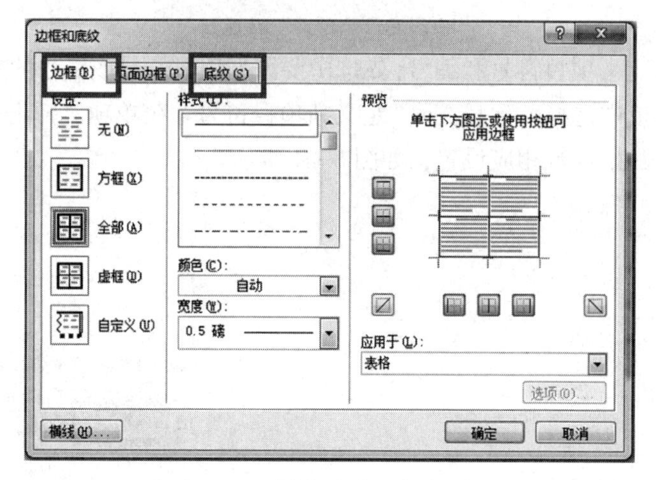

图 3-25 “边框和底纹”对话框

3.5 插入操作

3.5.1 页

“插入”选项卡包括“页”“表格”“插图”“链接”“页眉和页脚”“文本”“符号”等功能组，如图 3-26 所示。

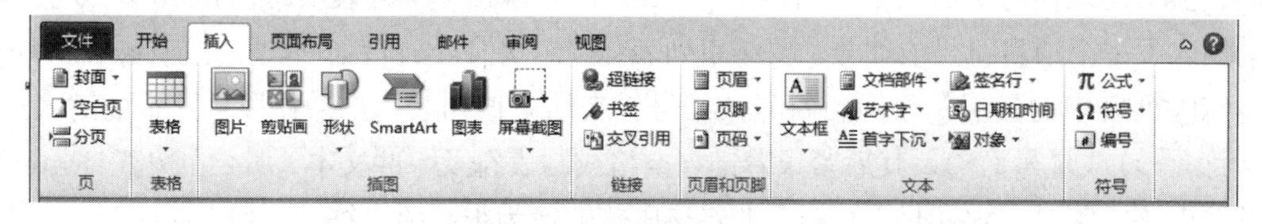

图 3-26 “插入”选项卡

1. 封面

单击“插入”选项卡 “页”功能组中的“封面”按钮，弹出下拉列表框，其中包含了许多精美的封面模板，单击一个封面模板，则在文档的第一页插入该封面，通过对封面进行相应的编辑，很方便就可以生成一个漂亮的封面，如图 3-27 所示。选择“删除当前封面”命令则可以删除封面页。另外，用户也可以将自己设计的封面通过选择“将所选内容保存到封面库”命令将其保存到封面模板中。

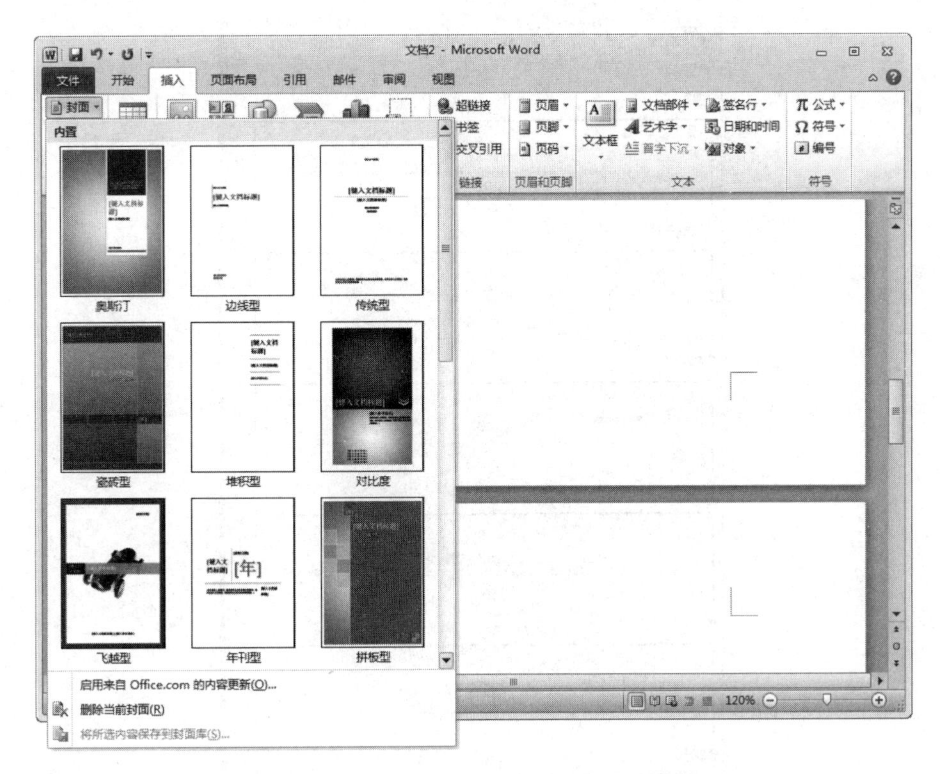

图 3-27　封面模板

2. 空白页

单击“插入”选项卡 “页”功能组中的“空白页”按钮，在插入点之后将插入一个空白页面。

3. 分页符

单击“插入”选项卡 “页”功能组中的“分页”按钮，在插入点之后插入一个分页符，即从插入点开始另起一页。

3.5.2　插入页眉、页脚和页码

页眉和页脚是指文档中每个页面顶部和底部的区域，在这两个区域内添加的文本或图形内容将显示在文档的每一个页面中，可以避免重复操作。

1. 插入页眉和页脚

单击“插入”选项卡 “页眉和页脚”功能组中的“页眉”按钮，弹出下拉列表框，在其中进行页眉的设置，如图 3-28 所示。

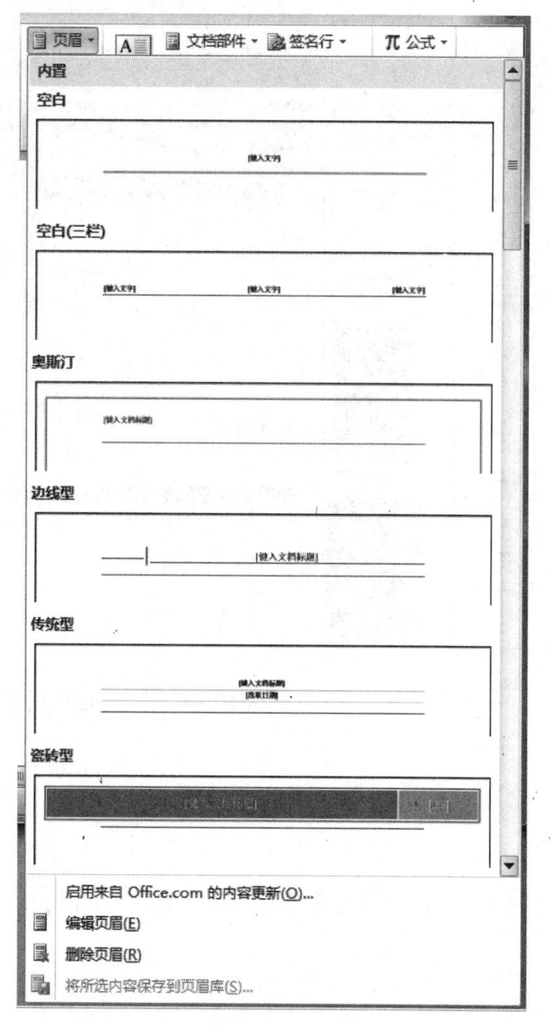

图 3-28 插入页眉

在插入“页眉”后，Word 2010 界面将会添加一个新的“页眉和页脚工具 | 设计”选项卡，在该选项卡下的“导航”功能组中选择“转至页脚”按钮，可插入页脚，如图 3-29 所示。也可像页眉一样，在“插入”选项卡“页眉和页脚”功能组中设置页脚。

插入页眉和页脚后，可单击“页眉和页脚工具 | 设计”选项卡“关闭”功能组中的“关闭页眉和页脚”按钮退出，如图 3-29 所示。

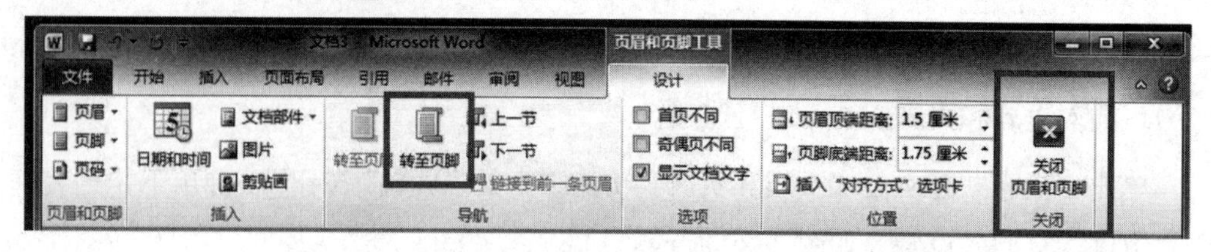

图 3-29 “转至页脚”按钮和“关闭页眉和页脚”按钮

2. 插入页码

单击“插入”选项卡“页眉和页脚”功能组中的“页码”按钮，即可对页码进行设置，如图 3-30 所示。

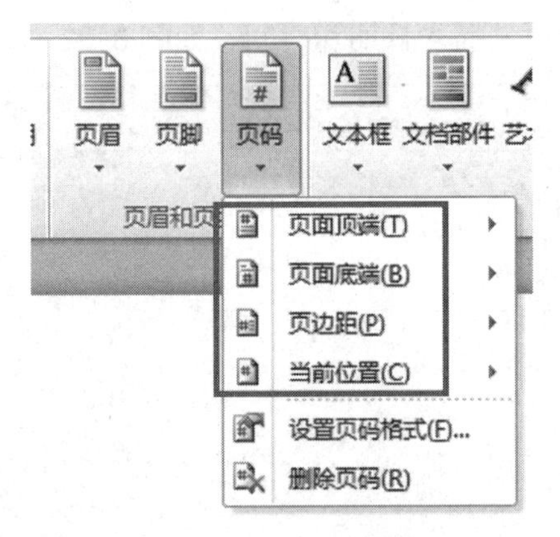

图 3-30　“页码”下拉菜单

3.5.3　插入脚注或尾注

脚注和尾注都是一种诠释方式，是一种对文本的补充说明。脚注一般位于页面的底部，可以作为文档某处内容的注释；尾注一般位于文档的末尾，列出引文的出处等。尾注由两个关联的部分组成，包括注释引用标记和其对应的注释文本。在添加、删除或移动自动编号的注释时，Word 2010 将对注释引用标记重新编号。

在页面视图中，单击要插入注释应用标记的位置，再单击“引用 ”选项卡“ 脚注”功能组右下角的对话框启动器，弹出“脚注和尾注”对话框，如图 3-31 所示。选择“脚注”或者“尾注”单选按钮，并选择合适的格式，单击【插入】按钮，Word 2010 将插入相应注释编号，并将插入点置于注释编号的旁边，键入注释文本即可。

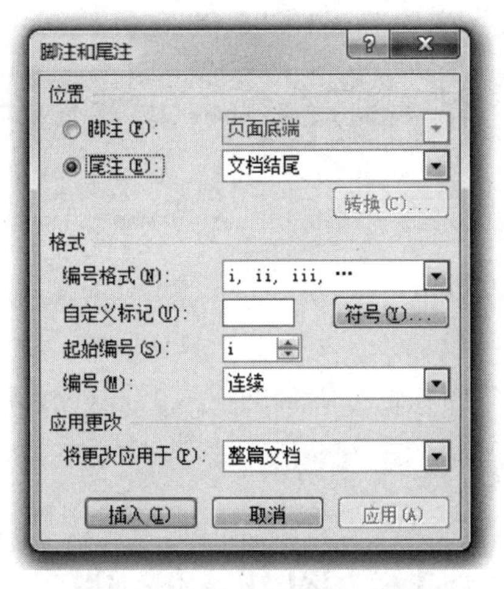

图 3-31　“脚注和尾注”对话框

3.5.4　插入日期和时间

选择“插入”选项卡“文本 ”功能组下的“日期和时间”按钮，在弹出的“日期和时间”对话框的“可用格式”框中选取合适的格式，如“2018/10/9”，单击【确定】按钮，即可在当前鼠标指针处插入日期和时间，如图 3-32 所示。

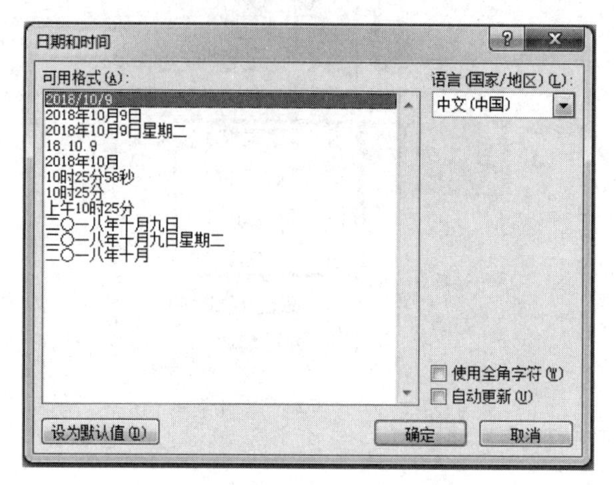

图 3-32 “日期和时间”对话框

3.5.5 插入题注

单击“引用”选项卡“题注”功能组下的“插入题注”按钮，打开“题注”对话框，在“标签”下拉列表框中选择合适的选项，单击【编号】按钮，在弹出的“题注编号”对话框中选择编号方式，最后单击【确定】按钮即可。

3.5.6 插入公式

选择“插入”选项卡“符号”功能组下的“公式”按钮π，进入公式编辑状态，并且打开“公式工具 | 设计”选项卡，如图 3-33 所示。

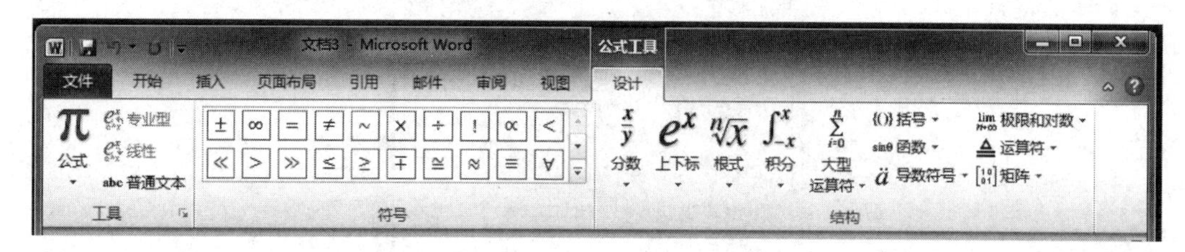

图 3-33 “公式工具 | 设计”选项卡

根据需要选择相应的结构和符号配合的输入，可以设计出所需的公式，如傅里叶级数公式：$f(x)=a_0+\sum_{n=1}^{\infty}\left(a_n\cos\frac{n\pi x}{L}+b_n\sin\frac{n\pi x}{L}\right)$。

3.6 图 形 处 理

Word 2010 虽然是一个文字处理软件，但其功能并非仅局限于对文字的处理。事实上，为了增强文档的可读性、艺术性和视觉效果，用户常常需要在文档中插入一些图片、剪贴画等来装饰文档。Word 2010 提供了全新的图片处理效果，如映像、发光、三维旋转等，并且可以对图片进行裁剪、修饰等编辑操作。这一切都是通过“插入”选项卡的“插图”功能组来实现的，其中的6个命令按钮用于在文档中插入6种不同类型的插图，如图3-34所示。

图3-34 “插图”功能组

3.6.1 图片工具

首先将鼠标指针定位在需要插入图片的位置，然后选择“插入”选项卡“插图”功能组中的“图片”按钮，打开“插入图片”对话框，在其中找到需要插入的图片文件，单击【插入】按钮，即可将所选图片插入到文档中。

双击插入的图片，Word 2010会自动出现“图片工具|格式”选项卡，如图3-35所示，可以对图片进行一些艺术处理和编辑。

图3-35 “图片工具|格式”选项卡

其中“调整”功能组的功能有：

（1）删除背景：自动删除不需要的背景部分，如图3-36所示。

（2）更正：进行锐化和柔化以及亮度和对比度的调整，如图3-37所示。

图3-36 删除背景

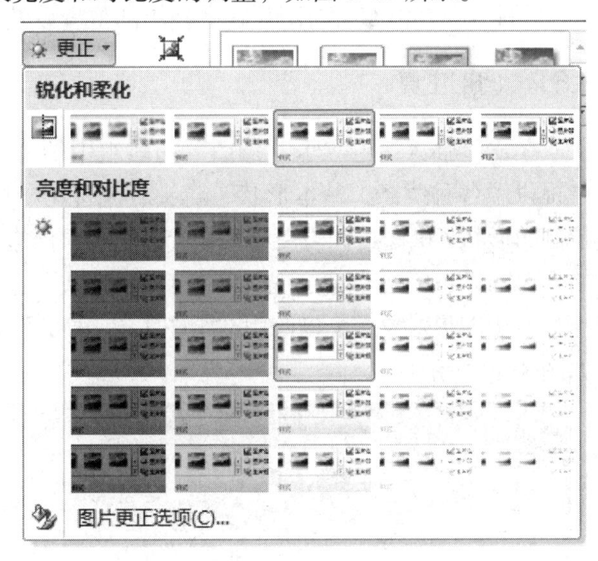

图3-37 更正

（3）颜色：对颜色饱和度、色调进行调整，并可在“重新着色”中设置灰度、冲蚀等颜色效果，如图 3-38 所示。

（4）艺术效果：可以为图片增加铅笔素描、线条图、水彩海绵等艺术效果，如图 3-39 所示。

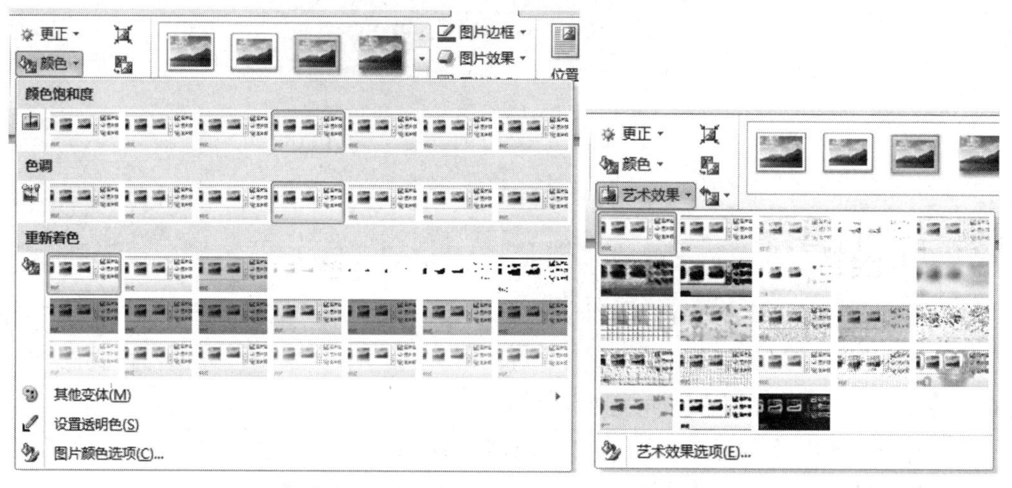

图 3-38　颜色　　　　图 3-39　艺术效果

（5）压缩图片：压缩文档中的图片以减小文档的存储空间

（6）更改图片：更改为别的图片但保存当前图片的尺寸和格式。

（7）重设图片：取消图片的修改，恢复图片原有的格式。

“图片样式”功能组可以应用一些预置的样式如框架、阴影、透视、映像等，也可手动设置图片边框和图片效果。

“大小”功能组可对图片进行剪裁，并且设置高或宽的尺寸。要注意，点击“大小”功能组右下角的对话框启动器，打开“设置图片格式”对话框，可取消“锁定纵横比”的设置，即可任意设置高和宽的尺寸。

“排列”功能组可对图片在文档中的位置以及文字环绕方式进行快速设置。

3.6.2　图形工具

单击“插入”选项卡“插图”功能组中的“形状”按钮，弹出下拉列表框，其中提供了各种线条、基本形状、箭头、流程图、标注以及星与旗帜等，单击选择需要绘制的形状，鼠标指针会变成一个十字，用鼠标拖放即可在文档中绘制出所需的形状，并且 Word 2010 会自动出现“绘图工具 | 格式”选项卡。

对于图形对象，可以使用“绘图工具 | 格式”选项卡中相应按钮对图形进行操作，如图 3-40 所示。

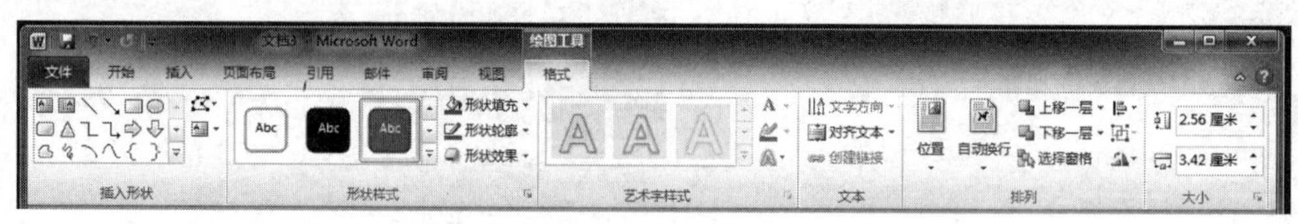

图 3-40　“绘图工具 | 格式”选项卡

“插入形状”功能组可以插入对话框、线条、形状、旗帜、标注等图形对象。注意，点选形状后，鼠标变成黑色实心大十字样式，按住左键确定起点不放，拖曳鼠标即可进行绘制，放开鼠标完成绘制。

“形状样式”功能组可以设置形状填充、图形轮廓和形状效果。形状的方式有纯色填充、无填充颜色（透明效果）、渐变填充、图片或纹理填充、图案填充，等等。

选中图形，右键单击打开快捷菜单，选择“设置形状格式”菜单项，打开“设置形状格式”对话框，如图 3-41 所示。

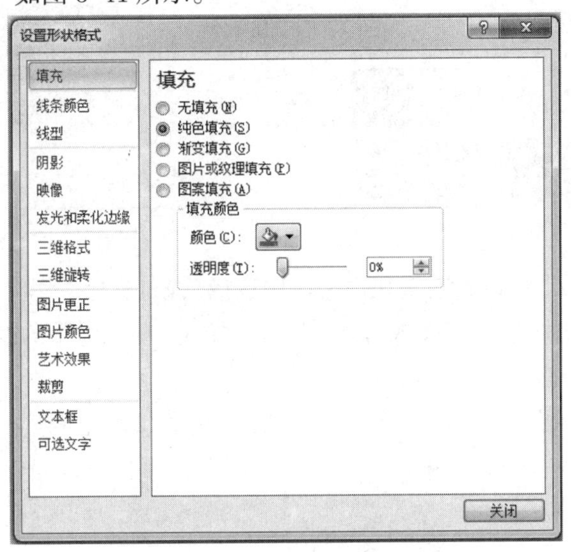

图 3-41 “设置形状格式”对话框

纯色填充方式如图 3-42 所示，渐变填充及预设颜色如图 3-43 所示。

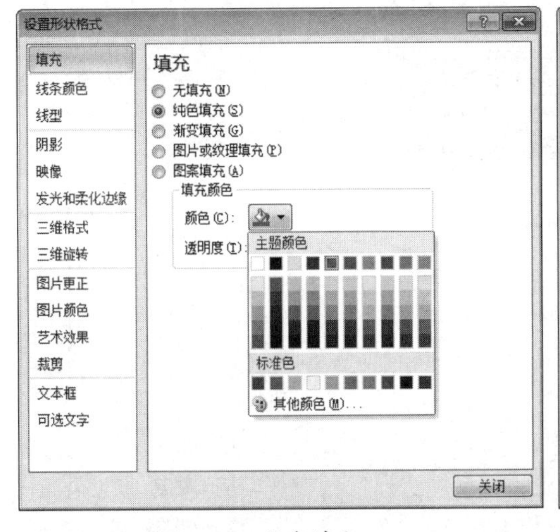

图 3-42 纯色填充

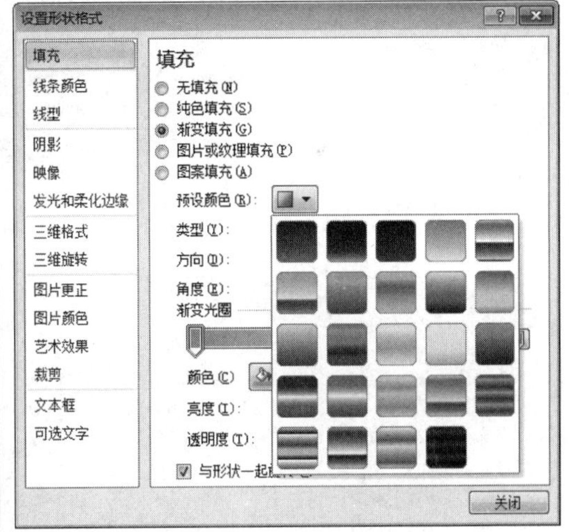

图 3-43 渐变填充

图片或纹理填充及部分纹理效果如图 3-44 所示。

Word 2010 的形状边框的线条颜色可以设置为多种效果，如实线、无线条、渐变线等，还可以使用预设颜色的效果，如图 3-45 所示。

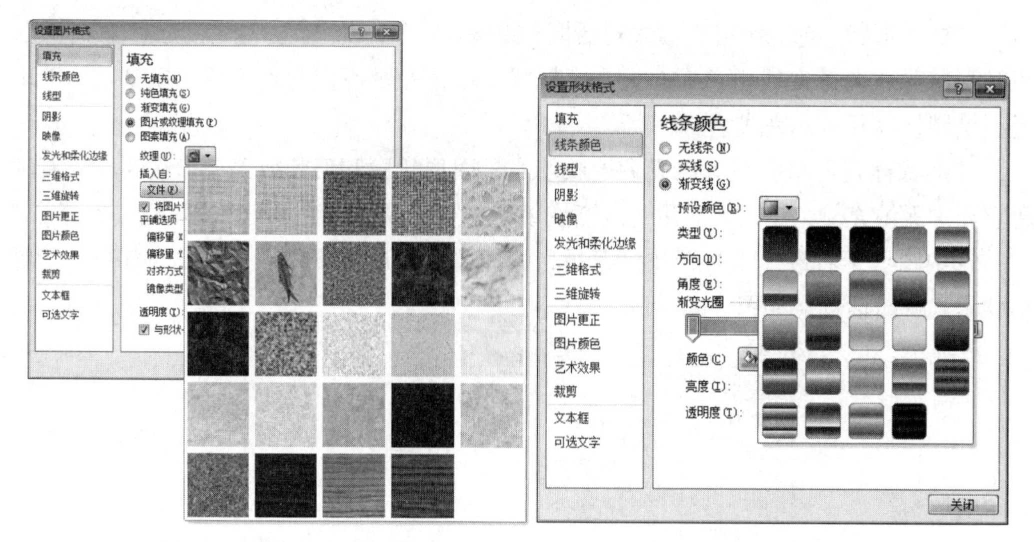

图 3-44　图片或纹理填充　　　　图 3-45　线条颜色

Word 2010 的图形可以在右键快捷菜单中选择“添加文字”菜单项添加文字，只要有文字存在，就可以使用“艺术字样式”，在“艺术字样式”功能组中的按钮可以设置文字方向、对齐文本以及创建连接等。

文本框和艺术字也可以由“插入”选项卡的“文本”功能组插入文档，文本框有“横排文本框”和“竖排文本框”两种。

3.6.3　图像布局

“图片工具|格式”选项卡中的“排列”功能组的按钮可以调整对象的位置、文字环绕、叠放次序，并且进行对齐、组合及旋转等操作，如图 3-46 所示。

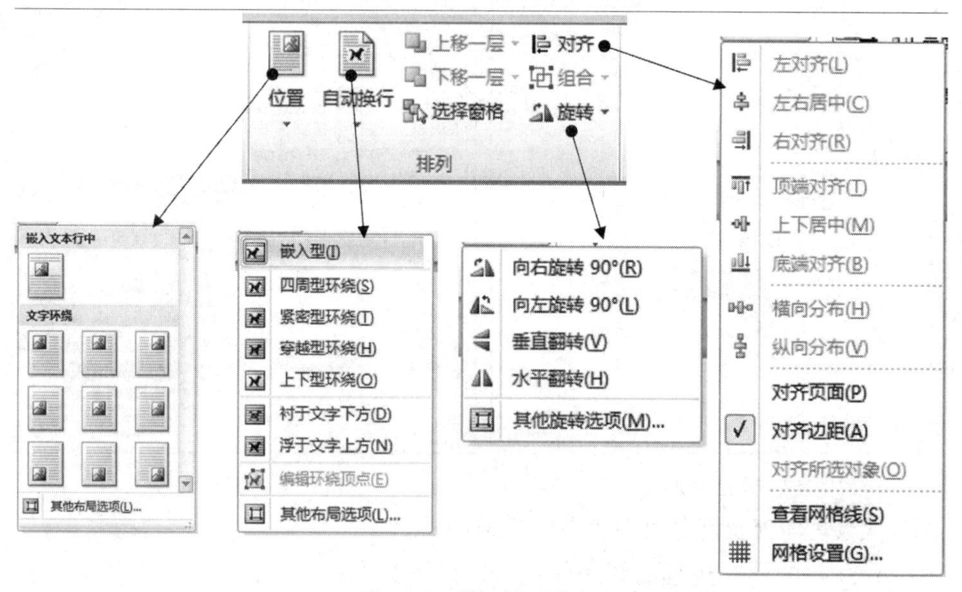

图 3-46　“排列”功能组

打开“开始”选项卡“编辑”按钮，在弹出的下拉菜单中单击“选择对象”命令，用鼠标单击选择对象，按下 [Shift] 或者 [Ctrl] 配合鼠标右键，可以选择多个对象，并能够对其进行组合、对齐等操作，也可以使用“选择窗格”准确地选择本页形状并设置可见性。

3.6.4 创建 SmartArt 图形

SmartArt 图形用来表明对象之间的从属关系、层次关系等。用户可以根据自己的需要创建不同的图形。

创建 SmartArt 图形的方法如下：

单击“插入”选项卡“插图”功能组下的“SmartArt”按钮，在弹出的“选择 SmartArt 图形”对话框中进行设置，如图 3-47 所示。

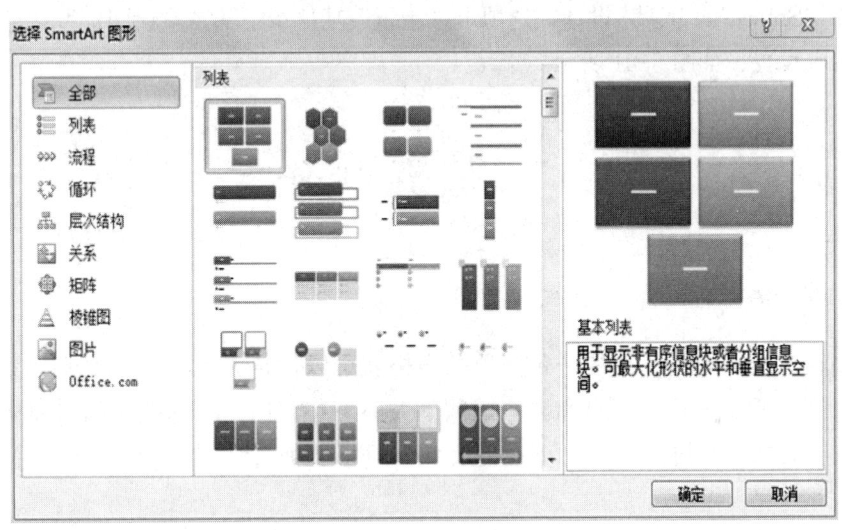

图 3-47　插入 SmartArt 图形

创建 SmartArt 图形后，对 SmartArt 图形编辑的方法如下：

（1）添加 SmartArt 图形。

选择“SmartArt 工具 | 设计”选项卡“创建图形”功能组下的相应按钮，如“添加形状”按钮、“升级”按钮、“降级”按钮、“上移”按钮、“下移”按钮，即可完成相应设置，如图 3-48 所示。

（2）设置 SmartArt 图形的布局。

选择“SmartArt 工具 | 设计”选项卡“布局”功能组下的相应按钮，即可完成相应设置，如图 3-49 所示。

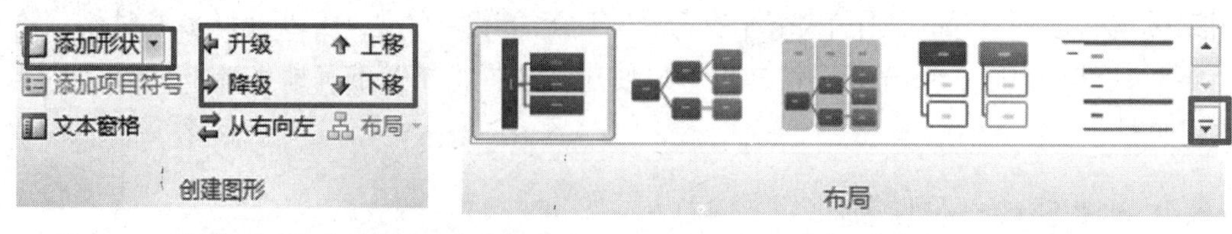

图 3-48 “创建图形”功能组　　　　图 3-49 “布局”功能组

（3）设置 SmartArt 图形样式。

单击“SmartArt 工具 | 设计”选项卡“SmartArt 样式”功能组下的相应按钮，即可完成相应设置，如图 3-50 所示。

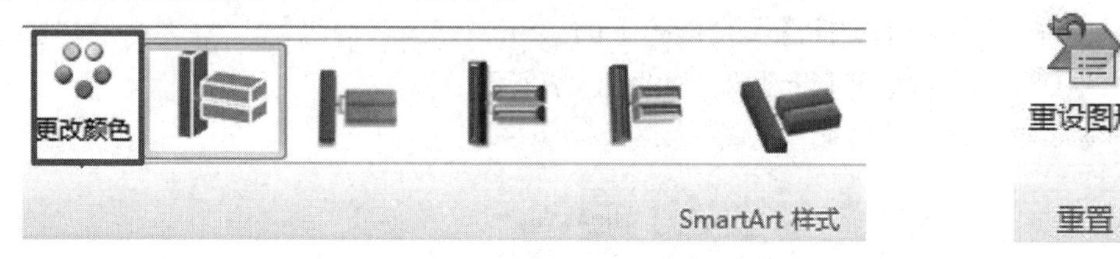

图 3-50 “SmartArt 样式”功能组　　　　图 3-51 “重置”功能组

（4）重置 SmartArt 图形。

选择“SmartArt 工具 | 设计”选项卡“重置”功能组下的“重设图形”按钮，即可完成相应设置，如图 3-51 所示。

3.7 表格制作

3.7.1 创建表格

在编辑文档的时候，往往一张简单的表格就可以代替大篇的文字说明，简明扼要地表达出文字所要表达的信息和数据之间的关系。在“插入”选项卡的“表格”功能组中单击“表格”按钮，打开下拉列表，如图 3-52 所示，其中提供了 4 种创建表格的方法：

（1）拖曳法。

在如图 3-52 所示的下拉列表中，通过移动鼠标框选小方框的数量从而选择表格的行数和列数，这时可以在文档中预览到表格，单击鼠标则可在插入点处插入指定行列数的空白表格，这种方法可以添加的最大表格是 10 列 ×8 行的。

（2）对话框法。

在如图 3-52 所示的下拉列表中选择“插入表格”命令，打开“插入表格”对话框，如图 3-53 所示。在其中输入所需表格的“列数”“行数”以及相关参数，单击【确定】按钮即可在插入点插入指定行列数的空白表格。这里一般选择“根据窗口调整表格”单选框，较易于后期表格的调整。

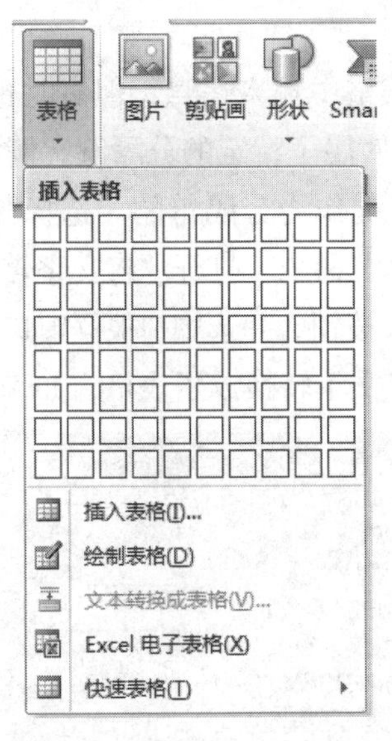

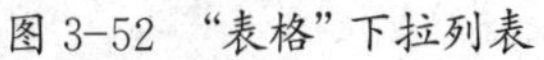
图 3-52 “表格”下拉列表

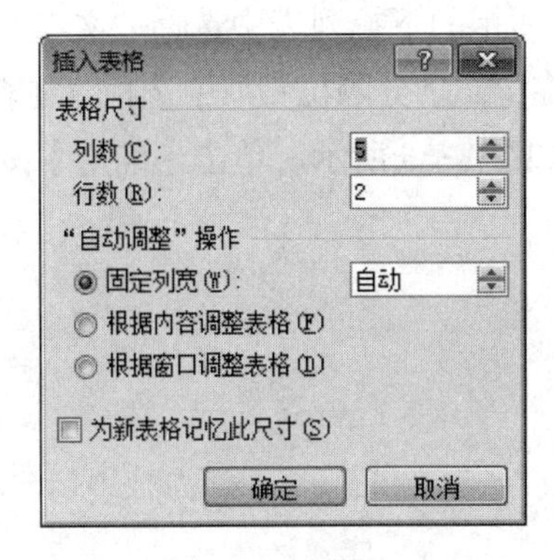

图 3-53 “插入表格”对话框

（3）快速表格法。

在如图 3-52 所示的下拉列表中选择“快速表格”命令，在弹出的子选项中选择合适的表格，如图 3-54 所示。

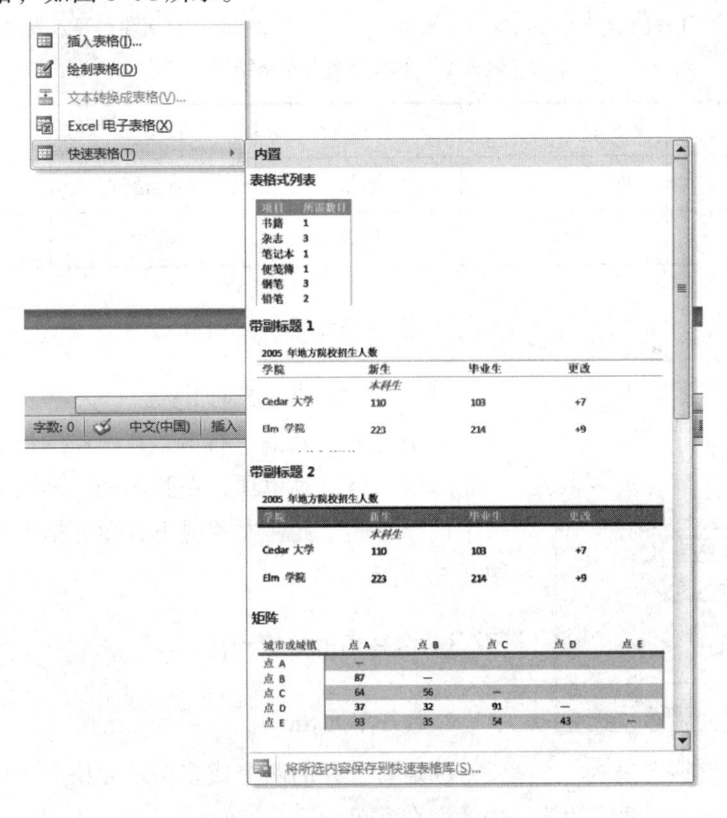

图 3-54 插入快速表格

（4）文本转换法。

一般情况下，是先创建空白表格，然后再在表格中输入信息，但有时也可以将已经输入的文本转换成表格，前提条件是已有的文本使用了特定的分隔符。例如在 Word 2010 中输入如图 3-55 所示的文本，是使用 [Tab] 键作为分隔符的。选择此文本，在如图 3-52 所示的下拉列表中选择“文本转换成表格”命令，打开“将文字转换成表格”对话框，在“文字分隔位置”中选择“制表符”单选按钮，并选中“根据窗口调整表格”单选框，如图 3-56 所示。单击【确定】按钮后就将文本转换成了表格，如表 3-2 所示。

星期　1-2 节　3-4 节　5-6 节　7-8 节↵
星期一　语文　数学　英语　政治↵
星期二　物理　体育　数学　化学↵

图 3-55　[Tab] 键为分隔符的格式文本

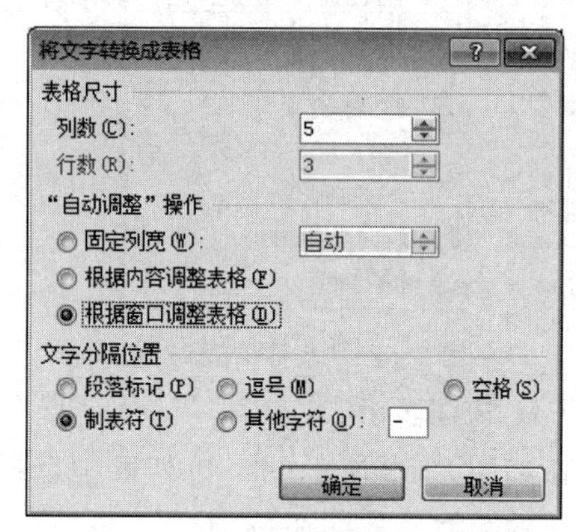

图 3-56　“将文字转换成表格”对话框

表 3-2　文本转换为表格结果

星期	1−2 节	3−4 节	5−6 节	7−8 节
星期一	语文	数学	英语	政治
星期二	物理	体育	数学	化学

3.7.2　删除单元格

删除单元格的方法如下：

选中目标单元格后右击，在弹出的快捷菜单中选择“删除单元格”菜单项，在弹出的“删除单元格”对话框中选择右侧单元格左移或下方单元格上移单选框，如图 3-57 所示。

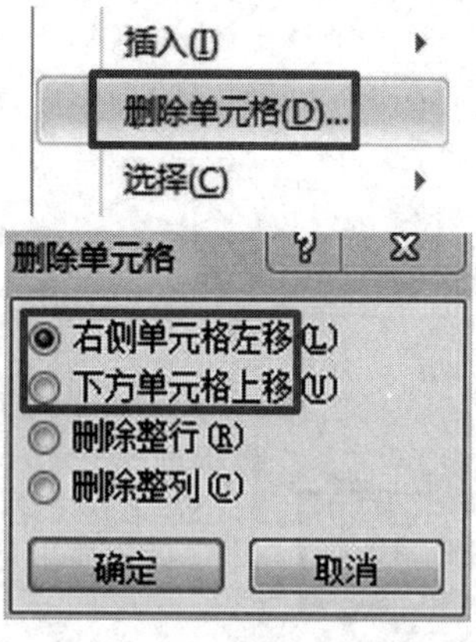

图 3-57　删除单元格

3.7.3　合并和拆分单元格

1. 合并单元格

选定要合并的两个或多个单元格；选择“表格工具 | 布局”选项卡“合并”功能组中的“合并单元格”按钮；或右击鼠标，在弹出的快捷菜单中选择“合并单元格”菜单项，如图 3-58 所示。

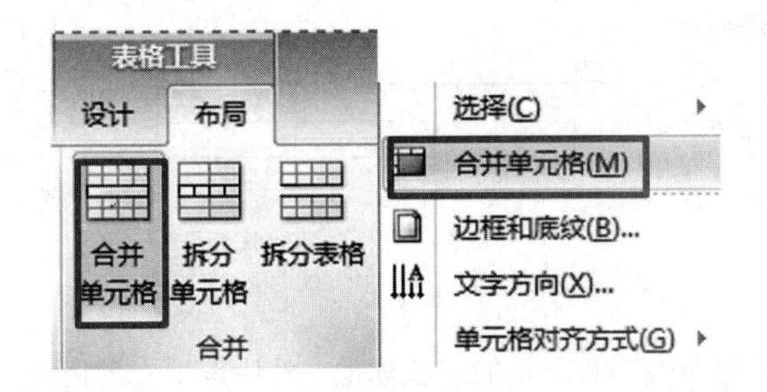

图 3-58　合并单元格

2. 拆分单元格

选定要拆分的一个单元格；选择“表格工具|布局”选项卡“合并”功能组中的“拆分单元格”按钮；或右击鼠标，在弹出的快捷菜单中选择“拆分单元格”菜单项；最后在“拆分单元格”对话框中输入需拆分的行数/列数，如图 3-59 所示。

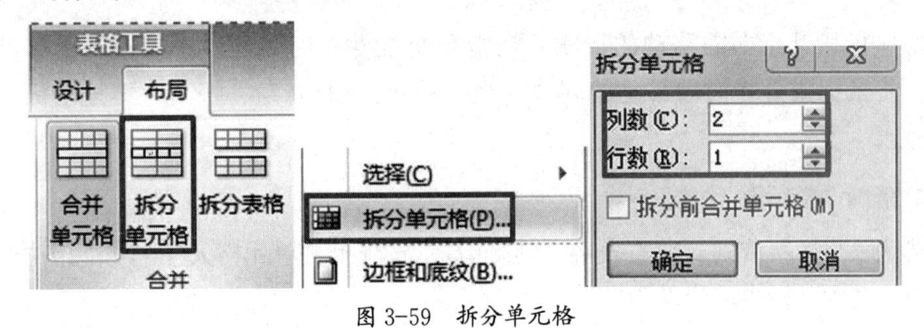

图 3-59　拆分单元格

3.7.4　拆分表格

选定表格的某一行，选择“表格工具|布局”选项卡“合并”功能组中的“拆分表格”按钮，一个表格就从该行处拆分成两个表格，如图 3-60 所示。

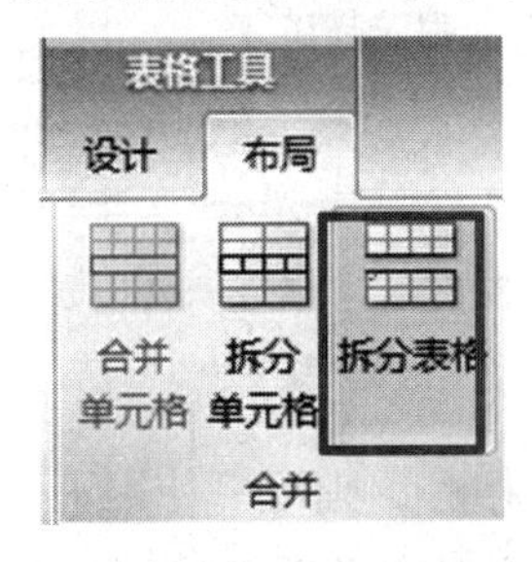

图 3-60　拆分表格

3.7.5　移动和缩放表格

1. 移动表格

可将鼠标指针指向表格左上角的移动标记，然后按下左键拖动鼠标，拖动过程中会有一个虚线框跟着移动，当虚线框到达目标位置后，松开左键即可将表格移动到指定位置，如图 3-61 所示。

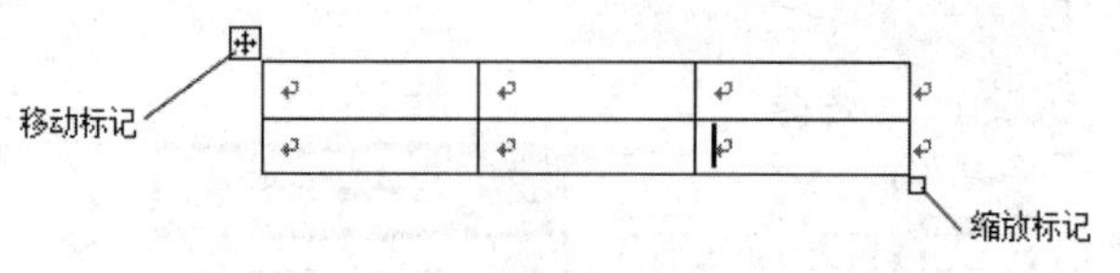

图 3-61 表格的移动和缩放标记

2. 缩放表格

可将鼠标指针指向表格右下角的缩放标记，然后按下左键拖动鼠标，拖动过程中也有一个虚线框表示缩放尺寸，当虚线框尺寸符合需要后，松开左键即可将表格缩放为需要的尺寸，如图 3-61 所示。

3.7.6 改变行高和列宽

1. 粗略调整行高 / 列宽

将鼠标指针指向需移动的行线，当指针变为÷状时，按住左键拖动鼠标可移动行线；将鼠标指针指向需移动的列线，当指针变为+|+状时，按下左键拖动鼠标可移动列线。

2. 精确调整行高 / 列宽

选定表格的行或列，在“表格工具 | 布局”选项卡“单元格大小”功能组中的“高度”和“宽度”栏中进行设置，如图 3-62 所示。

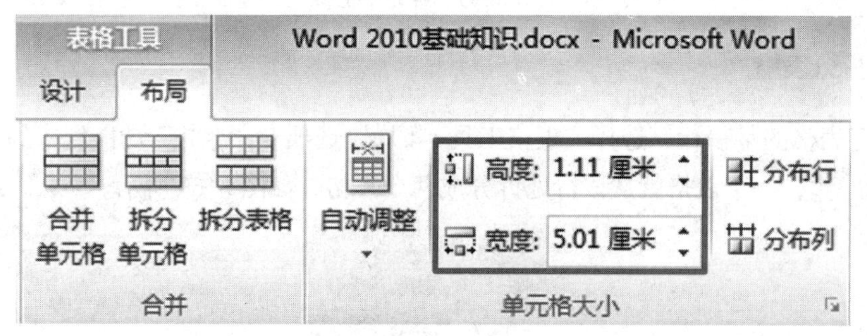

图 3-62 “单元格大小”功能组

3. 平均分布行 / 列

如果需要表格的行高或列宽相等，则可以使用平均分布行 / 列的功能。该功能可以使选择的每一行或每一列都使用平均值作为行高或列宽。

（1）选中行 / 列，单击“表格工具 | 布局”选项卡“单元格大小”功能组中的“分布行”按钮 分布行、“分布列”按钮 分布列。

（2）选中行 / 列，单击右键弹出快捷菜单并选择“平均分布各行”/“平均分布各列”菜单项，如图 3-63 所示。

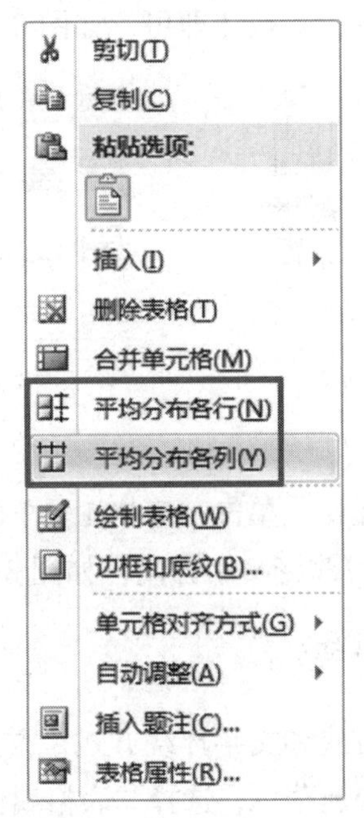

图 3-63　平均分布各行 / 列

3.7.7　添加斜线表头

斜线表头是指使用斜线将一个单元格分隔成多个区域，然后在每一个区域中输入不同的内容。绘制斜线表头方法如下：

选定目标单元格，单击“表格工具 | 设计”选项卡“表格样式 ”功能组下的“边框”下拉按钮，在弹出的下拉列表框中选择“斜上框线” / “斜下框线”命令，如图 3-64 所示。

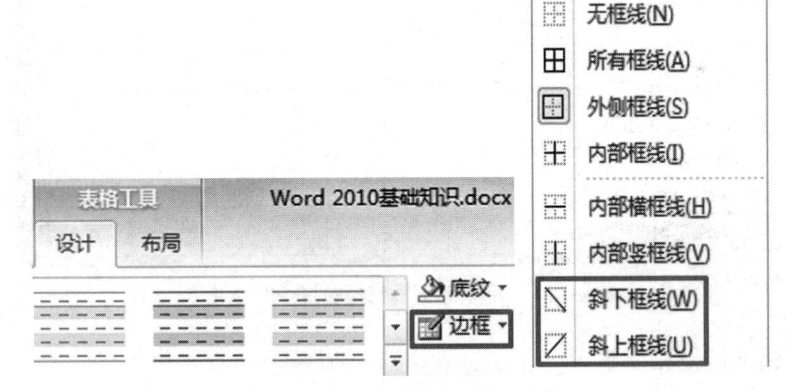

图 3-64　添加斜线表头

3.7.8　调整单元格中文本的对齐方式、文字方向

1. 对齐方式

选择需要设置文本对齐方式的单元格区域，通过“表格工具 | 布局”选项卡“对齐

方式”功能组，选择需要的对齐方式按钮即可，如图 3-65 所示。

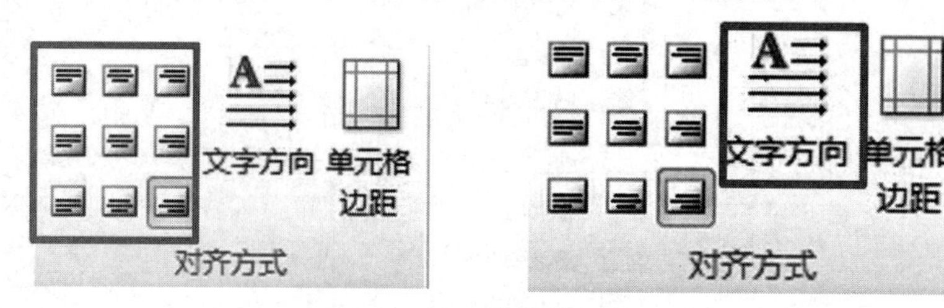

图 3-65　对齐方式　　　图 3-66　文字方向

2. 文字方向

选择要调整文字方向的单元格，单击“表格工具 | 布局”选项卡“对齐方式”功能组下的“文字方向”按钮即可改变文字方向，如图 3-66 所示。

3.7.9　表格的对齐方式 / 文字环绕

设置表格在文档中的对齐方式和文字环绕方式，方法如下：

选中表格，单击右键弹出快捷菜单，选择“表格属性”菜单项，弹出“表格属性”对话框，在“表格”选项卡对齐方式与文字环绕栏下进行设置，如图 3-67 所示。

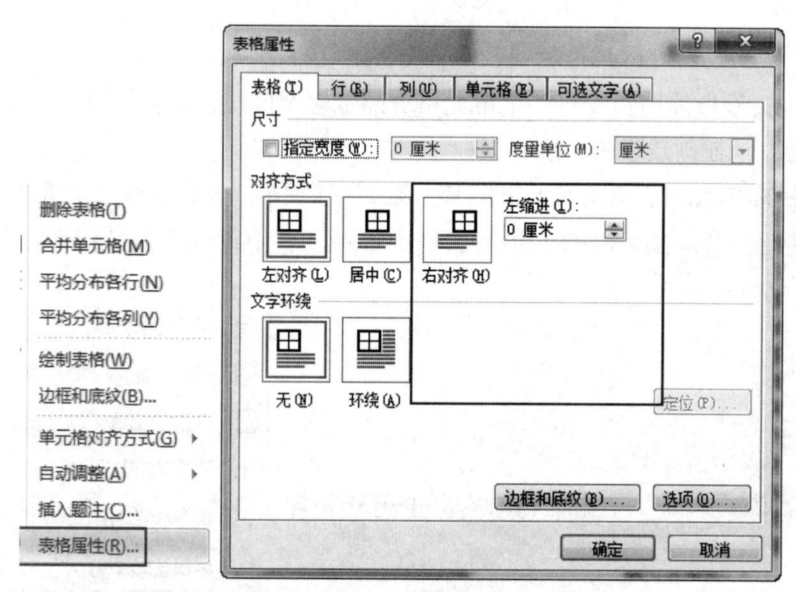

图 3-67　“表格属性”对话框“表格”选项卡

3.7.10　表格的边框和底纹

设置表格的边框和底纹，方法如下：

选择“表格工具 | 设计”选项卡“表格样式”功能组下的“边框”下拉按钮，在弹出的下拉列表中选择“边框和底纹”命令，弹出“边框和底纹”对话框，在其中进行设置即可，如图 3-68 所示。

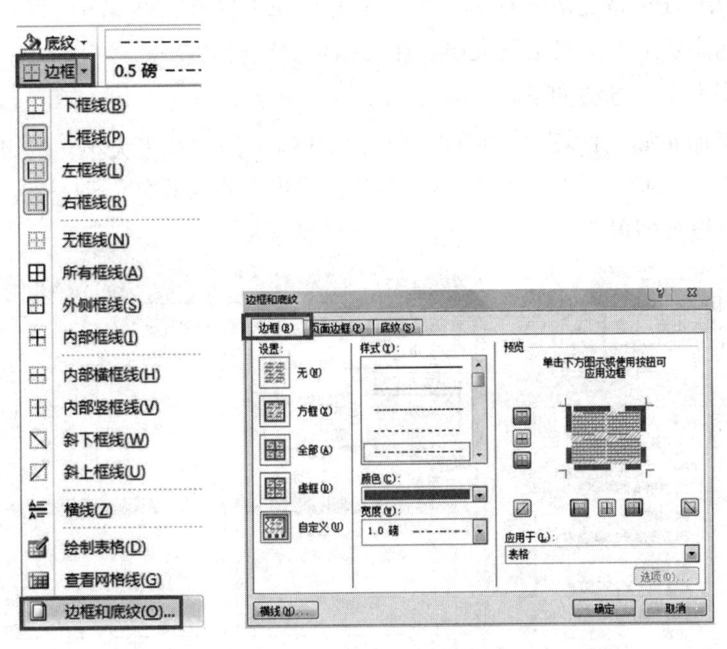

图 3-68　表格的边框和底纹

3.7.11　自动套用格式

Word 2010 中能够提供一些现成的表格样式，这些样式已经定义好了表格中的各种格式，用户可以直接选择需要的表格式样，而不必逐个设置表格的各种格式。自动套用格式的方法如下：

通过“表格工具 | 设计”选项卡“表格样式”功能组中的相应按钮进行设置，如图 3-69 所示。

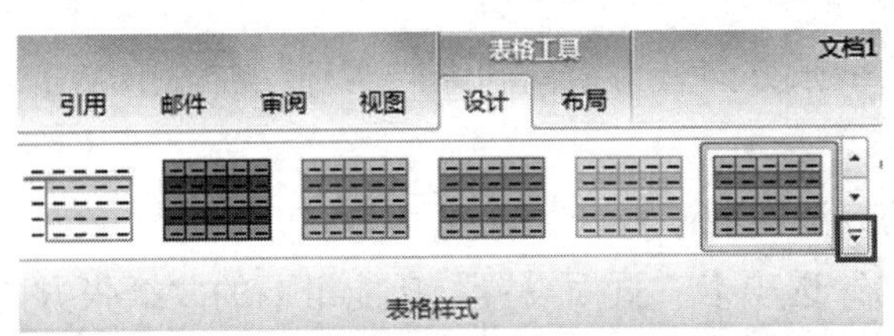

图 3-69　“表格样式”功能组

3.8　设置页面版式

3.8.1　设置纸张大小与方向

1. 设置纸张大小

文档中的纸张大小是针对用户现实生活中所使用的打印机纸的不同规格来标明的，

一般分为 A4/A3/B5 等规格，除了这些特定的纸张规格外，在 Word 2010 中，用户也可以根据实际需要来自定义纸张大小，让文档页面更符合要求。

设置纸张大小的方法如下：

单击“页面布局”选项卡“页面设置”功能组下的“纸张大小”按钮，在弹出的下拉列表框中选择“其他页面大小”命令，弹出“页面设置”对话框，在“纸张”选项卡下进行设置即可，如图 3-70 所示。

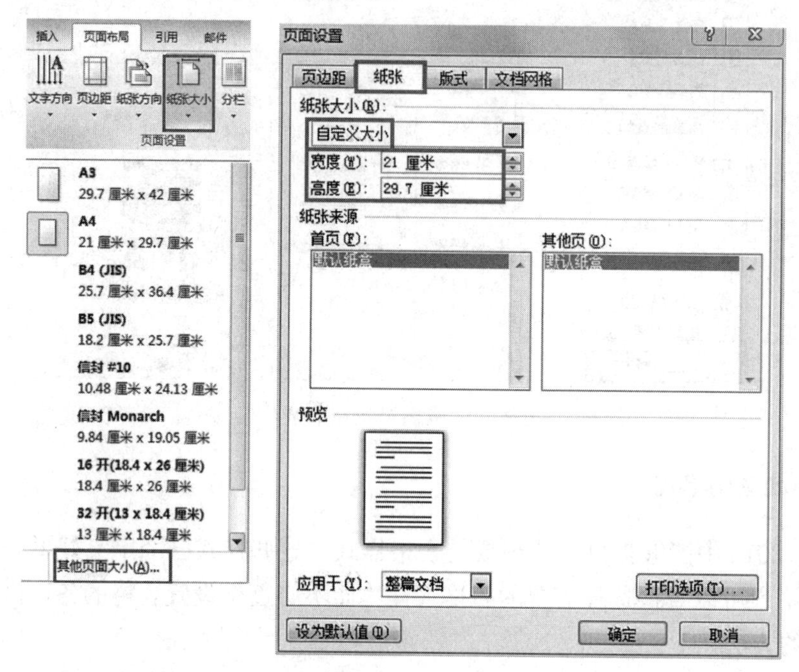

图 3-70 纸张大小设置

2. 设置纸张方向

Word 2010 中的纸张方向分为横向和纵向两种，在输出 Word 文档时，默认的纸张方向为纵向。

设置纸张方向的方法如下：

单击“页面布局”选项卡“页面设置”功能组下的“纸张方向”按钮，在下拉列表框中选择相应设置即可，如图 3-71 所示。

图 3-71 纸张方向设置

3.8.2　设置页边距

页边距其实就是页面内容与页面边缘的距离。适当地调整页边距能让文档内容在页面上更好地显示。

设置页边距的方法如下：

单击“页面布局”选项卡“页面设置”功能组下的“页边距”按钮，在下拉列表框中选择“自定义边距”命令，弹出“页面设置”对话框，在“页边距”选项卡中进行设置即可，如图 3-72 所示。

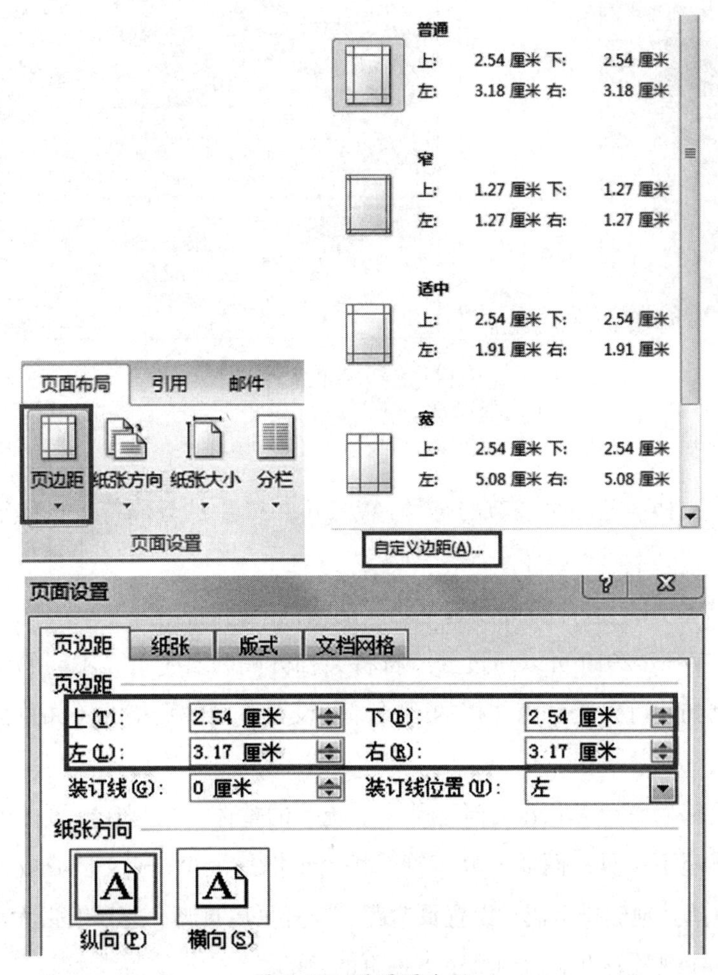

图 3-72　设置页边距

3.8.3　设置分栏

Word 2010 可以将文档在页面上分为多栏排列，并可以设置每一栏的栏宽以及相邻栏的栏间距。

设置分栏方法如下：

单击“页面布局”选项卡“页面设置”功能组下的“分栏”按钮，在下拉列表框中选择“更多分栏”命令，弹出“分栏”对话框，在其中进行设置即可，如图 3-73 所示。

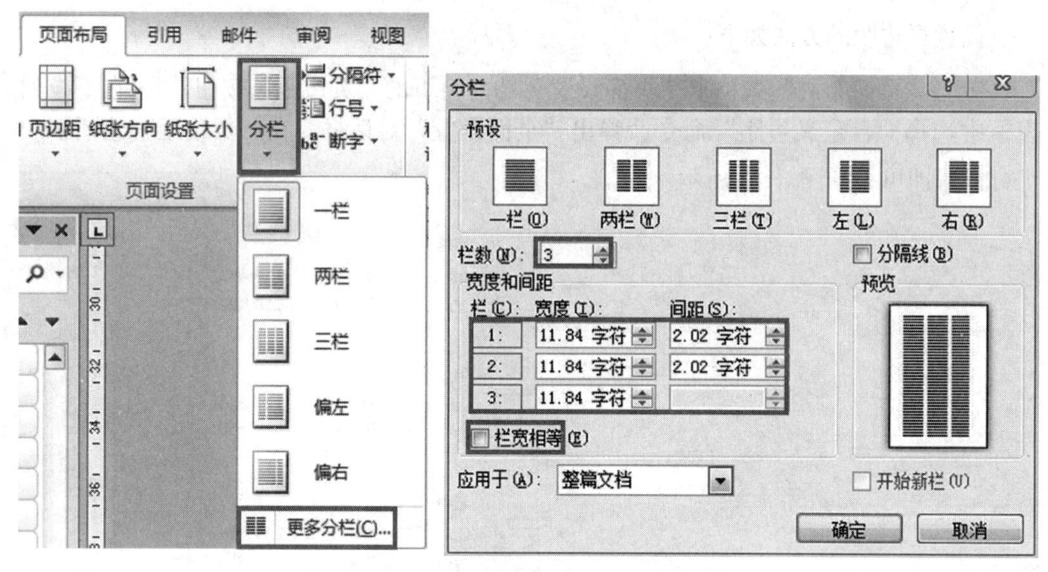

图 3-73 设置分栏

3.8.4 设置分隔符

分隔符是文档中分隔页或节的符号，Word 2010 中的分隔符可具体细分为分页符和分节符。

分页符：Word 2010 中分隔相邻页之间的文档内容的符号。

分节符：Word 2010 可以通过分节符将文档分隔为多个节，不同的节可以有不同的页格式。例如，可以在一篇文档的不同部分设置不同的页格式（如页面边框、纸张方向等）。

插入分页符后整个 Word 文档还是一个统一的整体，只是在一页内容没书写满时将鼠标指针跳至下一页；而插入分节符就相当于把一个 Word 文档分成了几个部分，每个部分可以单独地编排页码、设置页边距、设置页眉页脚、选择纸张大小与方向等。但它们都可以在视觉效果上达到跳至下一页的目的。

设置分隔符的方法如下：

单击“页面布局”选项卡“页面设置”功能组下的“分隔符”按钮，在弹出的下拉列表框中进行设置，如图 3-74 所示。

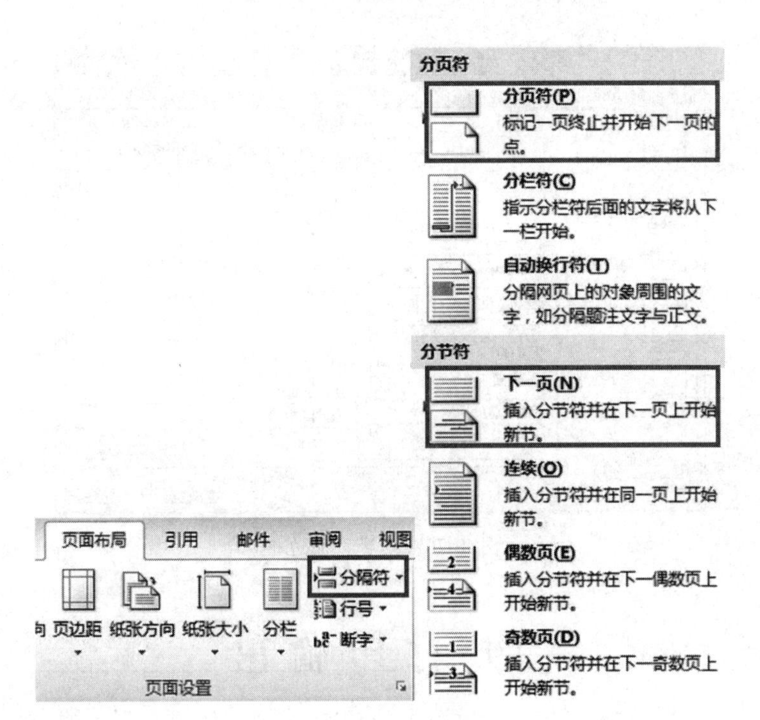

图 3-74　设置分隔符

3.8.5　设置页面背景

1. 设置页面颜色

设置页面颜色的方法如下：

单击“页面布局”选项卡“页面背景”功能组下的“页面颜色”按钮，在下拉列表框中进行设置，如图 3-75 所示。

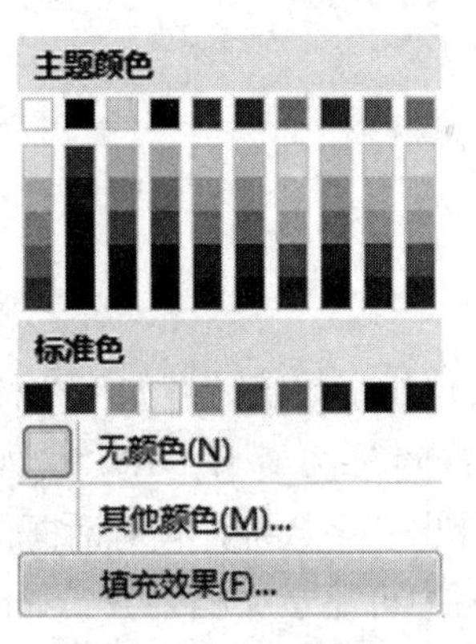

图 3-75　设置页面颜色

2. 设置页面边框

设置页面边框的方法如下：

单击“页面布局”选项卡“页面背景”功能组下的“页面边框”按钮，弹出“边框和底纹”对话框，进行相应设置即可，如图 3-76 所示。

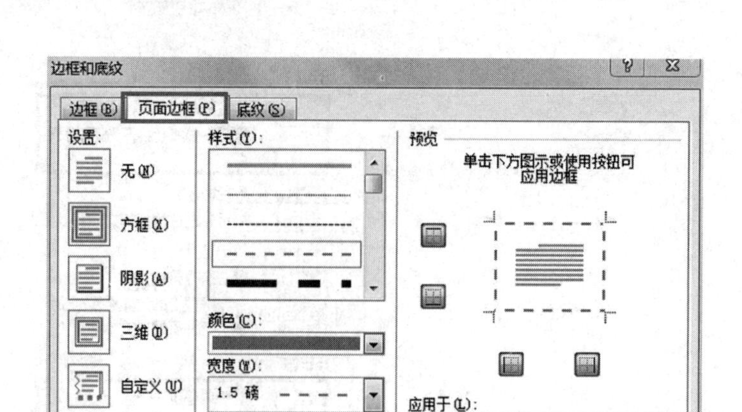

图 3-76 设置页面边框

3.9 打印输出

3.9.1 并排查看多个文档窗口

打开两个或两个以上 Word 2010 文档窗口，在当前文档窗口中选择“视图”选项卡，然后在“窗口”功能组中单击“并排查看”按钮，即可并排查看多个文档窗口，如图 3-77 所示。

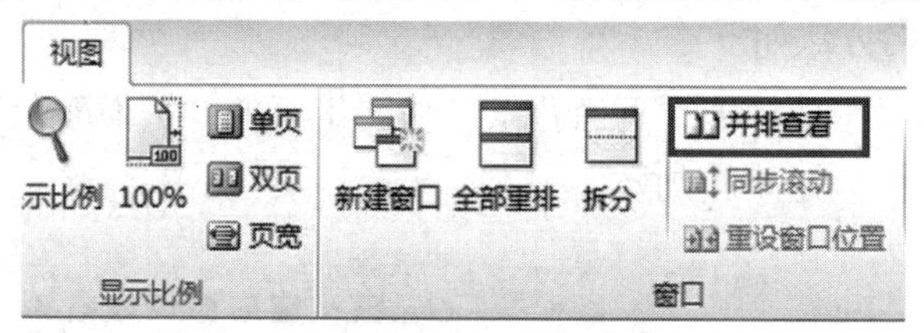

图 3-77 并排查看多个文档窗口

3.9.2 字数统计

Word 2010 文档的字数统计有如下两种方法：

（1）选择“审阅”选项卡，在“校对”功能组中单击“字数统计”按钮，如图 3-78 所示，将弹出“字数统计”对话框，其中有所需的详细信息。

（2）在状态栏中可显示文档字数，如图 3-79 所示。

图 3-78 “校对”功能组“字数统计”按钮

图 3-79 状态栏显示文档字数

3.9.3　打印预览

打印预览是文档在打印前，为预先观看打印效果而显示文档的一种视图。

选择“文件”选项卡的“打印”选项，在“打印”命令面板右侧预览区域可以看到文档页面整体版面的打印效果，如图 3-80 所示。

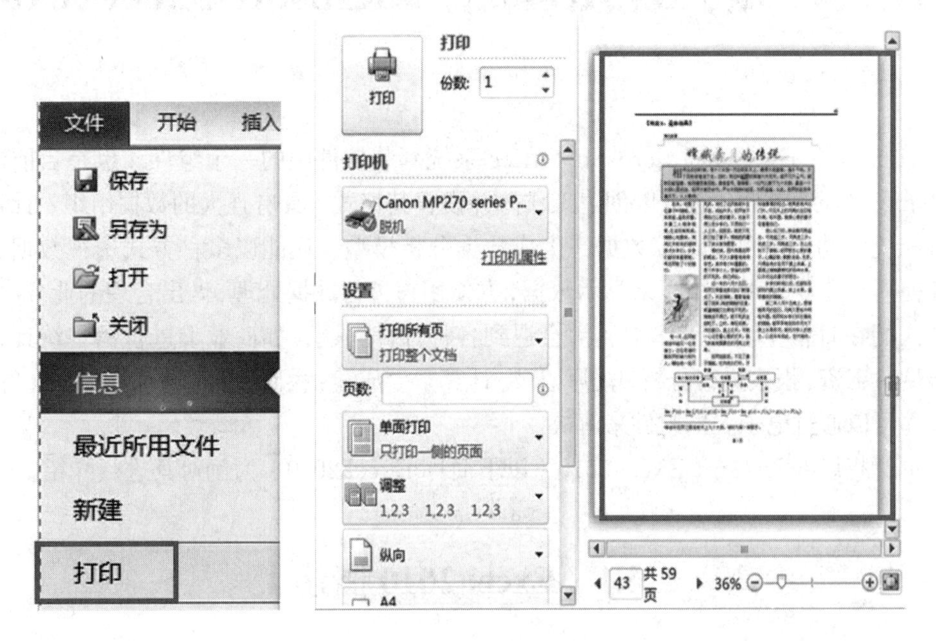

图 3-80　打印预览

3.9.4　打印文档

单击“文件”选项卡，选择“打印”选项，就可以在“打印”命令面板进行文档的打印设置，然后单击“打印”按钮，就可以开始打印文档了。

本 章 小 结

Word 2010 是目前使用最广泛的 Office 办公软件的基本组件，主要用于文字处理与排版。

本章以 Word 2010 为例，首先介绍了的 Microsoft Word 的发展历程，然后介绍了 Word 2010 的工作界面；接着介绍了 Word 2010 的基本操作，包括启动和退出，工作界面，视图方式，新建、打开、保存、关闭文档；最后详细介绍了各功能的运用，包括文本录入与编辑，插入操作，图形处理，表格制作，设置页面版式，打印输出等。

第4章　电子表格处理软件 Microsoft Excel 2010

Microsoft Excel 是 Microsoft Office 系统套装软件中的一个组件，也是目前流行的电子表格处理软件。它可以创建工作簿并设置其格式，具有强大的数据组织、计算、分析和统计功能，可以跟踪数据，生成数据分析模型，还能以多种方式透视数据，并以各种具有专业外观的图表来显示数据，方便用户进行数据处理、做出合理的业务决策。

人们在日常生活、工作中经常会遇到各种计算问题，如商业上进行销售统计，会计人员对工资、报表进行分析，教师记录、计算学生成绩，科研人员分析实验结果，等等，这些都可以通过电子表格软件来解决。

本章将以 Microsoft Excel 2010（以下简称 Excel 2010）为例对其进行介绍。

4.1　Excel 2010 概述

Excel 2010 保留了早期版本的所有功能，并增加了一些新功能，Excel 2010 的基本功能可概括如下：

（1）制表功能。

Excel 2010 能将用户所输入的数据自动形成二维表格形式。

（2）数据计算功能。

Excel 2010 对以前版本的某些函数进行了重命名，以便更好地说明其用途。另外，增加了一系列更精确的统计函数和其他函数，提高了数据处理能力和工作效率。

（3）数据统计分析功能。

Excel 2010 不仅能对数据进行计算、排序、筛选、分类、汇总等统计分析，而且还新增了迷你图和切片器等功能，并对数据透视表及其他现有功能进行了改进，可以帮助用户了解数据中的模式或变化趋势，便于做出更明智的决策。

（4）数据图表功能。

Excel 2010 能按工作表中某个区域内的数据自动生成多种统计图表，能将工作表中的数据更直观地表现出来，具有较好的视觉效果，可以查看数据的差异和预测趋势。通过使用数据条、色阶和图标集，以及条件格式设置，可以轻松地突出显示所关注的单元格或单元格区域、强调特殊值和可视化数据。

（5）数据打印功能。

Excel 2010 处理完数据后，可以对电子表格进行编辑、排版，通过打印预览功能预览编排效果，再通过打印功能打印所需的页面。

（6）改进的图片编辑工具。

Excel 2010 中增加了图片编辑工具，可以创建具有整洁、专业外观的图片。

（7）支持高性能计算群集。

Excel 2010 包含与高性能计算 群集集成的功能，方便用户使用计算群集来扩大计算规模，提高大数据计算的速度。

（8）远程发布数据功能。

Excel 2010 可以将工作簿或工作表中的数据保存为 Web 页，并进行发布，使其能在 HTTP 站点、FTP 站点、Web 服务器或网络服务器上使用。

4.2　Excel 2010 的工作界面

启动 Excel 2010 后的工作窗口，如图 4-1 所示。

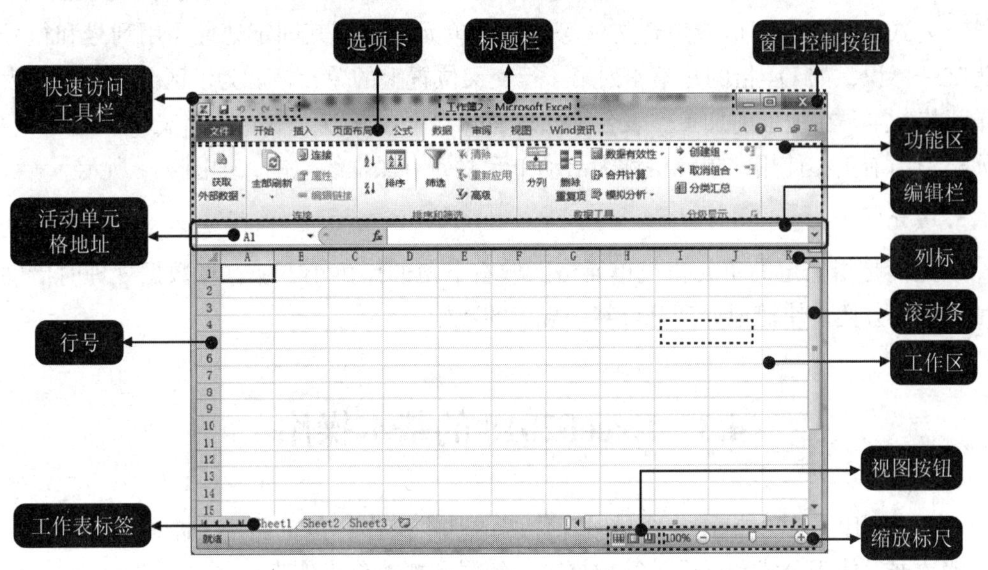

图 4-1　Excel 2010 工作窗口

Excel 2010 工作窗口与 Word 2010 基本相同，不同处包括以下 5 点：

1. 编辑栏

编辑栏用来显示和编辑数据、公式。它由 3 个部分组成：① 左端是名称框，当选择单元格或区域时，相应的地址或区域名称会显示在该框中；② 右端是编辑框，在单元格中编辑数据时，其内容同时出现在编辑框中，如果是较长的数据，由于单元格默认宽度通常显示不下，此时，可以在编辑框中编辑数据；③ 中间是“插入函数”按钮 fx，单击此按钮可打开“插入函数”对话框，同时在此按钮的左边会出现“取消”按钮 ✕ 和“输入”按钮 ✓。

2. 工作簿

Excel 2010 的工作区显示的是当前打开的工作簿。工作簿是指在 Excel 2010 中用来存储并处理工作数据的文件，其扩展名为“xlsx”，它由若干张工作表组成，默认为3 张，名称分别为“Sheet1”“Sheet2”和“Sheet3”。工作表最多为 255 张。Excel 2010 可同时打开若干个工作簿，在工作区重叠排列。工作簿和工作表的关系相当于文件盒和文件的关系，文件盒里可以放多个文件。

3. 工作表

工作表是一个由 1 048 576 行和 16 384 列组成的表格，行号自上而下为 1～1 048 576，列号从左到右为 A，B，C，…，X，Y，Z；AA，AB，AC，…，AZ；BA，BB，BC，…，BZ；…；ZA，ZB，…，ZZ；AAA，AAB，AAC，…，XFD 等。每一张工作表都有一个工作表标签，单击它可以实现工作表间的切换。

4. 单元格

行和列的交叉部分称为单元格，是存放数据的最小单元。单元格的内容可以是数字、字符、公式、日期、图形或声音文件等。每个单元格都有其固定地址，用列号和行号作为唯一标识，如 D4 指的是第 4 列第 4 行交叉位置上的单元格。为了区分不同工作表的单元格，需要在地址前加工作表名称，如 Sheet1！A1 表示“Sheet1”工作表的“A1”单元格。当前正在使用的单元格称为活动单元格，有黑框线包围，如图 4-1 所示。

5. 填充柄

填充柄是指选定的单元格或单元格区域右下角的黑色小方块。在数据处理时借助于填充柄能方便、快捷地处理符合某一规律的数据。

4.3 Excel 2010 的基本操作

Excel 2010 的基本操作主要是对工作表的基本操作。包括创建（即在工作表中输入原始数据、使用公式和函数计算数据）、编辑和格式化工作表。

4.3.1 工作表的基本操作

1. 启动和退出

Excel 2010 的启动和退出与 Word 2010 类似。最常用的启动方法是单击“开始”按钮，选择“所有程序|Microsoft Office|Microsoft Excel 2010”命令。最常用的退出方法是单击窗口控制按钮中的“关闭”按钮。

2. 创建

启动 Excel 2010 时系统将自动打开一个新的空白工作簿。也可以在 Excel 2010 中选择“文件”选项卡下拉列表中的“新建”命令，在“可用模板”下选择“空白工作簿”，最后单击“创建”按钮，如图 4-2 所示。

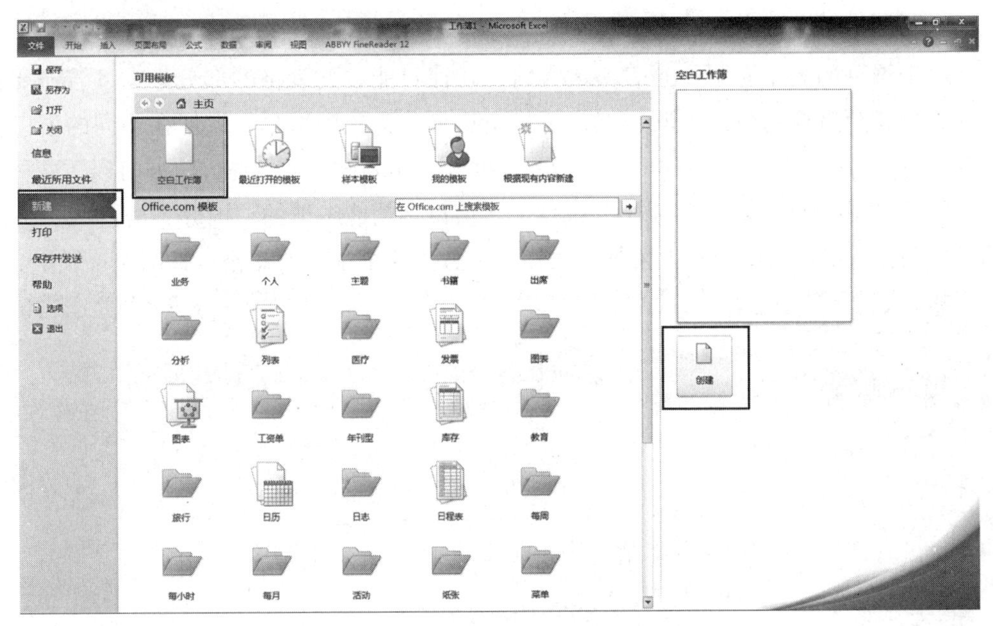

图 4-2　新建工作簿

Excel 2010 也可以根据工作簿模板来建立新工作簿，其操作与 Word 2010 类似。

一个新工作簿默认包含 3 张工作表。如果要改变包含的默认工作表数，可以单击“文件”选项卡“选项”命令，在弹出的“Excel 选项”对话框的“常规”选项卡中设置，如图 4-3 所示。

需要注意的是，设置后将从下次新建操作生效。

3. 工作表的插入、删除、重命名、移动等

在工作表标签上单击鼠标右键，在弹出的菜单中能够完成工作表的插入、删除、重命名、移动等，如图 4-4 所示。

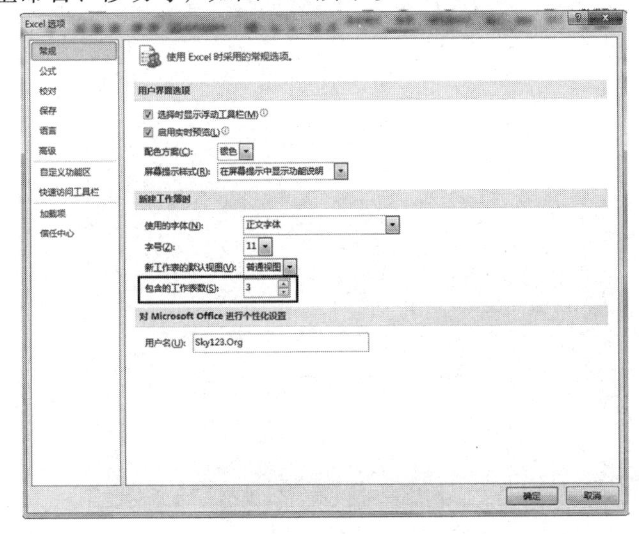

图 4-3　设置工作簿默认包含的工作表数

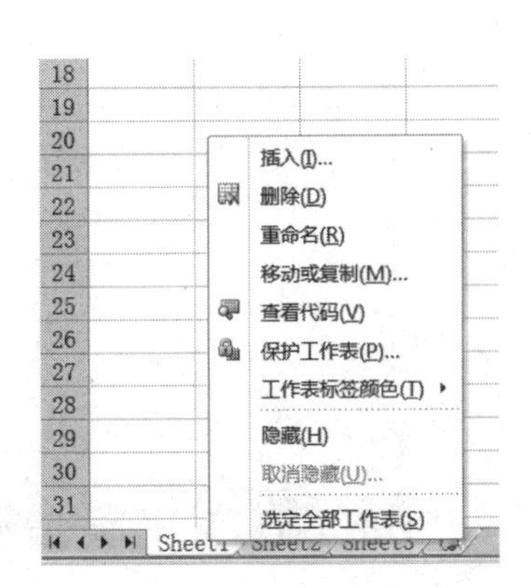

图 4-4　工作表的快捷菜单

4. 工作表窗口的拆分和冻结

（1）拆分窗口。

由于屏幕的大小有限，当表格太大时，往往只能看到表格的部分数据，若需要将工作表中相距较远的数据关联起来，可将窗口划分为几个部分，以便在不同的窗口内查看、编辑同一工作表的不同部分的内容。拆分工作表窗口的具体方法共有以下两种：

① 菜单命令法：单击“视图”选项卡“窗口”功能组下的“拆分”按钮，系统即可自动在选定单元格的左上角处将工作表拆分为四个独立的窗格，如图 4-5 所示。

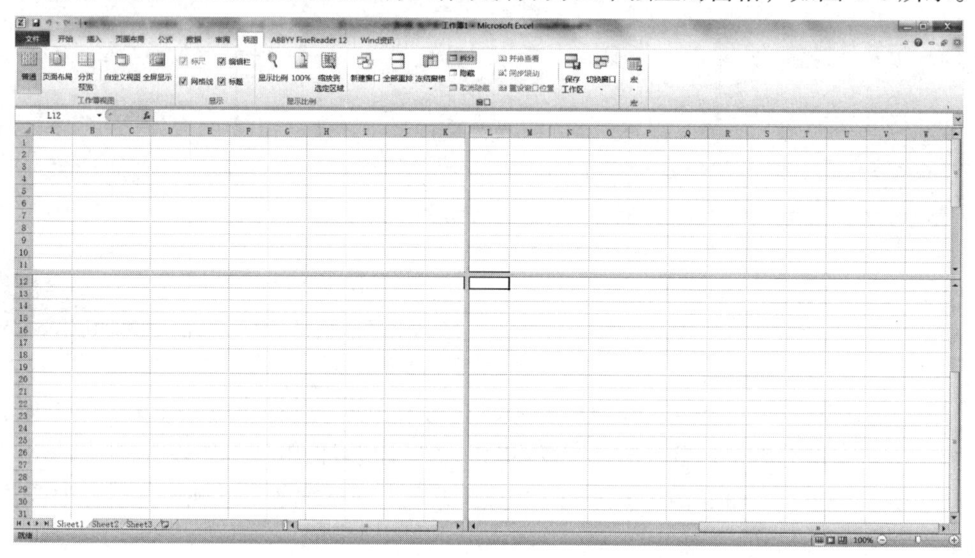

图 4-5 窗口拆分

② 鼠标拖动法：在垂直滚动条顶端和水平滚动条的右端分别有一个拆分柄，用鼠标左键拖动拆分柄即可拆分工作表窗口，如图 4-6 所示。

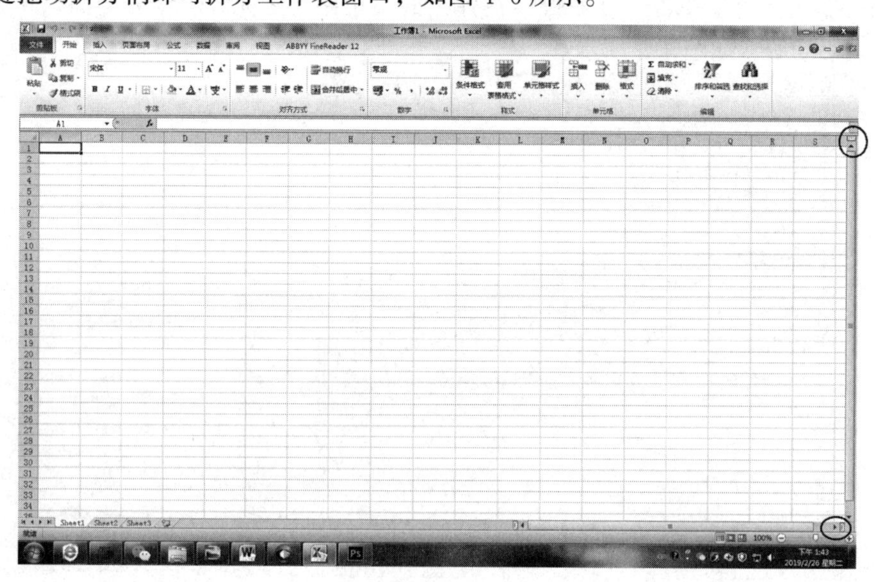

图 4-6 拆分柄

提示：拆分工作表以后，拆分柄的位置仍可改动，按住鼠标左键拖动即可。

拆分窗口以后，单击“视图”选项卡“窗口”功能组下的“拆分”按钮，或在分割条上双击鼠标左键或将“拆分线”拖回原位置，即可撤销对工作表窗口的拆分。

（2）冻结窗口和撤销冻结。

如果工作表的数据项较多，采用垂直或水平滚动条查看数据时，标题行或列将无法显示出来，造成查看数据不便。例如，有一学生成绩表，学生考试科目很多，查看学生总分、平均分时，左边的学生学号、姓名会从左侧移出屏幕，此时，很难将所看到的总分和平均分与学生对应起来。Excel 2010 提供的冻结窗口功能可以解决这个问题。窗口冻结的目的是固定窗口左侧几列或上端几行，从而可使得在滚动工作表时屏幕上保持显示行标题和列标题，而且使用冻结窗格功能不影响打印。具体操作如下：

选定要作为冻结点的单元格，在“视图”选项卡“窗口”功能组内单击“冻结窗格”按钮，在下拉列表中选择“冻结拆分窗格”选项，如图 4-7 所示，系统将自动在选定单元格的左上角处将工作表拆分为四个窗格。这时，用户只能纵向移动下面两个窗格或横向移动右面两个窗格中的数据显示，冻结点左上方那个窗格内的所有单元格已被冻结，将一直保留在屏幕上。

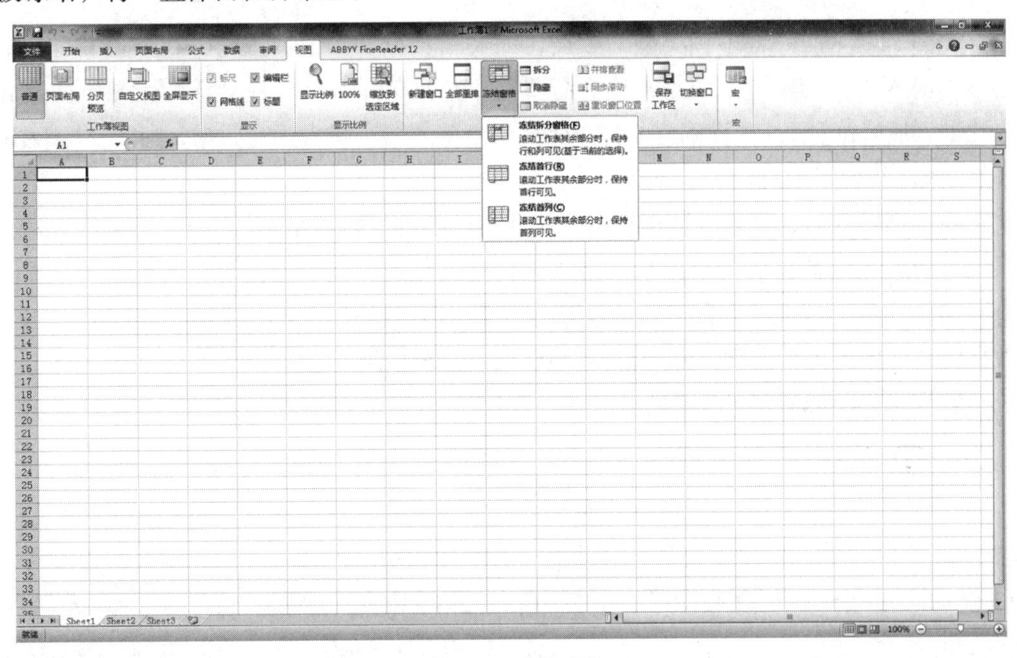

图 4-7　冻结窗格

提示：在被冻结的工作表中按 [Ctrl] + [Home] 组合键时，活动单元格的指针将返回到冻结点所在的单元格。

冻结工作表窗格以后，单击“视图”选项卡“窗口”功能组下的“冻结窗格”按钮，在下拉列表中选择“取消冻结窗格”选项，即可撤销对该工作表窗口的冻结，如图 4-8 所示。

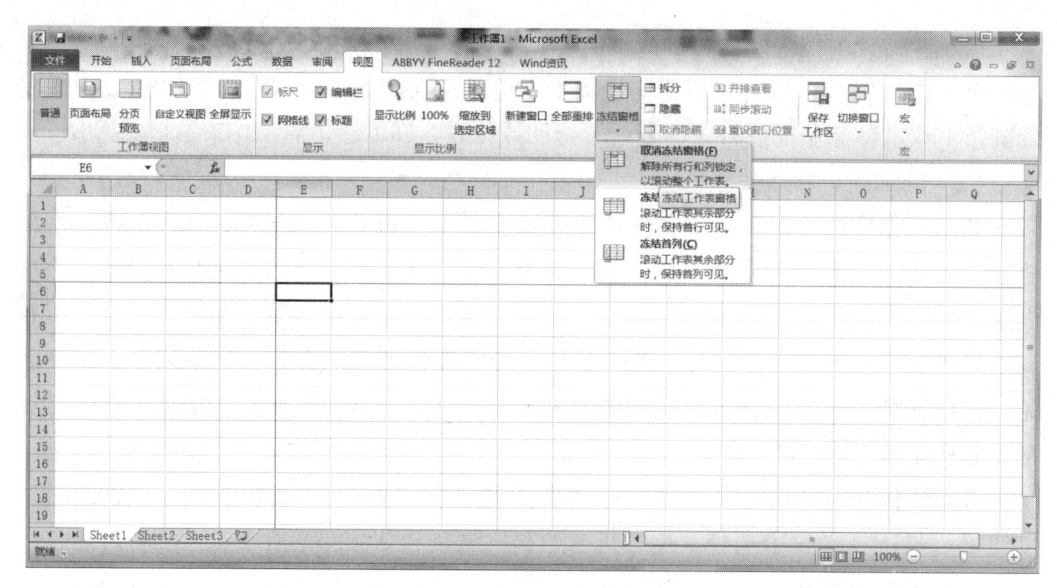

图 4-8 取消冻结窗格

4.3.2 数据输入

Excel 2010 能处理多种类型的数据，如文本数据、数值数据、日期数据和逻辑数据等。输入数据的基本方法是：单击需要输入数据的单元格，选定该单元格，然后输入数据，最后按 [Enter] 键确定。若需要在一个单元格内输入多行数据，则需要按 [Alt] + [Enter] 组合键换行。

在数据输入时，输入的数据在单元格和编辑栏内同时显示，按 [Enter] 键确定后，系统对所输入的数据按指定或默认格式进行格式化后再显示。由于不同类型的数据具有不同的属性，因此，在用户没有明确指定数据类型的情况下，系统会根据用户输入数据的具体内容进行判别，赋予数据以默认的数据类型。

数据录入一般有以下几种方法：

1. 直接输入数据

（1）数值数据由数字、正负号和小数点等构成，以右对齐方式显示。输入的数值大于 11 位时，单元格内的数值会自动以“科学计数法”的方式表示。输入的数值大于 15 位时，多余的位数会转化为 0，在编辑栏中可以观察到。如，输入数字 12345678987654321，在单元格中显示为 1.23457E+16，编辑栏中显示为 12345678987654300。

注意：若直接输入“1/5”，则系统默认其为日期格式，显示为“1 月 5 日”。若要输入分数，为避免和日期格式混淆，应先输入“0”和空格，再输入分数，如输入“0 1/5”，则在单元格中显示 1/5。

（2）文本数据。若输入的内容为字母、数字、汉字或一些 ASCII 符号等字符组合而成的字符串，而非纯数值或纯日期时间字符串，则系统将其判别为文本数据，以左对齐方式显示。若希望将数值作为文本数据，则应先输入半角的单引号“'”，再输入数值。如“'001”。

（3）日期、时间数据。不同于数值数据，日期、时间数据有其特殊的格式。日期的输入格式为“年-月-日”或“年 / 月 / 日”，若输入的数据不是正确的日期格式，则 Excel 2010 会将其判别为文本数据。时间的输入格式为“时：分 AM/PM”，AM 表示上午，PM 表示下午，分钟数与 AM 或 PM 间要用空格隔开。若要在同一单元格内输入日期和时间，则应在其间用空格隔开。

若要输入当天的日期，可按 [Ctrl] + [；] 组合键，若要输入当前时间，可按 [Ctrl] + [Shift] + [：] 组合键。

2. 快速输入

当在工作表的某一列要输入一些相同的数据时，可以使用 Excel 2010 提供的快速输入方法——“记忆式输入”和“下拉列表输入”。

（1）记忆式输入。

当输入的字与同一列中已输入的内容相匹配时，系统将自动填写其他字符。

（2）下拉列表输入。

同列相邻单元格的输入，可以按 [Alt] + [↓] 组合键，这时会显示一个输入列表，再从中选择需要的输入项，如图 4-9 所示。

	A	B	C
1	职称		
2	讲师		
3	副教授		
4	教授		
5	助教		
6			
7	副教授 讲师		
8	教授		
9	职称 助教		
10			

图 4-9　同列相邻单元格的下拉列表输入

3. 使用填充柄输入序列或重复数据

序列数据有 3 类：文本序列、数值序列和日期序列。文本序列是指文本中含有数字序列的字符串。例如，2018001，2018002，…是数值序列；ZK2018001，ZK2018002，…则是文本序列。Excel 2010 能通过填充柄自动产生序列数据。

（1）在选定的单元格及其相邻单元格内依次输入序列的前两项，选定这两个单元格，此时，该单元格区域的右下角出现一个黑色小方块（填充柄），将鼠标移至填充柄上，此时鼠标指针由空心的✚变成实心的＋，沿序列数据要填充的方向拖动鼠标至需要填充数据的单元格，释放鼠标即可得到所需序列数据，系统会自动判别序列数据的步长，如图 4-10 所示。

（2）如果序列数据为文本序列并且步长为 1，则只需在第一个单元格内输入序列数据的首项，即可直接使用填充柄填充。如果序列数据为数值序列并且步长为 1，则还需按住 [Ctrl] 键才能使用填充柄填充，否则只能产生相同的重复值。而对于文本序列正好相反，若填充时按住 [Ctrl] 键，则产生相同的重复值。

（3）如果选定的单元格区域（同行或同列内连续的 1 个、2 个或多个单元格）内的数据不满足序列特征，则拖动填充柄会产生选定单元格区域数据的序列重复，如图 4-11 所示。

（4）使用填充柄可以同时在多行或多列上同步进行填充。

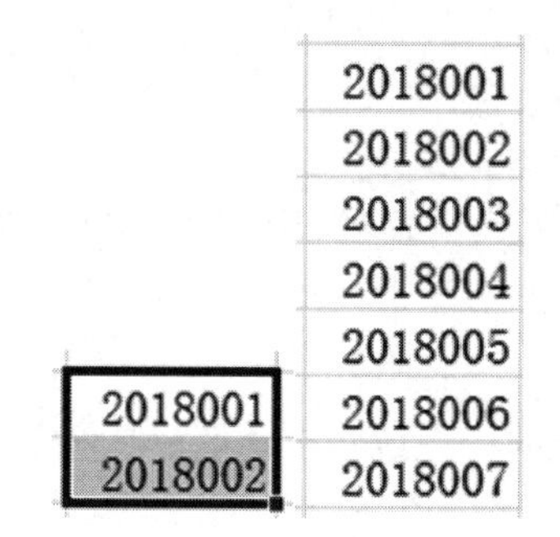

图 4-10　填充柄产生序列数据

图 4-11　不满足序列特征的填充

4. 使用菜单输入序列或重复数据

在需要存放序列数据的第一个单元格内输入序列的第一项，选定需要填充的单元格区域，在“开始”选项卡“编辑”功能组内单击“填充”按钮，如图 4-12 所示，在下拉列表中选择“系列”选项，打开“序列”对话框，在其中进行设置即可，如图 4-13 所示。

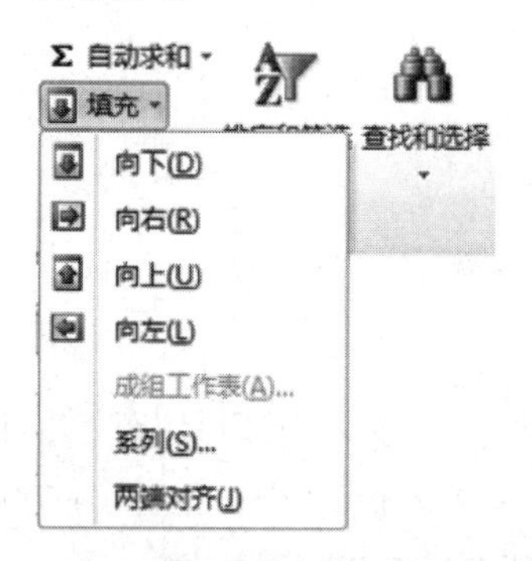

图 4-12　“填充”下拉列表

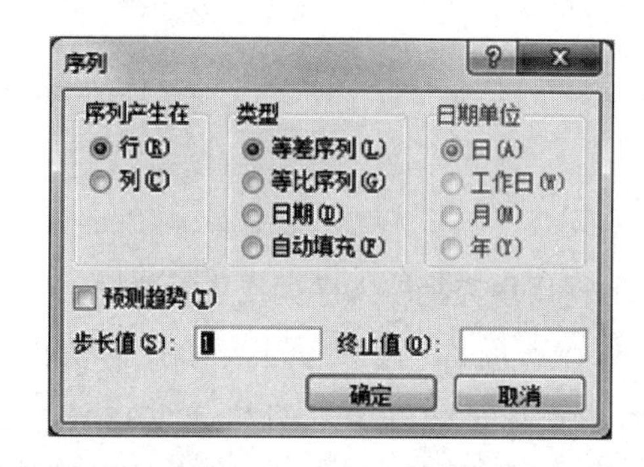

图 4-13　“序列”对话框

5. 填充用户自定义序列数据

在实际工作中，经常需要输入相同序列的项目，可以将这些项目自定义为序列，节省输入工作量，提高效率。选择“文件”选项卡下拉列表中的“选项”命令，在弹出的“Excel 选项”对话框中选择“高级”选项卡，在右边“常规”区中单击【编辑自定义列表】按钮，弹出“自定义序列”对话框，在其中进行设置即可，如图 4-14 所示。

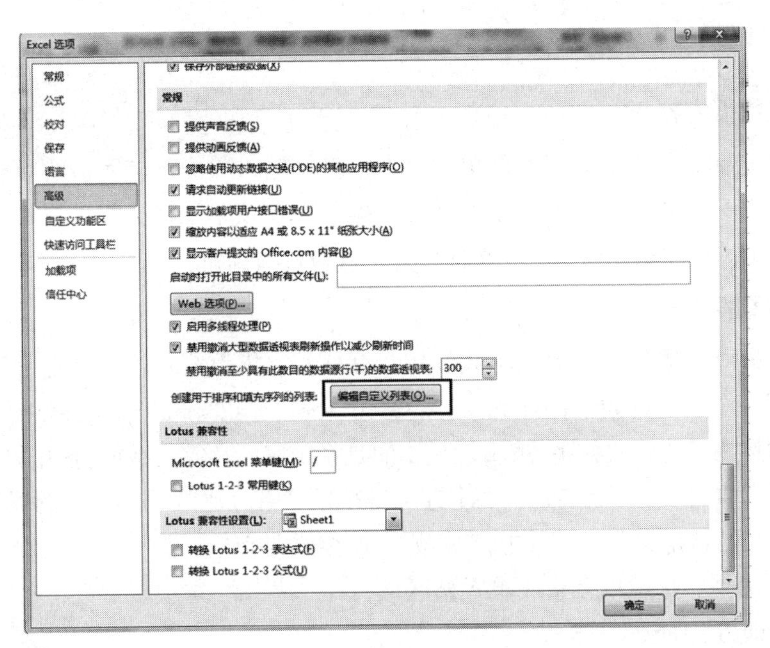

图 4-14　编辑自定义列表

在“自定义序列”对话框内添加新序列，有以下两种方法：

（1）在“输入序列”框中直接输入，每输入一个序列按一次 [Enter] 键，输入完毕后单击【添加】按钮，如图 4-15 所示。

（2）从工作表中直接导入，首先用鼠标选中工作表中的这一系列数据，然后在“自定义序列”选项卡中单击【导入】按钮即可。

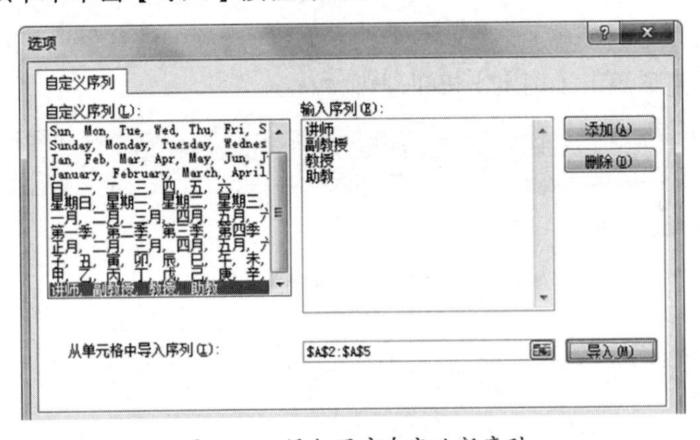

图 4-15　添加用户自定义新序列

6. 快速输入相同的数据

若需要在选定的单元格区域内输入相同的数据，可以先选定所有要输入相同数据的单元格区域，连续或不连续均可，然后输入内容，再按 [Ctrl] + [Enter] 组合键即可。

7. 获取外部数据

单击“数据”选项卡“获取外部数据”功能组中的相应按钮，可以导入其他应用软件生成的不同格式的数据文件。

4.3.3 数据修改

1. 修改数据内容

如果将光标定位于需要修改的单元格上，直接输入数据，单元格的原有数据将全部被替换。若只需要修改单元格中的部分数据，应在该单元格上双击鼠标，此时，鼠标指针变成 I，再在单元格内改变光标位置，进行修改即可。

2. 修改数据格式

Excel 2010 中数值可以设置小数位数、百分号、货币符号、是否使用千位分隔符等来表示同一个数，例如“1234.56”“123456%”“￥1234.56”“1,234.56”。这时单元格显示的是格式化后的数字，编辑栏显示的是系统实际存储的数据。数据格式分成“常规”“数值”“货币”“会计专用”“日期”“时间”“百分比”“分数”“科学记数”“文本”“特殊”“自定义”等。其中，“常规”是系统的默认格式。

设置方法是：选定单元格或单元格区域，在“开始”选项卡“数字”功能组内选择相应按钮即可，如图 4-16 所示。

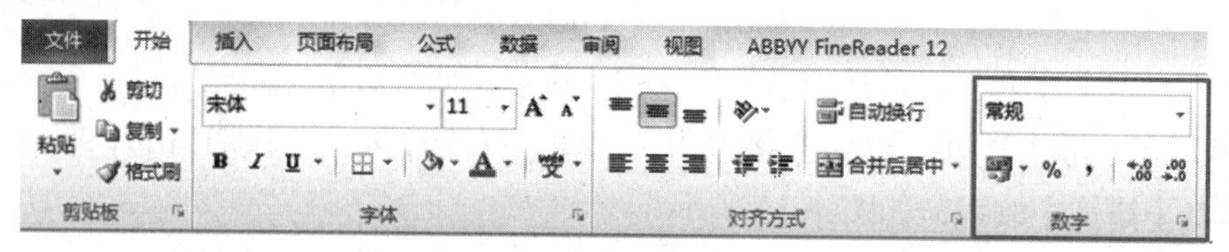

图 4-16 修改数据格式

也可单击鼠标右键，选择快捷菜单中的“设置单元格格式”菜单项，弹出“设置单元格格式”对话框，如图 4-17 所示，在“数字”选项卡的“分类”列表框中选择相应的数据类型，然后单击【确定】按钮即可。

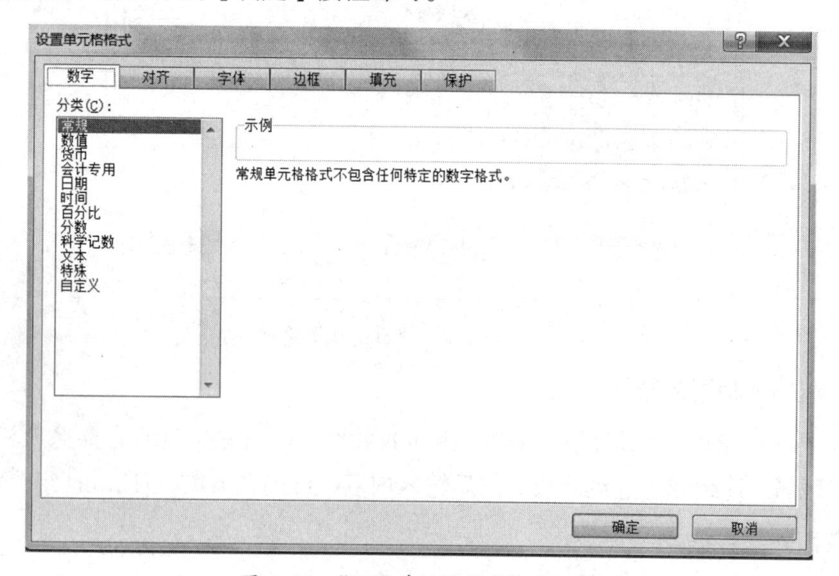

图 4-17 “设置单元格格式”对话框

3. 设置数据有效性

在向工作表输入数据的过程中，用户可能会输入一些不合要求的数据。为避免这个问题，可以在输入数据前，单击“数据”选项卡“数据工具”功能组中“数据有效性”按钮下拉菜单中的“数据有效性”命令，弹出“数据有效性”对话框，在其中设置数据的有效性规则。

例如，在输入学生成绩时，数据应该为 0 ～ 100 之间的数，这就有必要设置数据的有效性。先选定需要进行有效性检验的单元格区域，单击“数据”选项卡“数据工具”功能组“数据有效性”按钮，在下拉菜单中选择“数据有效性”命令，在弹出的“数据有效性”对话框“设置”标签中进行相应设置，如图 4-18 所示。其中，选中“忽略空值”复选框表示在设置数据有效性的单元格中允许出现空值。设置输入提示信息和输入错误提示信息分别在该对话框中的“输入信息”和“出错警告”标签中进行。数据有效性设置好后，Excel 2010 就可以监督数据的输入是否正确。

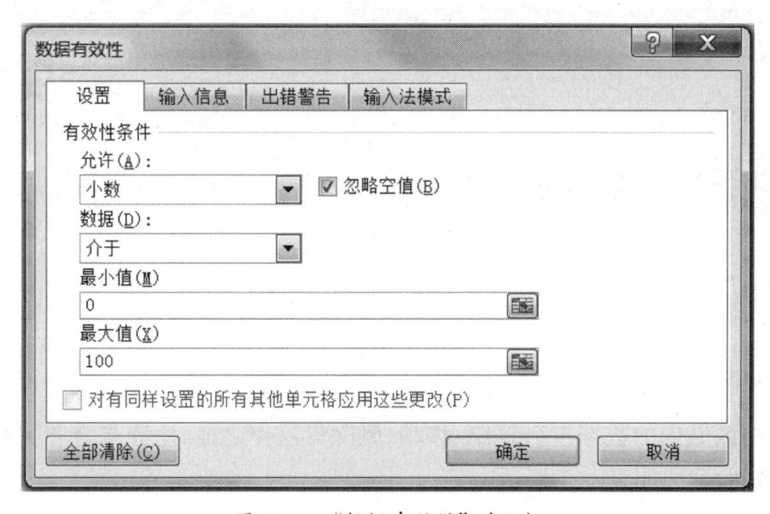

图 4-18　“数据有效性”对话框

4. 查找和替换

Excel 2010 的查找与替换功能类似于 Word 2010，用于在工作表中快速定位，并且可以有选择地用其他值代替。在 Excel 2010 中，用户可以在一个工作表或多个工作表中进行查找与替换。

在进行查找、替换操作之前，应该先选定一个搜索区域。如果选定一个单元格，则仅在当前工作表内进行搜索；如果选定一个单元格区域，则只在该区域内进行搜索；如果选定多个工作表，则在多个工作表中进行搜索。

打开“开始”选项卡，在 “编辑”功能组内单击“查找和选择”按钮，在下拉列表中选择相应命令即可如图 4-19 所示。

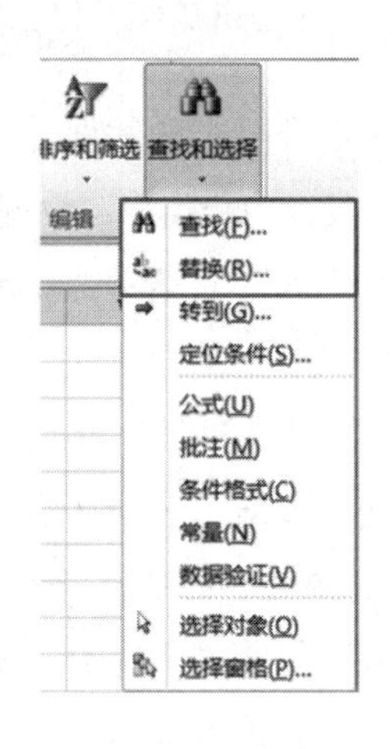

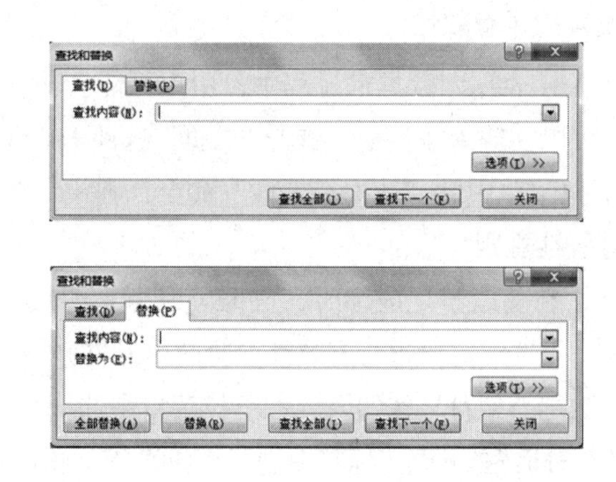

图 4-19 查找和替换

需要注意的是，"替换"操作不仅可以替换内容，还可以替换格式，即在"查找和替换"对话框"替换"选项卡下单击【选项】按钮，即可出现替换格式的设定，如图 4-20 所示。

图 4-20 格式替换

4.3.4 单元格区域操作

1. 单元格区域选择

对单元格区域内的数据进行复制、移动、删除等操作之前，应先选定单元格区域。选定单元格区域的方法如表 4-1 所示。

表 4-1 单元格区域选择

选取范围	操作
单元格	鼠标单击或按方向键(←,→,↑,↓)
多个连续单元格	从选择区域左上角拖曳至右下角；或单击选择区域左上单元格，按住 [Shift] 键，单击选择区域右下角单元格
多个不连续单元格	按住 [Ctrl] 键的同时，用鼠标进行单元格选择或区域选择
整行或整列	单击工作表相应的行号或列号
相邻行或列	鼠标拖曳行号或列号
整个表格	单击工作表左上角行列交叉的按钮；或按 [Ctrl] + [A] 组合键
单个工作表	单击工作表标签

续表

选取范围	操作
连续多个工作表	单击第一个工作表标签,然后按住 [Shift] 键,单击所要选择的最后一个工作表标签
不连续多个工作表	按住 [Ctrl] 键,分别单击所要选择的工作表标签

2. 单元格的复制

在 Excel 2010 中，一个单元格通常包含很多信息，如内容、格式、公式及批注等。复制数据时可以复制单元格的全部信息，也可以只复制部分信息，还可以在复制数据的同时进行算术运算、行列转置等，这些都是通过"选择性粘贴"命令来实现的。

具体操作方法是：先选定数据，在右键快捷菜单中选择"复制"菜单项，再单击目标单元格，在右键快捷菜单中选择"选择性粘贴"菜单项，在弹出的"选择性粘贴"对话框中进行相应设置，如图 4-21 所示。

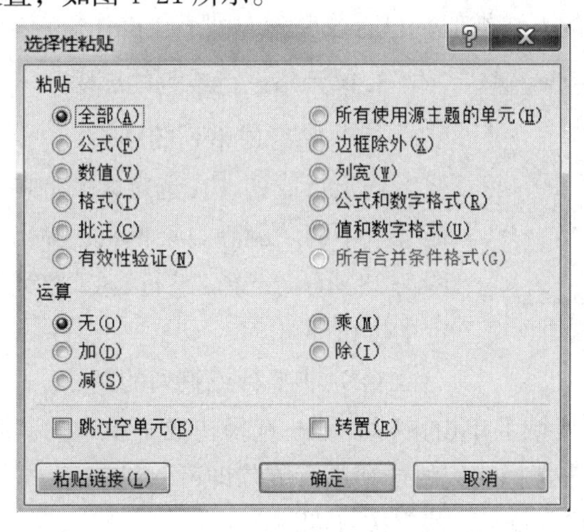

图 4-21 "选择性粘贴"对话框

3. 单元格的移动

将鼠标移至选定单元格区域的黑色外框上，鼠标指针变成选择型箭头✥，按住鼠标左键拖动鼠标至目标单元格即可。

4. 单元格、行或列的插入

（1）插入单元格。

在需要插入单元格的位置单击鼠标右键，选择快捷菜单中的"插入"菜单项，在弹出的"插入"对话框中选择"活动单元格右移"或"活动单元格下移"单选按钮，单击【确定】按钮即可插入单元格，如图 4-22 所示。若要在同一位置插入多个单元格，可先选定多个单元格，再按上述方法操作即可。

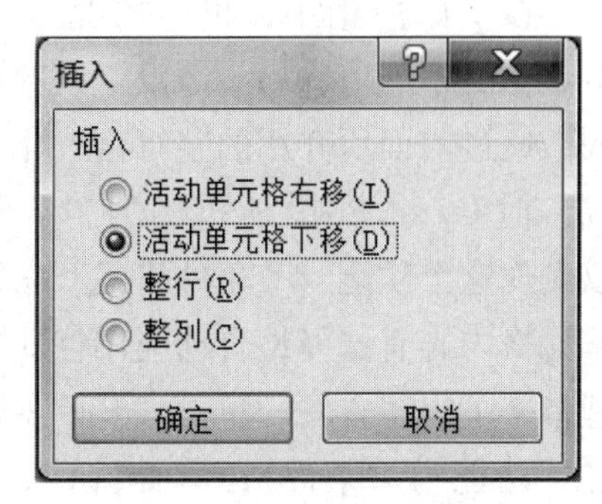

图 4-22 "插入"对话框

（2）插入行。

插入行的常用方法有以下 4 种：

① 在要插入行的行标号上单击鼠标右键，选择快捷菜单中的“插入”菜单项，即可插入一行。

② 选定某一行，打开“开始”选项卡，在 “单元格”功能组内单击“插入”按钮，即可在选定行上方插入一行。

③ 若选定的是行内的任意单元格，则单击“单元格”功能组内“插入”按钮下侧的下拉箭头，在下拉列表中选择“插入工作表行”命令即可；也可选择“插入单元格”命令，打开“插入”对话框，如图 4-22 所示，选择“整行”单选按钮，单击【确定】按钮即可插入一行。

④ 在需要插入行的任意单元格内单击鼠标右键，选择快捷菜单中的“插入”菜单项，弹出“插入”对话框，后续具体操作步骤同③。

（3）插入列。

插入列与插入行的方法类似，只需改变为对列进行操作。

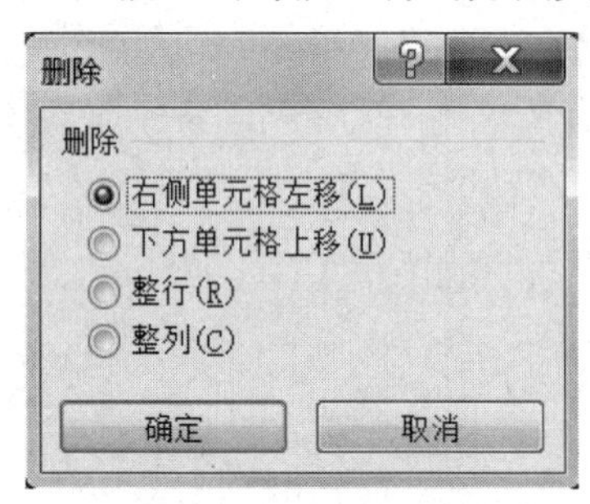

图 4-23 删除操作

5. 单元格、行或列的删除

（1）整行或整列的删除。

选定行或列，在选定区域上单击鼠标右键，选择快捷菜单中的“删除”菜单项，弹出“删除”对话框，如图 4-23 所示，选择“整行”或“整列”单选按钮，单击【确定】按钮即可。

（2）非整行或整列的删除。

在选定的单元格区域上单击鼠标右键，选择快捷菜单中的“删除”菜单项，在弹出的“删除”对话框中选择相应的选项进行删除即可。

注意：选定单元格区域后，若仅按 [Delete] 键则只会删除选定单元格区域内的数据，其后的数据不会产生移动。

6. 条件格式

在实际应用中，很多情况需要根据单元格数据的不同值，动态地设置该数据的字符格式，通过前面所介绍的字符格式化方法无法完成，但 Excel 2010 所提供的“条件格式”可以实现这个功能。“条件格式”功能可以根据单元格内容有选择地自动应用格式，为数据处理带来了很多方便。单击“开始”选项卡“条件”功能组“条件格式”按钮，在下拉列表中进行设置即可，如图 4-24 所示。

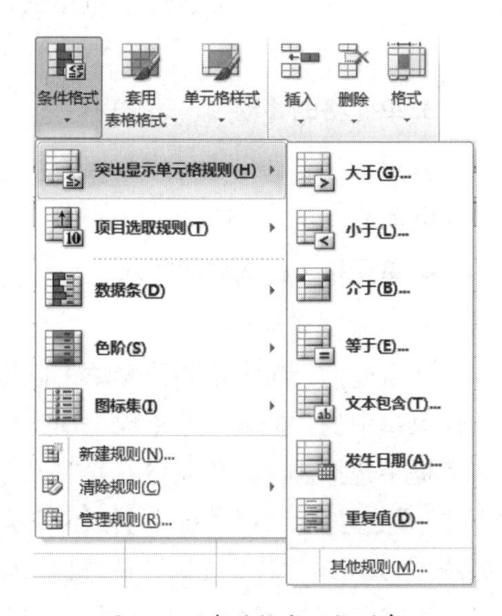

图 4-24 条件格式下拉列表

4.3.5 工作表格式化

一个好的工作表除了保证数据的正确性外，为了更好地体现工作表中的内容，还应对外观进行修饰（即格式化），达到整齐、鲜明和美观的目的。

工作表的格式化主要包括设置单元格格式、调整工作表的列宽和行高以及自动套用格式等。

1. 设置单元格格式

选中需要设置格式的单元格或单元格区域，单击鼠标右键，选择快捷菜单的“设置单元格格式”菜单项，打开“设置单元格格式”对话框，如图 4-17 所示。在对话框中可以设置对齐方式、字体、边框、底纹等。

另一种设置方式是从“开始”选项卡中的“字体”和“对齐方式”功能组内选择相应按钮，如图 4-25 所示。

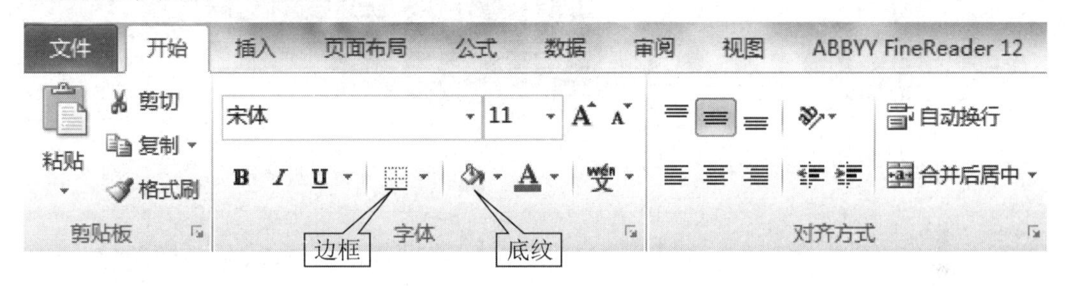

图 4-25 “字体”功能组与“对齐方式”功能组

注意：要取消数据格式的设置，可以选择“开始”选项卡“编辑”功能组中“清除”按钮下拉菜单中的“清除格式”命令。其他工作表格式的取消亦是如此。

2. 调整工作表的列宽和行高

单元格中如果输入太长的文字，内容将会延伸到相邻的单元格中。如果相邻单元格中已有内容，那么该文字内容就会被截断。对于数值数据，则以一串“#”号提示用户该单元格列宽不够，无法显示这个数值数据。

调整列宽和行高最快捷的方法是，将鼠标指向要调整的列宽（或行高）的列（或行）号之间的分隔线上，当鼠标指针变成时，拖曳分隔线到需要的位置即可。

如果要精确调整列宽和行高，可以通过“开始”选项卡“单元格”功能组“格式”按钮下拉菜单中的“行高”和“列宽”命令执行，如图 4-26 所示，它们将分别显示“行高”和“列宽”对话框，用户可以输入需要的高度或宽度值。

3. 自动套用格式

自动套用格式是一组已定义好的格式的组合，包括数字、字体、对齐、边框、颜色、行高和列宽等格式。Excel 2010 提供了许多种漂亮、专业的表格自动套用格式，可以快速实现工作表格式化。自动套用格式可通过“开始”选项卡“样式”功能组中的“套用表格格式”按钮来实现，如图 4-27 所示。

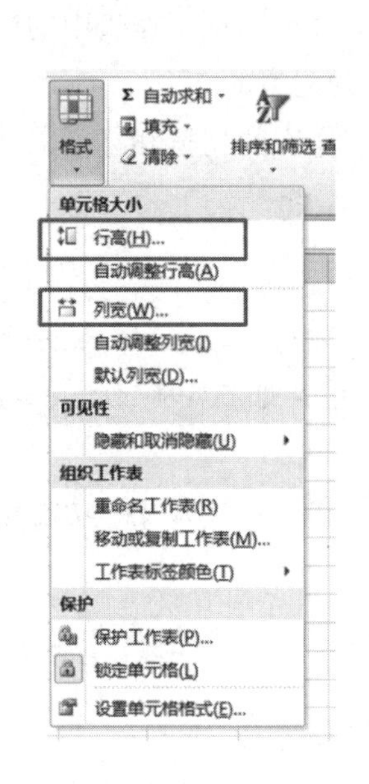

图 4-26　行高、列宽设置

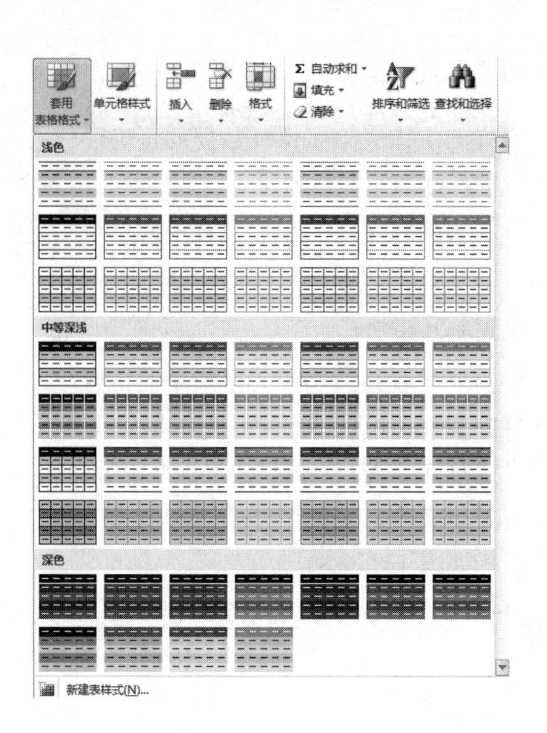

图 4-27　自动套用格式

4.4　公式与函数

Excel 2010 的主要功能不在于它能输入、显示、存储数据，更重要的是对数据的计算能力。它可以对工作表某一区域中的数据进行求和、求平均值、计数、求最大最小值以及其他更为复杂的运算，数据修改后公式的计算结果也会自动更新，这是手工计算无法比拟的。

在 Excel 2010 的工作表中，所有的计算工作都是通过公式或函数来完成的。

4.4.1　使用公式计算

在 Excel 2010 中，公式是由用户根据实际需要自主设计的算式，能结合常量、单元格引用、函数和运算符等元素进行数据计算和处理，一般直接返回处理结果。利用公式可以对同一个工作表的各单元格、同一个工作簿的不同工作表中的单元格或不同工作簿的工作表中的单元格进行算术运算和逻辑运算等。当公式中的引用单元格的数据发生变化，系统会重新计算，自动更新与之关联的单元格中的数据，这就是使用公式来处理数据的优势。

所有公式必须以“＝”开始，后面是表达式，其形式为“＝表达式”。表达式与数学中的表达式类似，可由常量、变量、函数及运算符组成，Excel 2010 表达式中的变量通常为单元格地址或单元格区域地址。公式中单元格地址、函数名的英文字母不区分大小写，标点符号只能用西文标点符号，如图 4-28 所示。

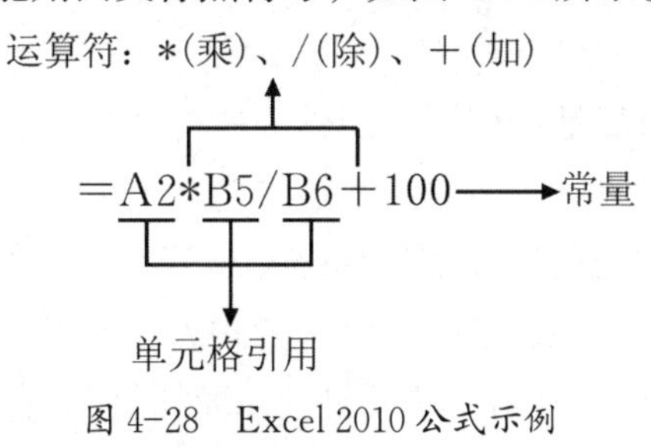

图 4-28 Excel 2010 公式示例

1. 常量

常量是一个固定的值。常量分为数值型常量、文本型常量和逻辑常量。

（1）数值型常量：可以是整数、小数、分数、百分数，但其中不能带千分位和货币符号。例如 100，2.8，1/2，15% 等。

（2）文本型常量：英文双引号括起来的若干字符，但其中不能包含英文双引号。例如 "abc" " 总金额 " 等。

（3）逻辑常量：True（真）和 False（假）。

2. 单元格引用地址

在输入公式时，之所以不用数字本身而是用单元格的引用地址，如 A1，B1，C1 等，是为了使分析计算的结果始终准确地反映单元格的当前数据。只要改变了数据单元格中的内容，公式单元格中的结果也立刻随之改变。如果在公式中直接书写数字，那么一旦单元格中的数据有变化，公式计算的结果并不会自动更新。

根据公式所在单元格的位置发生变化时单元格引用的变化情况，可将引用分为相对引用、绝对引用和混合引用三种类型。

（1）相对引用。

相对引用是指当复制或移动单元格后，其公式中引用的单元格的地址随着位置的变化而发生变化。例如，假定学生成绩表中 C1 单元格中存放的是语文（A1）和数学（B1）成绩之和，其公式为“= A1 + B1”，当公式由 C1 单元格复制到 C2 单元格后，C2 单元格中的公式变为“= A2 + B2”。注意，C1 和 C2 单元格中公式的具体形式没有发生变化，只有被引用的单元格地址发生了变化，若公式自 C 列继续向下复制，则公式中引用单元格地址的行标会自动加 1，通过相对引用和填充柄的自动填充功能，可以很快计算出成绩表中所有学生的语文和数学总分。

（2）绝对引用。

绝对引用是指当复制或移动单元格后，其公式中引用的单元格地址不会随位置的变化而发生变化。若要实现绝对引用功能，则公式中引用的单元格地址的行标和列标前必须加上“$”符号，如“= $A$1 + $B$1”，则无论公式复制到何处，其引用的单元格区域均为“A1：B1”。

（3）混合引用。

混合引用是指公式中既有绝对引用又有相对引用的引用形式。如“＝ A$1 ＋ B$1”。

上面介绍的三类引用都是引用同一工作表中的数据。若要引用同一个工作簿中不同工作表的数据，则引用的单元格地址不仅要包含单元格或区域，还要在单元格前面加上“工作表名称 !”。如当前工作表为 Sheet1，若在 C1 单元格中存放 Sheet2 工作表的 A1 和 B1 单元格的数据之和，则 C1 中的公式为“＝ Sheet2!A1 ＋ B1”。若要引用不同工作簿中的数据，则应在被引用单元格的前面加上“[工作簿名称] 工作表名称 !”，如“[Book2]Sheet1!A1：C1”，表示引用工作簿 Book2 中工作表 Sheet1 的 A1 到 C1 单元格区域。

3. 运算符

Excel 2010 公式中常用的运算符分为 4 类，如表 4-2 所示。

表 4-2 常用运算符

类型	表示形式	优先级
算术运算符	+(加)、-(减)、*(乘)、/(除)、%(百分比)、^(乘方)	从高到低分为 3 个级别:百分比和乘方、乘除、加减。优先级相同时,按从左到右的顺序计算。
关系运算符	=(等于)、>(大于)、<(小于)、> =(大于等于)、< =(小于等于)、<>(不等于)	优先级相同
文本运算符	&(文本的连接)	
引用运算符	冒号(区域)、逗号(联合)、空格(交叉)	从高到低依次为:区域、联合、交叉

（1）算术运算符。

用来对数值进行算术运算，结果还是数值。算术运算符的优先级如表 4-2 所示，例如，运算式“1 ＋ 2% － 3^4/5*6”的计算顺序是“%、^、/、*、＋、－”，计算结果是－9 618%。

（2）关系运算符。

关系运算符又称比较运算符，用来比较两个文本、数值、日期、时间等的大小，结果是一个逻辑值。各种数据类型的比较规则如下：

① 数值型——按照数值的大小进行比较。

② 日期型——昨天 < 今天 < 明天。

③ 时间型——过去 < 现在 < 未来。

④ 文本型——按照字典顺序比较。

字典顺序比较规则如下：

• 从左到右比较，第一个不同字符的大小就是两个文本数据类型的大小。

• 如果前面的字符都相同，则没有剩余字符的文本小。

• 英文字符 < 中文字符。

• 英文字符按在 ASCII 表中的顺序进行比较，位置靠前的小，空格 < 大写字母 < 小写字母。

• 在中文字符中，中文字符（如★）< 汉字。

• 汉字的大小按字母排序，即汉字的拼音顺序，如果拼音相同则比较声调，如果声调相同则比较笔画。如果一个汉字有多个拼音，或一个拼音有多个声调，则系统选取最常用的拼音和声调。

例如，“12” < “3”，“AB” < “AC”，“A” < “AB”，“AB” < “ab”，“AB” < “中”的结果都为 True。

（3）文本运算符。

用来将多个文本连接为一个组合文本，如 “"Microsoft"&"Excel"” 的结果为 “MicrosoftExcel”。

（4）引用运算符。

用来将单元格区域合并运算，如表 4-3 所示。

表 4-3　引用运算符

引用运算符	含义	示例
:(区域)	包括两个引用在内的所有单元格的引用	SUN(A1: C3)
,(联合)	将多个引用合并为一个引用	SUN(A1, C3)
空格(交叉)	产生同时隶属于两个引用的单元格区域的引用	SUN(A1: C4 B2: D3)

4 类运算符的优先级从高到低依次为“引用运算符”“算术运算符”“文本运算符”“关系运算符”。当多个运算符同时出现在公式中时，Excel 2010 按运算符的优先级进行运算，优先级相同时，自左向右计算。

4.4.2　使用函数计算

Excel 2010 函数是系统为了解决某些通过简单的运算不能处理的复杂问题而预先编辑好的特殊算式。函数包括函数名、括号和参数 3 个要素。函数名称后紧跟括号，参数位于括号中间，其形式为“函数名（参数 1，参数 2，……）”，如图 4-29 所示。不同函数的参数数目不一样，有些函数没有参数，有些函数有一个或多个参数。一个函数有一个唯一的名称。

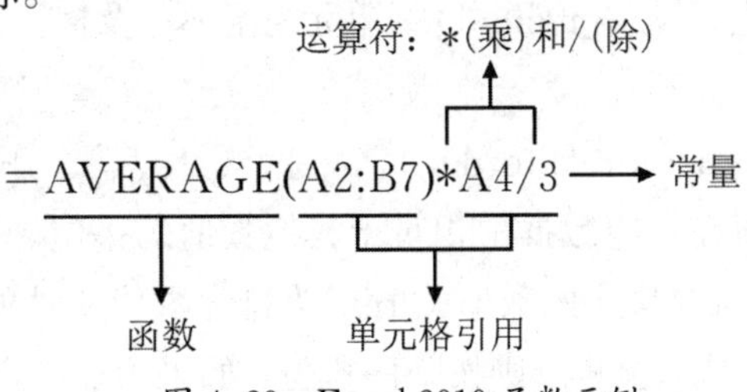

图 4-29　Excel 2010 函数示例

1. 常用函数

为了方便用户处理数据，Excel 2010 提供了大量的函数，这些函数分为 13 类，这里仅介绍一些常用函数。

（1）SUM 函数。

格式：SUM（number1，number2,…）。

功能：对参数中的数值求和，参数中的空值、逻辑值、文本或错误值将被忽略。

参数："number1，number2，…"为需要求和的值，可以是具体的数值、引用的单元格（区域）等。参数不超过 255 个。

（2）AVERAGE 函数。

格式：AVERAGE（number1，number2,…）。

功能：对参数中的数据求算术平均值。

参数："number1，number2,…"为需要求平均值的数值或引用单元格（区域），如果引用区域中包含"0"值单元格，则计算在内；如果引用区域中包含空白或字符单元格，则不计算在内。参数不超过 255 个。

（3）MIN 函数。

格式：MIN（number1，number2,…）。

功能：求出一组数中的最小值。

参数："number1，number2,…"为需要求最小值的数值或引用单元格（区域），参数不超过 30 个，如果参数中有文本或逻辑值，则被忽略。

（4） COUNT 函数。

格式：COUNT（value1，value2,…）。

功能：求各参数及参数列表中含数字的单元格的个数。

参数："value1，value2,…"为单元格或单元格区域，常量，其类型不限。

（5）IF 函数。

格式：= IF（logical_test，value_if_true，value_if_false）。

功能：根据对指定条件的逻辑值，判断其真假，返回相应的内容。

参数："logical"为关系表达式或逻辑表达式，"value_if_true"表示当判断条件为逻辑"TRUE"（真）时的返回值，如果忽略则返回"TRUE"，"value_if_false"表示当判断条件为逻辑"FALSE"（假）时的返回值，如果忽略则返回"FALSE"。

实例：在 D18 单元格中输入公式"= IF（C18> = 60,"及格","不及格"）"，则若 C18 单元格中的数值大于或等于 60，D18 单元格显示"及格"，否则显示"不及格"。

（6）RANK 函数。

格式：RANK（number，ref，order）。

功能：返回某一数值在一组数据中相对于其他数值的排位。

参数："number"为需要排序的数值，"ref"为排序数值所处的单元格区域，"order"为排序方式（如果为"0"或者忽略，则按降序排位，如果为非"0"值，则按升序排序）。

注意："number"参数一般采取相对引用形式，而"ref"参数则采取绝对引用形式。

（7）MID 函数。

格式：MID（text，start_num，num_chars）。

功能：返回文本字符串中从指定位置开始的特定数目的字符，该数目由用户指定。

参数："text"为包含要提取字符的文本字符串；"start_num"为提取字符的起始位置；"num_chars"为提取字符的个数。

常用函数大全

2. 函数输入式

函数的输入有 2 种方式：

（1）直接输入。

直接在单元格或编辑栏内输入函数，适用于比较简单的函数。

（2）插入函数。

比第一种方法更常用。可以通过"公式"选项卡"函数库"功能组中的"插入函数"按钮fx或单击编辑栏中的"插入函数"按钮fx，打开"插入函数"对话框进行操作。也可以通过单击"公式"选项卡"函数库"功能组中对应的分类函数按钮，在下拉列表框中选择需要的函数来完成，如图 4-30 所示。

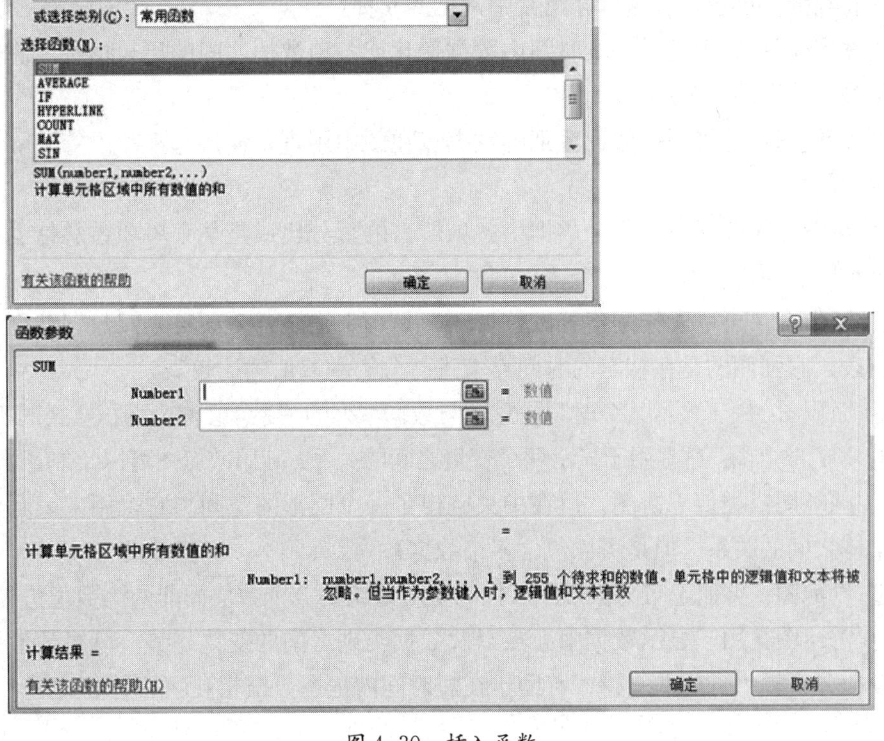

图 4-30　插入函数

注意：可以使用快捷的方法完成一些简单的计算。单击“开始”选项卡“编辑”功能组下的“自动求和”按钮∑后的下拉三角形，从弹出的菜单中选择相应函数即可，如图 4-31 所示。

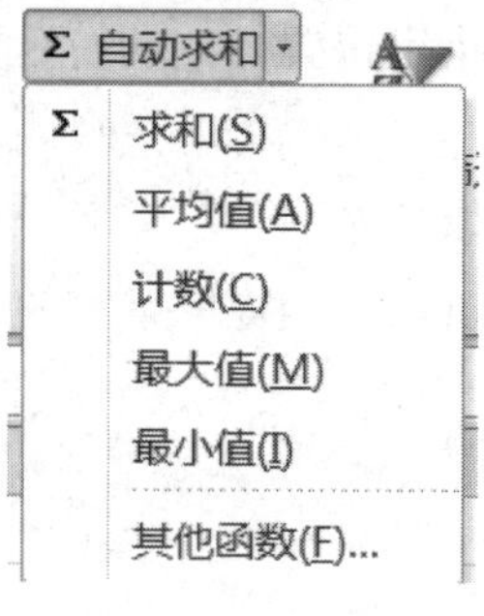

图 4-31 快速计算

4.5 数据的图表化

Excel 2010 能够将电子表格中的数据转换成各种类型的统计图表，更直观地揭示数据之间的关系，反映数据的变化规律和发展趋势，使我们能一目了然地进行数据分析。当工作表中的数据发生变化时，图形会相应改变，不需要重新绘制。

Excel 2010 提供了 11 种图表类型，每一类又有若干种子类型，并且有很多二维和三维图表类型可供选择。这里介绍其中常见的 9 种：

① 柱形图：用于显示一段时间内数据变化或各项数据之间的比较情况。它简单易用，是最受欢迎的图表形式。

② 折线图：是将同一数据系列的数据点在图中用直线连接起来，以等间隔显示数据的变化趋势。

③ 饼图：能够反映出统计数据中各项所占的百分比或是某个单项占总体的比例，使用该类图表便于查看整体与个体之间的关系。

④ 条形图：可以看作是横着的柱形图，是用来描绘各个项目之间数据差别情况的一种图表，它强调的是在特定的时间点上进行分类和数值的比较。

⑤ 面积图：用于显示某个时间段总数与数据系列的关系。又称为面积形式的折线图。

⑥ XY 散点图：通常用于显示两个变量之间的关系，利用散点图可以绘制函数曲线。

⑦ 圆环图：类似于饼图，但在中央空出了一个圆形的空间。它也用来表示各个部分与整体之间的关系，但是可以包含多个数据系列。

⑧ 气泡图：类似于 XY 散点图，但它是对成组的 3 个数值而非两个数值进行比较。

⑨ 雷达图：用于显示数据中心点以及数据类别之间的变化趋势。可对数值无法表现的倾向分析提供良好的支持，有助于在短时间内把握数据相互间的平衡关系。

1. 创建图表

① 选择创建图表需要的数据区域。如在工作表中选择 A2:A5 和 H2:H5 两列数据，如图 4-32 所示。

	A	B	C	D	E	F	G	H
1	某省部分地区上半年降雨量统计表 (单位:mm)							
2	月份	一月	二月	三月	四月	五月	六月	平均值
3	北部	121.50	156.30	182.10	167.30	218.50	225.70	178.57
4	中部	219.30	298.40	198.20	178.30	248.90	239.10	230.37
5	南部	89.30	158.10	177.50	198.60	286.30	303.10	202.15

图 4-32　选择数据区域

② 在“插入”选项卡“图表”功能组内单击相应图表类型按钮，在下拉列表框中选择要使用的图表子类型。若要查看所有可用的图表类型，单击“图表”功能组右下角的对话框启动器，打开 “插入图表”对话框，即可查看所有图表类型。在“插入图表”对话框模板中选择“柱形图”，单击【确定】按钮即可产生如图 4-33 所示的图形。

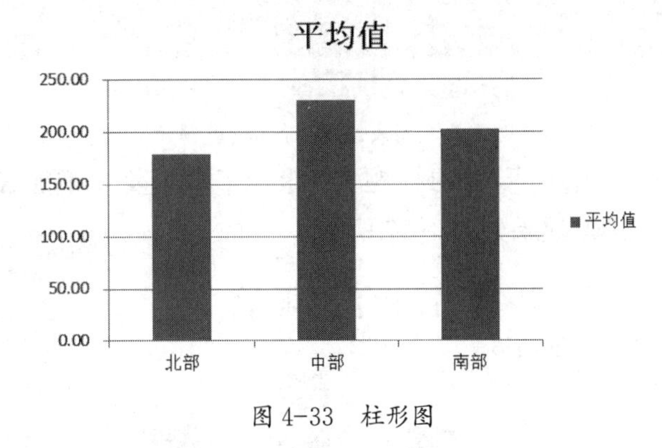

图 4-33　柱形图

2. 编辑图表

在创建图表之后，还可以对图表进行修改编辑，包括更改图表类型，选择图表布局和图表样式等。这些操作可以通过“图表工具”选项卡中的相应功能来实现。该选项卡在选定图表后便会自动出现，它能够细化成 3 个选项卡，分别是“设计”“布局”和“格式”选项卡。

（1）“图表工具 | 设计”选项卡可以执行的操作如图 4-34 所示。

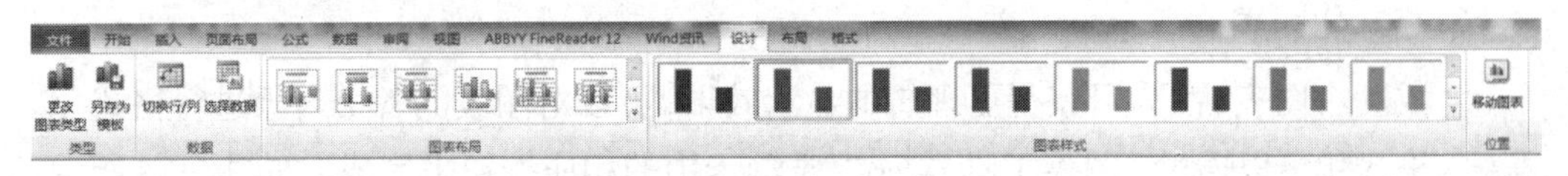

图 4-34　“图表工具 | 设计”选项卡

注意：在默认情况下，所创建的图表会直接嵌入到当前工作表中。如果要将图表放在单独的工作表或其他工作表中，则可按如下步骤操作：

① 单击图表的任意位置激活图表。

② 在“设计”选项卡“位置”功能组内单击“移动图表”按钮，打开“移动图表”对话框，如图 4-35 所示。

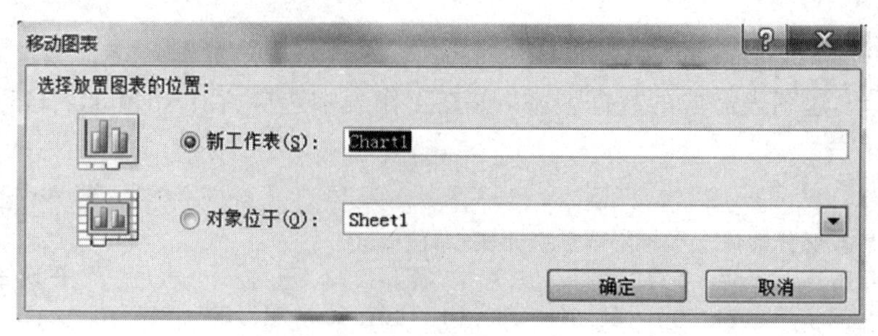

图 4-35 “移动图表”对话框

③ 选择新工作表。Excel 2010 会自动创建一个名称为 Chart1 的工作表，其中的图表名称也为 Chart1，若要将图表存放在已有的工作表内，可选择“对象位于”单选按钮，在其下拉列表框内选择工作表即可。若要更改图表的名称，在“图表工具 | 布局”选项卡“属性”功能组内的“图表名称”文本框内输入新名称并按 [Enter] 键即可。

（2）“图表工具 | 布局”选项卡可以执行的操作如图 4-36 所示。

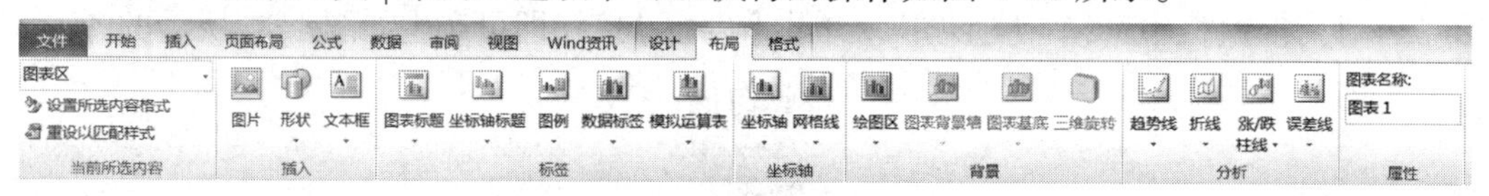

图 4-36 “图表工具 | 布局”选项卡

例如，更改图 4-33 中柱形图的标题为“上半年降雨量”，增加 X 轴标题“地区”，Y 轴标题“单位：mm”，效果如图 4-37 所示。

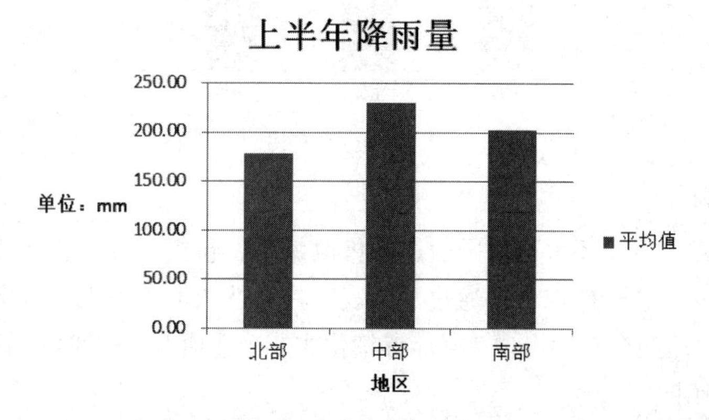

图 4-37 设置图表标题

3. 格式化图表

生成一个图表后，为了获得更理想的显示效果，可以对图表的各个对象进行格式化。图表的格式化可以通过“图表工具 | 格式”选项卡中的相应按钮来完成，如图 4-38 所示。也可以双击要进行格式设置的图表对象，在打开“设置图表区格式”对话框中进行设置。

图 4-38 “图表工具 | 格式”选项卡

例如，将图 4-37 绘图区填充底纹，效果如图 4-39 所示。

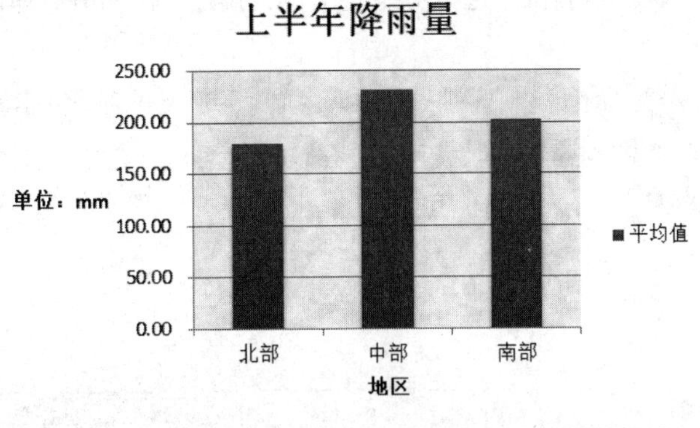

图 4-39　绘图区填充底纹

4.6　数据管理和分析

Excel 2010 不仅具有数据计算处理的能力，而且还具有数据库管理的一些功能。它可以方便、快捷地对数据进行排序、筛选、分类汇总、创建数据透视表等统计分析工作。

1. 数据排序

在实际应用中，为了方便查找和使用数据，用户通常按一定顺序对数据清单进行重新排列。其中数值按大小排序，时间按先后排序，英文字母按字母顺序（默认不区分大小写）排序，汉字按拼音首字母排序或笔画排序。

用来排序的字段称为关键字。排序方式分升序（递增）和降序（递减），排序方向有按行排序和按列排序，此外，还可以采用自定义排序。

数据排序可分为两种：简单排序和复杂排序。

（1）简单排序。

简单排序是指对一个关键字（单一字段）进行升序或降序排列。可以单击“数据”选项卡“排序和筛选”功能组中的“升序”按钮 A↓ 或“降序”按钮 Z↓ 快速实现。需要注意的是：若排序对象为中文字符，则按“汉语拼音”顺序排序；若排序对象为西文字符，则按字母顺序排序。

（2）复杂排序。

复杂排序是指对一个以上关键字（多个字段）进行升序或降序排列。如排序的字段值相同，可按另一个关键字继续排序，最多可以设置 3 个排序关键字。这必须通过单击“数据”选项卡“排序和筛选”功能组中的“排序”按钮来实现。

具体操作步骤如下：

① 选定要排序的单元格区域，若没有选择数据区域，系统会自动选择光标所处的连续区域。

② 在选定区域内单击鼠标右键，在快捷菜单中选择“排序 | 自定义排序”菜单项，或单击“数据”选项卡“排序和筛选”功能组下的“排序”按钮，弹出“排序”对话框，如图 4-40 所示。

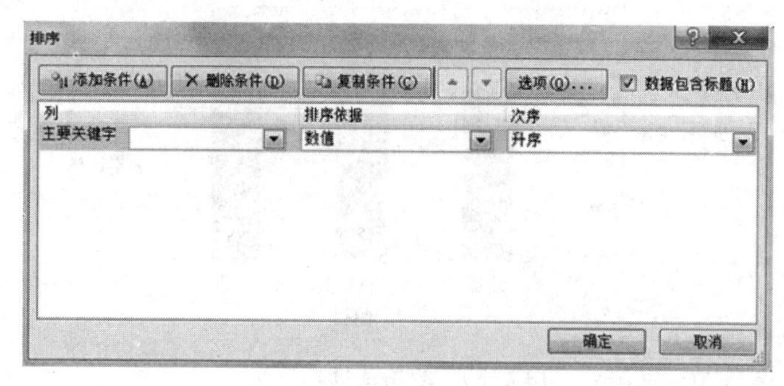

图 4-40 “排序”对话框

③ 在“排序”对话框的“主要关键字”列表框中选择要排序的字段（如：总分）；中间“排序依据”下拉列表框中有“数值”“单元格颜色”“字体颜色”和“单元格图标”4 个选项，针对总分字段，此处选择“数值”选项；在右侧“次序”下拉列表框内选择“升序”或“降序”的排序方式。若在主关键字相同时还想进一步区分，可以单击“添加条件”按钮，添加次要关键字，再按主要关键字的设置方法来设置即可，所有选项选定后，单击【确定】按钮即可将表中的选定数据重新排列。

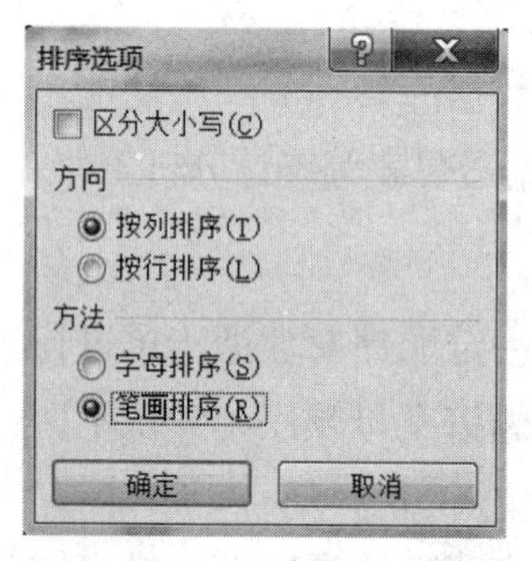

图 4-41 “排序选项”对话框

④ 若要对汉字按笔画排序，可在“排序”对话框中单击【选项】按钮，打开“排序选项”对话框，如图 4-41 所示，选择“笔画排序”单选按钮，单击【确定】后即可按笔画排序。

2. 数据筛选

当 Excel 2010 表中数据非常多，但用户只对其中一部分数据感兴趣时，可以使用 Excel 2010 的数据筛选功能将不感兴趣的数据暂时隐藏起来，只显示感兴趣的数据。当筛选条件被清除时，隐藏的数据又恢复显示。

数据筛选可分为两种：自动筛选和高级筛选。自动筛选可以实现单个字段筛选，以及多字段筛选的“逻辑与”关系（即同时满足多个条件），操作简便，能满足大部分应用需求；高级筛选能实现多字段筛选的“逻辑或”关系，较复杂，需要在数据清单以外建立一个条件区域。

（1）自动筛选。

自动筛选通过“数据”选项卡“排序和筛选”功能组中的“筛选”按钮来实现，如图 4-42 所示。在所需筛选的字段名下拉列表中选择符合的条件，若没有，则选择“文本筛选 / 数字筛选”中的“自定义筛选”命令，在弹

图 4-42 筛选

出的“自定义自动筛选方式”对话框中进行设置。如果要使数据恢复显示，单击“数据”选项卡“排序和筛选”功能组中的“清除”按钮。如果要取消自动筛选功能，再次单击“筛选”按钮即可。

例如，对如图 4-43 所示的产品销售情况统计表进行筛选，筛选出销量在 100 件以上的产品。步骤如下：

① 将光标定位于需要筛选的单元格区域中任一单元格。

② 单击“数据”选项卡“排序和筛选”功能组内的“筛选”按钮，则表格标题单元格变成下拉列表框，单击下拉列表框中的“数字筛选”命令，弹出筛选选项菜单，如图 4-44 所示。

	A	B	C	D	E
1	产品销售情况统计表				
2	产品型号	销售数量	单价（元）	销售额(元）	所占百分比
3	P-1	123	654	80442	9.81%
4	P-2	84	1652	138768	16.91%
5	P-3	111	2098	232878	28.39%
6	P-4	66	2341	154506	18.83%
7	P-5	101	780	78780	9.60%
8	P-6	79	394	31126	3.79%
9	P-7	89	391	34799	4.24%
10	P-8	68	189	12852	1.57%
11	P-9	91	282	25662	3.13%
12	P-10	156	196	30576	3.73%
13			总销售额	820389	

图 4-43　产品销售情况统计表

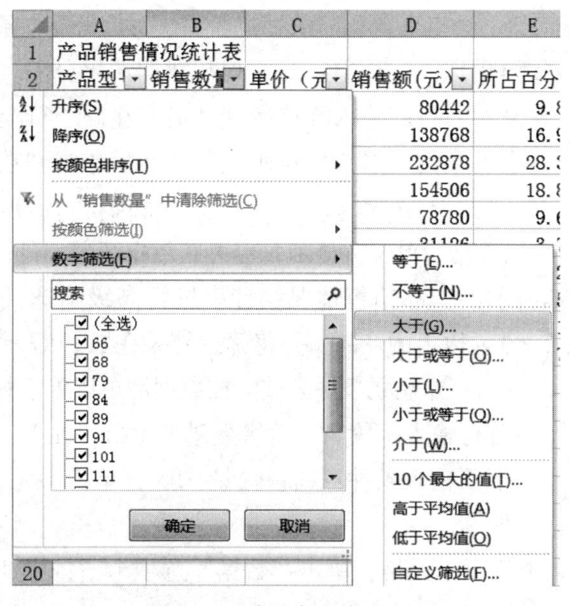

图 4-44　进行自动筛选设置

③ 在弹出的菜单中按要求设置即可，如图 4-45、图 4-46 所示。

图 4-45 筛选设置

	A	B	C	D	E
1	产品销售情况统计表				
2	产品型号	销售数量	单价（元	销售额(元)	所占百分比
3	P-1	123	654	80442	9.81%
5	P-3	111	2098	232878	28.39%
7	P-5	101	780	78780	9.60%
12	P-10	156	196	30576	3.73%

图 4-46 自动筛选结果

在设置自动筛选的自定义条件时，可以使用通配符，其中问号（?）代表任意单个字符，星号（*）代表任意一组字符。

在 Excel 2010 的数据表格中，如果单元格填充了颜色，还可以按照颜色进行筛选。

下载产品销售情况统计表

（2）高级筛选。

当筛选的条件较为复杂，或出现多字段间的“逻辑或”关系时，使用“数据”选项卡“排序和筛选”功能组中的“高级”按钮 高级 更为方便。

在进行高级筛选时，不会出现自动筛选下拉箭头，而是需要在条件区域输入条件。条件区域应建立在数据清单以外，用空行或空列与数据清单分隔。输入筛选条件时，首行输入条件字段名，从第 2 行起输入筛选条件，输入在同一行上的条件关系为“逻辑与”，输入在不同行上的条件关系为“逻辑或”，然后单击“数据”选项卡“排序和筛选”功能组中的“高级”按钮 高级 ，在其对话框内进行数据区域和条件区域的选择，筛选的结果可在原数据清单位置显示，也可在数据清单以外的位置显示。

例如，对图 4-43 所示的产品销售情况统计表进行高级筛选，筛选出销售数量在 100 件以上且单价在 1 000 元以上的产品，并将筛选结果在 A19 显示。步骤如下：

销售数量	单价（元）
>100	>1000

图 4-47 高级筛选条件

① 建立条件区域。在数据清单以外选择一个空白区域，在首行输入字段名：销售数量、单价（元），在第 2 行对应字段下面输入条件：销售数量 >100，单价（元）>1000，如图 4-47 所示。

② 选择数据清单中任意单元格，单击“数据”选项卡“排序和筛选”功能组中的“高级”按钮 高级 ，打开“高级筛选”对话框，先选中“将筛选结果复制到其他位置”单选按钮，并确认给出的列表区域是否正确，如果不正确，可以单击“列表区域”

框右侧的“折叠对话框”按钮 ，用鼠标在工作表中重新选择后再次单击“折叠对话框”按钮返回。然后单击“条件区域”文本框右侧的“折叠对话框”按钮，用鼠标在工作表中选择条件区域后再次单击“折叠对话框”按钮返回。最后单击“复制到”框右侧的“折叠对话框”按钮 ，在工作表中选择 A19，再单击此按钮返回，单击【确定】按钮即可，如图 4-48 所示。最终结果如图 4-49 所示。

	A	B	C	D	E
1	产品销售情况统计表				
2	产品型号	销售数量	单价（元）	销售额(元)	所占百分比
3	P-1	123	654	80442	9.81%
4	P-2	84	1652	138768	16.91%
5	P-3	111	2098	232878	28.39%
6	P-4	66	2341	154506	18.83%
7	P-5	101	780	78780	9.60%
8	P-6	79	394	31126	3.79%
9	P-7	89	391	34799	4.24%
10	P-8	68	189	12852	1.57%
11	P-9	91	282	25662	3.13%
12	P-10	156	196	30576	3.73%
13			总销售额	820389	
14					

高级筛选
方式
在原有区域显示筛选结果(F)
将筛选结果复制到其他位置(O)
列表区域(L): Sheet1!$A$2:$E$12
条件区域(C): .1!$B$16:$C$17
复制到(T): Sheet1!$A$19
选择不重复的记录(R)
确定　取消

图 4-48　高级筛选设置

产品型号	销售数量	单价（元）	销售额(元)	所占百分比
P-3	111	2098	232878	28.39%

图 4-49　高级筛选结果

3. 分类汇总

实际应用中经常用到分类汇总，如仓库的库存管理经常要统计各类产品的库存总量，商店的销售管理经常要统计各类商品的售出总量等。它们的共同特点是首先要进行分类（排序），将同类别数据放在一起，然后再进行数量求和之类的汇总运算。Excel 2010 提供了分类汇总功能。

分类汇总就是对数据清单按某个字段进行分类（排序），将字段值相同的连续记录作为一类，进行求和、求平均、计数等汇总运算。针对同一个分类字段，可进行多种方式的汇总。

需要注意的是，在分类汇总前，首先必须对分类字段排序，否则将得不到正确的分类汇总结果；其次，在分类汇总时要清楚对哪个字段分类，对哪些字段汇总以及汇总的方式，这些都需要在“分类汇总”对话框中逐一设置。

例如，对图 4-50 中的学生成绩表进行分类汇总。分类字段为“系别”，汇总方式为“求和”，汇总项为“总成绩”，汇总结果显示在数据下方。操作步骤如下：

	A	B	C	D	E	F
1	系别	学号	姓名	考试成绩	实验成绩	总成绩
2	信息	991021	李新	74	16	90
3	计算机	992032	王文辉	87	17	104
4	自动控制	993023	张磊	65	19	84
5	经济	995034	郝心怡	86	17	103
6	信息	991076	王力	91	15	106
7	数学	994056	孙英	77	14	91
8	自动控制	993021	张在旭	60	14	74
9	计算机	992089	金翔	73	18	91
10	计算机	992005	扬海东	90	19	109
11	自动控制	993082	黄立	85	20	105
12	信息	991062	王春晓	78	17	95
13	经济	995022	陈松	69	12	81
14	数学	994034	姚林	89	15	104
15	信息	991025	张雨涵	62	17	79
16	自动控制	993026	钱民	66	16	82
17	数学	994086	高晓东	78	15	93
18	经济	995014	张平	80	18	98
19	自动控制	993053	李英	93	19	112
20	数学	994027	黄红	68	20	88

图 4-50 学生成绩表

（1）单击成绩表中要分类汇总的数据列（如“系别”这一列）中任一单元格。

（2）单击“数据”选项卡“排序和筛选”功能组内“升序”按钮或“降序”按钮，对成绩表按“系别”排序。

（3）单击“数据”选项卡“分级显示”功能组内“分类汇总”按钮，打开“分类汇总”对话框，在“分类字段”下拉列表框中选择“系别”，选择汇总方式为“求和”，在“选定汇总项”中选择“总成绩”复选框，如图 4-51 所示，单击【确定】按钮，即可得到每个系的平均成绩，如图 4-52 所示。

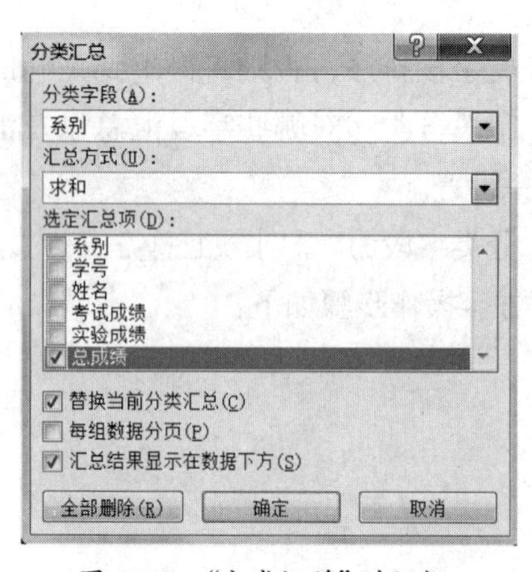

图 4-51 “分类汇总”对话框

	A	B	C	D	E	F
1	系别	学号	姓名	考试成绩	实验成绩	总成绩
2	计算机	992032	王文辉	87	17	104
3	计算机	992089	金翔	73	18	91
4	计算机	992005	扬海东	90	19	109
5	**计算机 汇总**					304
6	经济	995034	郝心怡	86	17	103
7	经济	995022	陈松	69	12	81
8	经济	995014	张平	80	18	98
9	**经济 汇总**					282
10	数学	994056	孙英	77	14	91
11	数学	994034	姚林	89	15	104
12	数学	994086	高晓东	78	15	93
13	数学	994027	黄红	68	20	88
14	**数学 汇总**					376
15	信息	991021	李新	74	16	90
16	信息	991076	王力	91	15	106
17	信息	991062	王春晓	78	17	95
18	信息	991025	张雨涵	62	17	79
19	**信息 汇总**					370
20	自动控制	993023	张磊	65	19	84
21	自动控制	993021	张在旭	60	14	74
22	自动控制	993082	黄立	85	20	105
23	自动控制	993026	钱民	66	16	82
24	自动控制	993053	李英	93	19	112
25	**自动控制 汇总**					457
26	**总计**					1789

图 4-52 分类汇总结果

分类汇总中的数据是分级显示的，在左上角有分级 1 2 3 按钮，“1”表示只显示总计项，“2”表示显示总计项和分类汇总项，“3”表示显示所有数据及总计项和分类汇总项。

4. 数据透视表

分类汇总功能适合于按一个字段进行分类，对一个或多个字段进行汇总，但当用户需要按多个字段进行分类并汇总时，必须使用数据透视表功能。

数据透视表是 Excel 2010 提供的一种功能强大的数据分析工具，能根据数据清单中的某些特殊字段，汇总相关信息。数据透视表是一种交互式的报表，用于对多种数据源（包括 Excel 2010 的外部数据源）的数据进行汇总和分析。创建数据透视表时，可以指定所需要的字段、数据透视表的组织形式及所要统计的数据计算类型。另外，可以对已建好的数据透视表进行重新排列，以便从不同的角度查看、分析数据。

例如，要统计图 4-53 各系别男女生的平均成绩，既要按“系别”分类，又要按“性别”分类，此时就要用到数据透视表。

	A	B	C	D	E
1	系别	学号	姓名	性别	考试成绩
2	计算机	992032	王文辉	男	87
3	计算机	992089	金翔	女	73
4	计算机	992005	扬海东	男	90
5	经济	995034	郝心怡	女	86
6	经济	995022	陈松	男	69
7	经济	995014	张平	男	80
8	数学	994056	孙英	女	77
9	数学	994034	姚林	女	89
10	数学	994086	高晓东	男	78
11	数学	994027	黄红	女	68
12	信息	991021	李新	女	74
13	信息	991076	王力	男	91
14	信息	991062	王春晓	女	78
15	信息	991025	张雨涵	女	62
16	自动控制	993023	张磊	男	65
17	自动控制	993021	张在旭	男	60
18	自动控制	993082	黄立	女	85
19	自动控制	993026	钱民	女	66
20	自动控制	993053	李英	女	93

图 4-53　学生成绩表

创建数据透视表的操作步骤如下：

（1）把光标定位于数据源内的任意一个单元格内。

（2）单击“插入”选项卡“表格”功能组内“数据透视表”按钮，打开“创建数据透视表”对话框，如图 4-54 所示。可在该对话框中选择要分析的数据源，指定数据透视表要存放的位置。

（3）单击【确定】按钮，Excel 2010 就会产生一个空的数据透视表，如图 4-55 所示。

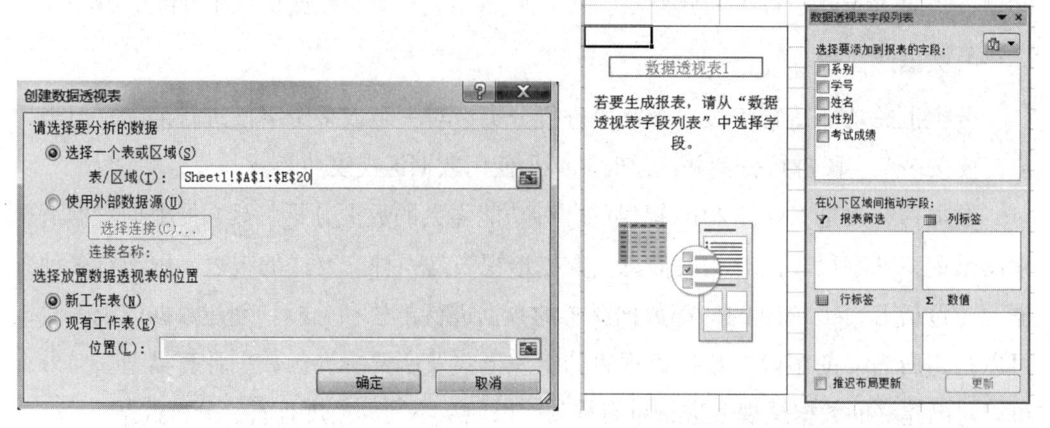

图 4-54 “创建数据透视表”对话框　　　　图 4-55 空白数据透视表

（4）把要分类的字段拖入行标签、列标签位置，使之成为透视表的行、列标题，要汇总的字段拖入“数值”框，本例“系别”作为行标签，“性别”作为列标签，统计的数据项是“考试成绩”，如图 4-56 所示。默认情况下，数据项如果是非数字型字段则对其计数，否则求和。

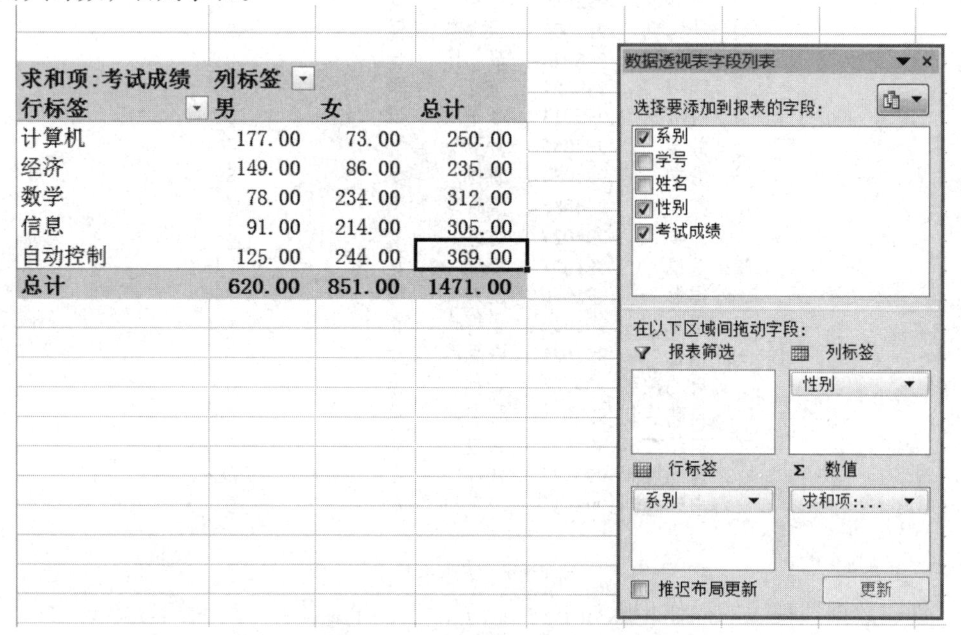

图 4-56 数据透视表的设置

（5）本例中，统计项是求平均，还需要进行值字段的设置，单击“数值”框如“求和项”下拉箭头，在弹出的下拉列表中选择“值字段设置”命令，打开“值字段设置”对话框，在其中进行设置即可，如图 4-57 所示。

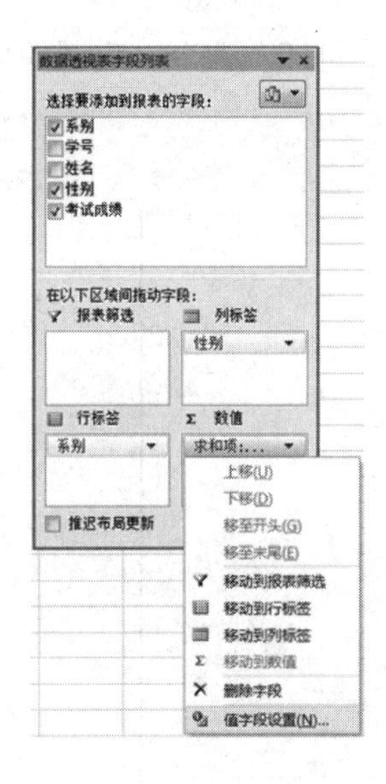

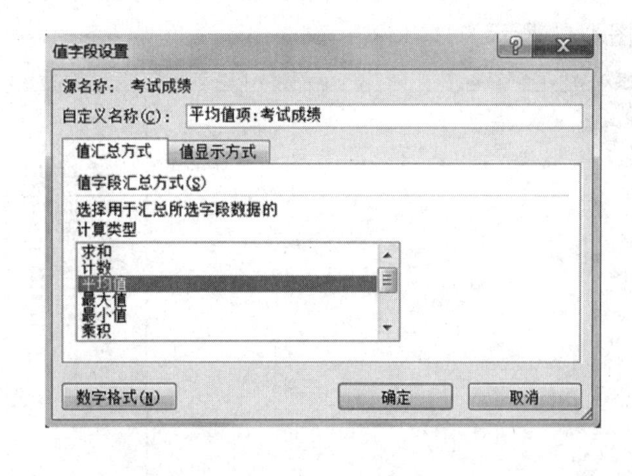

图 4-57　值字段的设置

（6）最终效果如图 4-58 所示。

平均值项:考试成绩	列标签		
行标签	男	女	总计
计算机	88.50	73.00	83.33
经济	74.50	86.00	78.33
数学	78.00	78.00	78.00
信息	91.00	71.33	76.25
自动控制	62.50	81.33	73.80
总计	**77.50**	**77.36**	**77.42**

图 4-58　数据透视表

创建好数据透视表后，“数据透视表工具”选项卡会自动出现，它可以用来修改数据透视表。数据透视表的修改主要有：

（1）更改数据透视表布局。数据透视表结构中行、列、数据字段都可以被更替或增加。将行、列、数据字段移出表示删除字段，移入表示增加字段。

（2）改变汇总方式。可以通过单击“数据透视表工具 | 选项”选项卡“计算”功能组中的“按值汇总”按钮来实现。

（3）数据更新。有时数据清单中数据发生了变化，但数据透视表并没有随之变化。此时，不必重新生成透视表，单击“数据透视表工具 | 选项”选项卡“数据”功能组的“刷新”按钮即可。

4.7　工作表的打印

在打印 Excel 2010 表格之前一般需要查看一下打印预览，检查表格是否有误。例如页边距不合适，就需要在 Excel 2010 的打印预览界面调整页边距。具体的操作步骤如下：

（1）单击“文件”选项卡，在弹出的下拉列表中选择“打印”命令，出现的界面如图 4-59 所示。

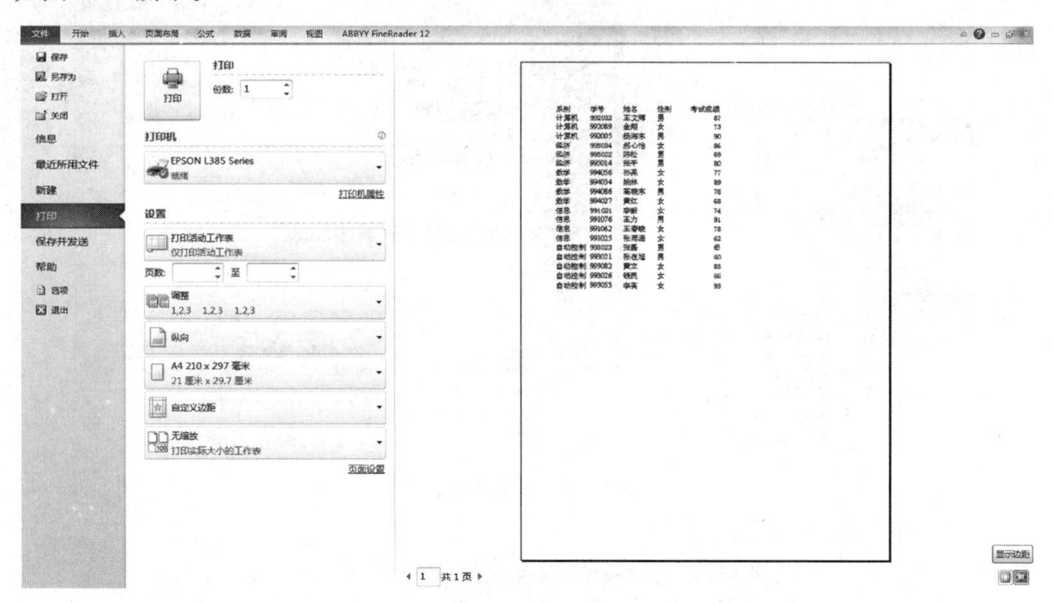

图 4-59 打印预览

（2）单击图 4-59 中所示的“显示边距”按钮，在打印预览区域的表格中就出现了代表边距线的线条，如图 4-60 所示。把鼠标放在控制点上即可调整页边距。

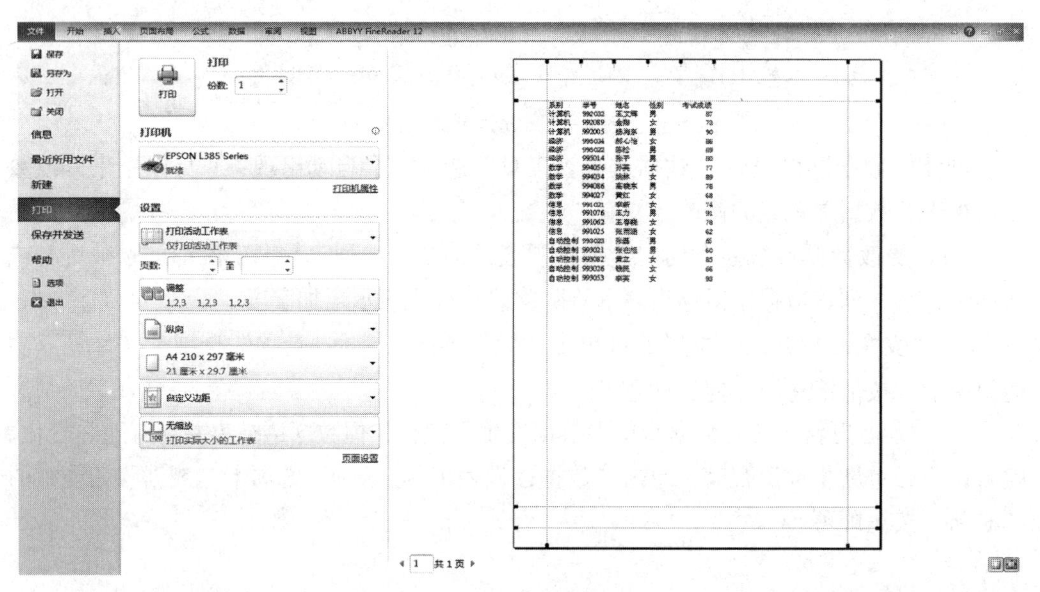

图 4-60 预览窗口调整页边距

（3）页边距设置好后，可以设置打印份数以及页数等，如图 4-61 所示。

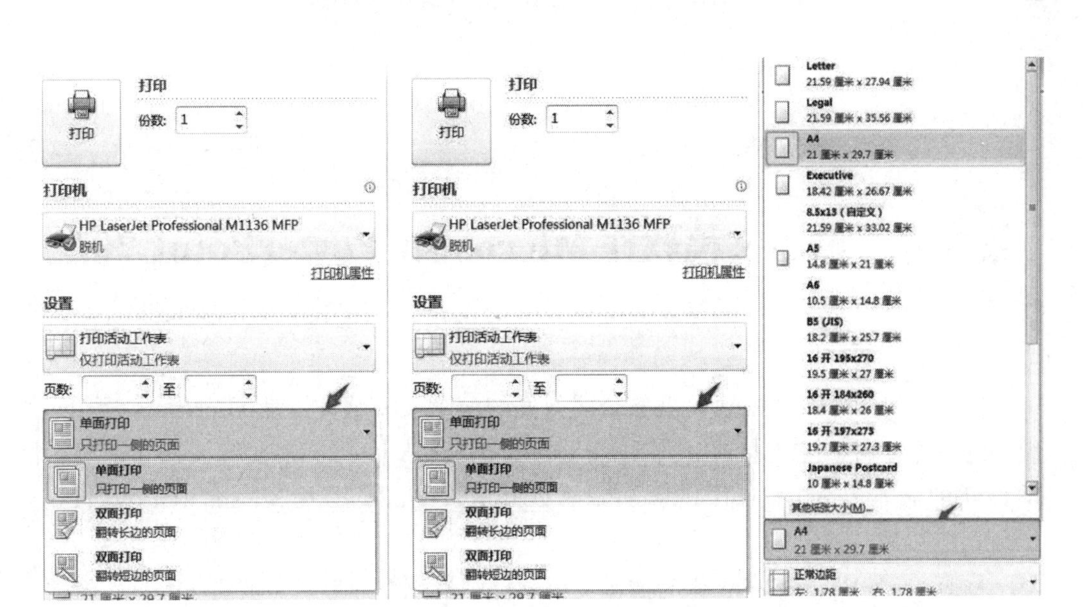

图 4-61 打印选项设置

（4）设置完成后按“打印”按钮进行打印即可，如图 4-62 所示。

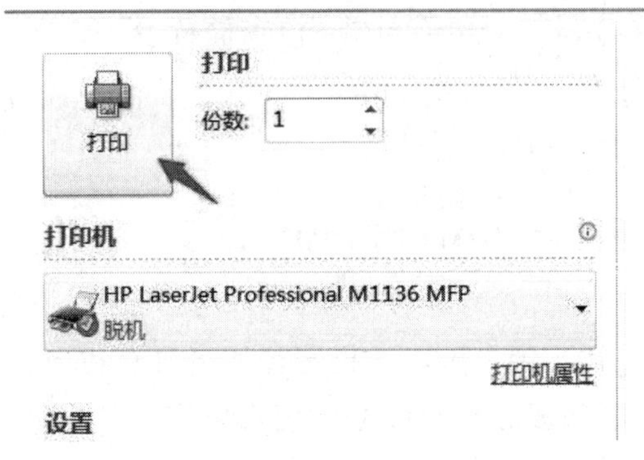

图 4-62 打印表格

本 章 小 结

Excel 2010 是 Office 系列办公软件中最常用的一种电子表格软件，本章重点介绍 Excel 2010 的概述，工作界面，基本操作，公式与函数，数据的图表化，数据的管理和分析，工作表的打印，等等。

Excel 2010 可以利用工作表的数据建立各种图表，并对图表进行格式设置。Excel 2010 可以进行页面设置、打印预览和打印。

第5章 演示文稿软件 Microsoft PowerPoint 2010

Microsoft PowerPoint 是微软公司开发的演示文稿软件，是 Microsoft Office 系统中的一个组件。它支持 Microsoft Windows 以及 Apple 的 macOS X 操作系统。目前最新的版本是 Microsoft PowerPoint 2019 for Windows 及 Microsoft PowerPoint 2019 for Mac。

Microsoft PowerPoint 作为演示文稿软件中最流行的形式，被商业人员、教师、学生和培训人员等广泛使用。根据开发商的数据，每年大约有 3 亿个演示文稿是用 Microsoft PowerPoint 制作的。

本章将以 Microsoft PowerPoint 2010（以下简称 PowerPoint 2010）为例对其进行介绍。

5.1 PowerPoint 2010 概述

通过 PowerPoint 2010，用户可以在投影仪或者计算机上播放演示文稿，也可以将演示文稿打印出来，制作成胶片，以便应用到更广泛的领域中。利用 PowerPoint 2010 不仅可以创建演示文稿，还可以在互联网上召开远程会议或在网上给观众展示演示文稿。

PowerPoint 2010 演示文稿后缀名为“ppt”“pptx”，有时也可以保存为其他图片格式，甚至是视频格式。演示文稿中的每一页称作幻灯片。

一套完整的 PowerPoint 2010 文件包含片头、动画、封面、前言、目录、过渡页、图表页、图片页、文字页、封底、片尾动画等。PowerPoint 2010 所采用的素材有文字、图片、图表、音频、视频等。我国的 PowerPoint 应用水平逐步提高，应用领域越来越广。PowerPoint 正成为人们工作、生活的重要组成部分，在工作汇报、企业宣传、产品推介、婚礼庆典、项目竞标、管理咨询、教育培训等领域占着举足轻重的地位。

PowerPoint 的历史

PowerPoint 2010 的功能主要包括以下 4 点：

（1）制作多媒体演示文稿。

PowerPoint 2010 能够根据内容提示向导、设计模板、现有演示文稿或空白演示文稿创建新演示文稿；在幻灯片上添加对象如声音和影片、超级链接（下划线形式和动作按钮形式）；进行幻灯片的移动、复制和删除等编辑操作。

（2）定制演示文稿的视觉效果。

PowerPoint 2010 能够美化幻灯片中的对象以及设置幻灯片外观（利用母版、设计模板、配色方案）等。

（3）设置演示文稿的播放效果

PowerPoint 2010 能够设置幻灯片中对象的动画效果、幻灯片间切换的动画效果和放映方式等。

（4）输出和打印演示文稿

PowerPoint 2010 能够将演示文稿输出为其他文件格式、打包成 CD 等，并能打印演示文稿。

5.2　PowerPoint 2010 的工作界面

PowerPoint 2010 窗口由快速访问工具栏、标题栏、窗口控制按钮、选项卡、功能区、幻灯片 / 大纲浏览视图区、幻灯片编辑区、备注区、状态栏、视图按钮、缩放标尺等部分组成，如图 5-1 所示。其中，幻灯片 / 大纲浏览视图区、幻灯片编辑区、备注区构成演示文稿编辑工作区。

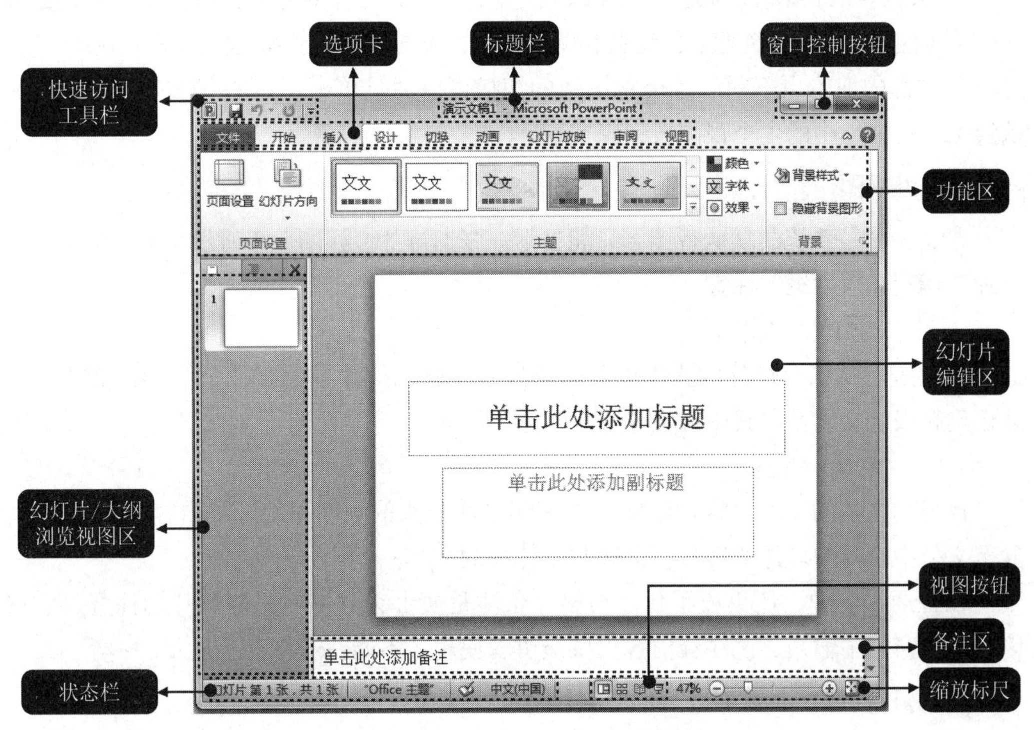

图 5-1　PowerPoint 2010 工作界面

5.3 PowerPoint 2010 的基本操作

5.3.1 启动和退出

1. 启动

启动 PowerPoint 2010 有以下三种方法：

（1）单击“开始”按钮，选择“所有程序 | Microsoft Office | Microsoft PowerPoint 2010”命令。

（2）在 Windows 桌面双击“Microsoft PowerPoint 2010”的快捷图标。

（3）双击 PowerPoint 2010 演示文稿图标。

2. 退出

退出 PowerPoint 2010 有以下三种方法：

（1）单击“文件”选项卡下的“退出”命令。

（2）单击窗口右上角的“关闭”按钮。

（3）使用 [Alt] + [F4] 组合键。

5.3.2 PowerPoint 2010 的视图方式

PowerPoint 2010 根据建立、编辑、浏览、放映幻灯片的需要，提供了 4 种视图方式：普通视图、幻灯片浏览、备注页和阅读视图。视图不同，演示文稿的显示方式不同，对演示文稿的加工也不同。各个视图间的切换可以通过单击“视图”选项卡“演示文稿视图”功能组中的 4 个视图按钮来实现。

1. 普通视图

普通视图是系统的默认视图，只能显示一张幻灯片，如图 5-1 所示。它集成了“幻灯片”标签和“大纲”标签。

（1）“幻灯片”标签。

可以查看每张幻灯片的文本外观。可以在单张幻灯片中添加图形、影片和声音，并创建超级链接以及向其中添加动画。

（2）“大纲”标签。

仅显示文稿的文本内容（大纲）。按序号从小到大的顺序和幻灯片内容层次的关系，显示文稿中全部幻灯片的编号、标题和主体中的文本。

在普通视图中，还集成了备注窗格。备注是演讲者对每一张幻灯片的注释，它可以在备注窗格中输入，该注释内容仅供演讲者使用，不能在幻灯片上显示。

2. 幻灯片浏览

在该视图下可以以全局方式浏览演示文稿中的幻灯片，并可进行幻灯片的新建、复制、移动、插入和删除等操作，还可设置幻灯片的切换效果并预览。

3. 备注页

在该视图中用户可以添加与每张幻灯片内容相关的备注，例如演讲者在演讲时所需的一些重点提示信息。

4. 阅读视图

阅读视图可将演示文稿作为适应窗口大小的幻灯片放映、查看，视图只保留幻灯片窗口、标题栏和状态栏，其他编辑功能被屏蔽，用于幻灯片制作完成后的简单放映浏览，查看幻灯片内容及动画和放映效果。

5.3.3 新建和保存演示文稿

用户可以创建一个没有任何设计方案和示例文本的空白演示文稿，根据自己的需要选择幻灯片版式进行演示文稿的制作。为了提高演示文稿制作的效率，用户可以根据自己的演讲内容选择合适的 PowerPoint 2010 主题、模板，也可以采用自己以前设计好的模板、演示文稿来快速生成演示文稿初稿。这样，用户就可在此基础上方便地进行进一步加工和制作。

1. 新建演示文稿

新建演示文稿有以下两种方法：

（1）PowerPoint 2010 启动时会自动创建一个新的空白演示文稿，默认命名为“演示文稿 1”，用户可以在保存时重新命名。

（2）单击“文件”选项卡下的“新建”命令，在中间“可用的模板和主题”下选择合适的模板或主题等，然后单击“创建”按钮🗋即可，如图 5-2 所示。

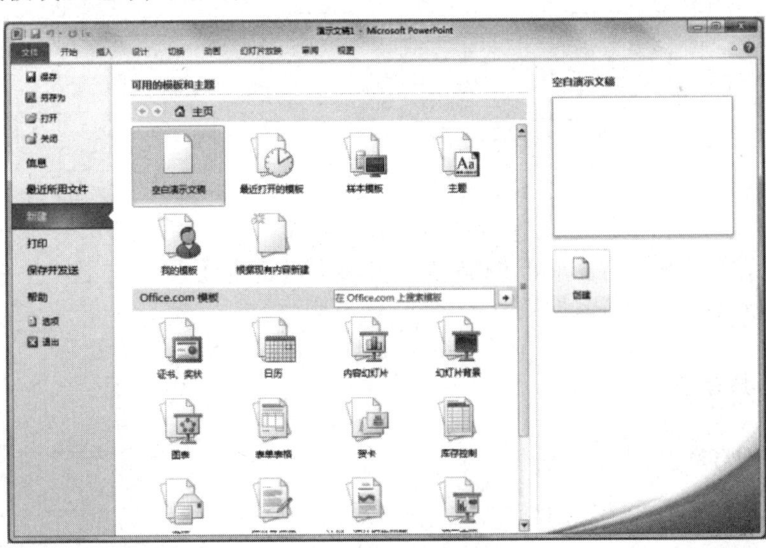

图 5-2　新建演示文稿

2. 保存演示文稿

可用以下方法保存演示文稿：

（1）单击“文件”选项卡下的“保存”或“另存为”命令。

（2）单击快速访问工具栏的“保存”按钮。

5.3.4 幻灯片版式

PowerPoint 2010 提供了多个幻灯片版式，供用户根据内容需要进行选择。幻灯片版式确定了幻灯片内容的布局，单击“开始”选项卡“幻灯片”功能组中的“版式”按钮，可为当前幻灯片选择版式，如图 5-3 所示。PowerPoint 2010 提供的版式包括“标题幻灯片”“标题和内容”“节标题”“两栏内容”“比较”“仅标题”“空白”“内容与标题”“图片与标题”“标题和竖排文字”“垂直排列标题与文本”等版式，对于新建的空白演示文稿，第一张幻灯片默认的版式为“标题幻灯片”，后续的幻灯片的版式则为“标题和内容”。

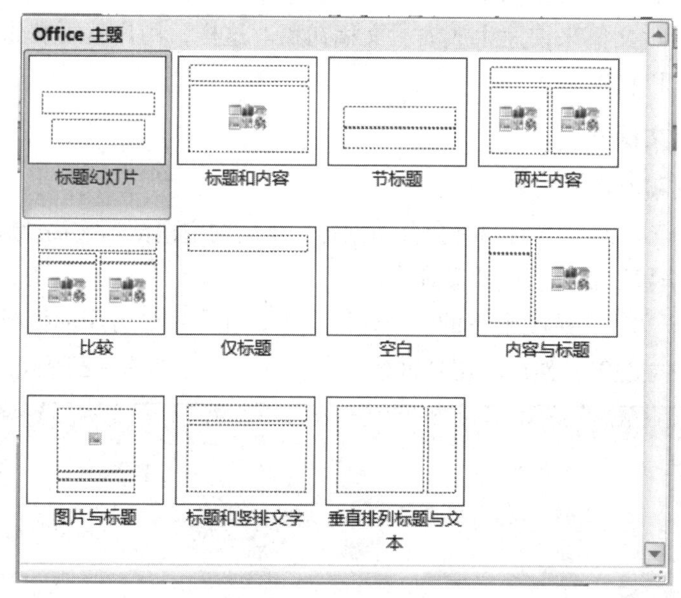

图 5-3 幻灯片版式

确定了幻灯片版式后，即可在相应的栏目和对象框内插入文本、图片、表格、图形、音频、视频等内容。

5.3.5 幻灯片管理

1. 选择幻灯片

可以使用如下方法选定幻灯片：

（1）在“普通视图”下“幻灯片 / 大纲浏览”窗格中，单击幻灯片的图标或缩略图。

（2）在“幻灯片浏览”视图中单击幻灯片的缩略图。

（3）选中某幻灯片的同时按住 [Shift] 键可连续选中多张幻灯片；按住 [Ctrl] 键单击幻灯片可选择不连续的幻灯片。

2. 新建幻灯片

新建幻灯片有以下 4 种常用方法：

（1）在“幻灯片 / 大纲浏览”窗格中选择当前幻灯片，然后单击“开始”选项卡“幻灯片”功能组中的“新建幻灯片”下拉按钮，从出现的幻灯片版式列表中选择一种版式，就会在当前幻灯片后面插入一张指定版式的空白幻灯片；若选择“复制所选幻灯片”选项，则在当前幻灯片后复制当前选定的幻灯片。

（2）在“幻灯片 / 大纲浏览”窗格中选择当前幻灯片，然后右键单击当前幻灯片缩略图，在弹出的快捷菜单中选择“新建幻灯片”菜单项，就会在当前幻灯片后面插入一张和当前幻灯片版式相同的空白幻灯片，如图 5-4 所示。

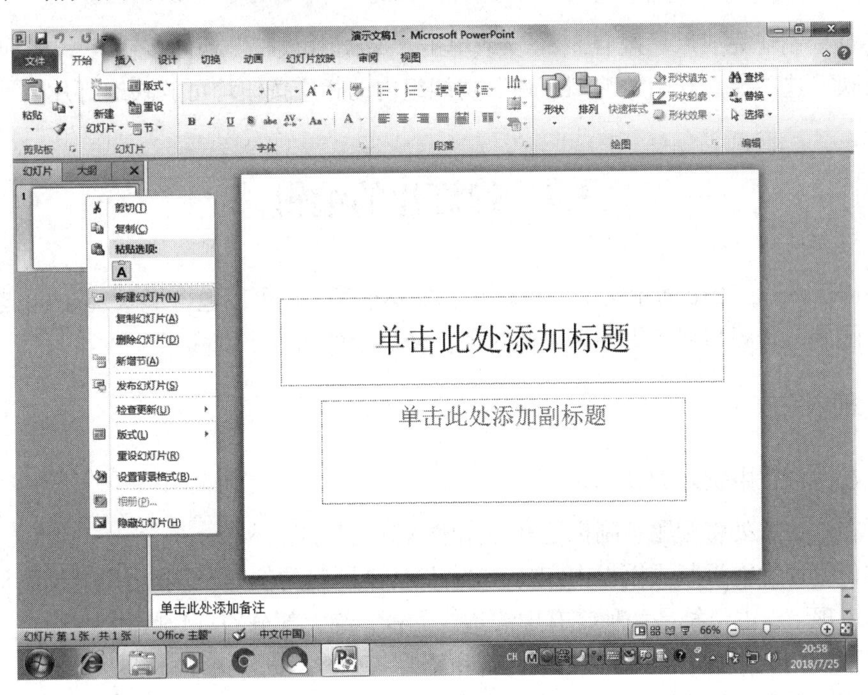

图 5-4 新建幻灯片

（3）在“幻灯片浏览”视图下，选择当前幻灯片或将光标定位于当前幻灯片与后一张幻灯片之间的位置，右键单击，在弹出的快捷菜单中选择“新建幻灯片”菜单项，即可插入一张空白幻灯片。

（4）在“普通视图”下，将鼠标定位在“幻灯片 / 大纲浏览”窗格中，然后按 [Enter] 键，可以插入一张空白幻灯片。

3. 移动、复制 / 粘贴幻灯片

使用如下两种方法移动、复制 / 粘贴幻灯片：

（1）选定幻灯片，单击“开始”选项卡“剪贴板”功能组中的“复制”按钮或“剪切”按钮，在目的位置单击“粘贴”按钮。

（2）在“幻灯片浏览”视图下，选定要复制的幻灯片，按下 [Ctrl] 键并拖动，即可实现复制。选定要移动的幻灯片，直接拖动，即可实现移动。

4. 删除幻灯片

在“普通视图”下“幻灯片 / 大纲浏览”窗格或“幻灯片浏览”视图模式下，选择当前幻灯片，然后按 [Delete] 键，或右键单击，选择“删除幻灯片”。

5. 隐藏幻灯片

在“普通视图”下“幻灯片 / 大纲浏览”窗格或“幻灯片浏览”视图模式下，选择要隐藏的幻灯片，单击“幻灯片放映”选项卡“设置”功能组中的“隐藏幻灯片”按钮，或右键单击幻灯片，在弹出的快捷菜单中选择“隐藏幻灯片”菜单项。

5.3.6 放映幻灯片

幻灯片制作完成后，按 [F5] 键，或单击 “幻灯片放映”视图按钮，或利用“幻灯片放映”选项卡“开始放映幻灯片”功能组内的相应按钮均可放映幻灯片。

5.4 幻灯片的编辑

PowerPoint 2010 演示文稿中不仅包含文本内容，还可以包含形状、图片、艺术字、表格、图表、音频与视频等各种媒体对象，使展示的内容丰富多彩。

5.4.1 插入文本

1. 在占位符中输入文本

可在占位符处将标题、副标题和正文输入到幻灯片上。

占位符通常在母版或模板中定义，先占住一个固定的位置，等着用户继续添加内容。在具体表现上，占位符是一种带有虚线边缘的框，绝大部分幻灯片版式中都有这种框，在这些框内可以放置标题、正文、表格和图片等对象，虚线框内部往往有“单击此处添加标题”之类的提示语，一旦鼠标单击之后，提示语会自动消失。

2. 使用文本框输入文本

使用文本框输入文本的步骤如下：

（1）单击“插入”选项卡“文本”组“文本框”下拉按钮，选择“横排文本框”或“垂直文本框”命令。

（2）在目标区域按住鼠标左键不放，拖动鼠标形成方框后松开鼠标左键，即可生成文本框。

（3）在文本框中输入文本。

3. 把其他程序创建的文本插入到演示文稿中

可将其他程序创建的文本插入 PowerPoint 2010“大纲”标签中，并自动设置标题和正文的格式。例如插入 Word 文档，源文档中的标题 1 作为 PowerPoint 2010 中的幻灯片标题，标题 2 作为幻灯片正文的一级标题，标题 3 为二级标题，等等。如果原 Word 文档无标题样式，PowerPoint 2010 会基于段落创建一个大纲。如果原 Word 文档的几行文本由段落分割开，PowerPoint 2010 会将每段转换为一个幻灯片标题。

在 PowerPoint 2010 中可从 Word 文档导入文本，也可以在 Word 中创建大纲并将其“发送”到 PowerPoint 2010，从而启动一个基于此大纲的新演示文稿。

（1）在 PowerPoint 2010 插入文档。

① 单击“开始”选项卡“幻灯片”功能组中的“新建幻灯片”下拉按钮，在下拉列表中选择“幻灯片（从大纲）”命令，弹出“插入大纲”对话框，如图 5-5 所示。

② 选择要插入的文件，单击【插入】按钮即可。

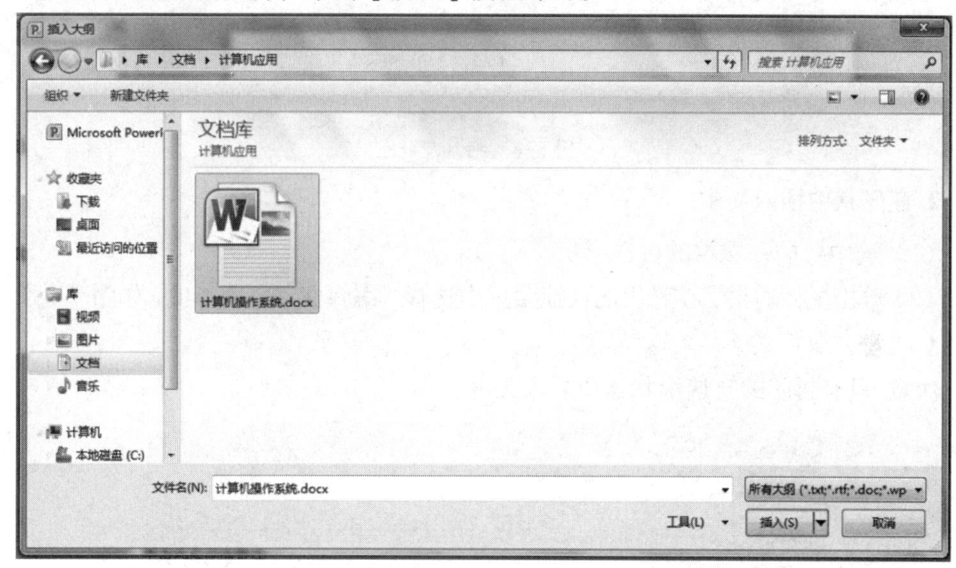

图 5-5　插入大纲

（2）在 Word 中发送文档至 PowerPoint 2010。

① 在 Word 中打开要发送的文档。

② 单击快速访问工具栏的“自定义快速访问工具栏”按钮，在下拉列表中选择“其他命令”项，在弹出的“Word 选项”对话框“快速访问工具栏”标签下“从下列位置选择命令”下拉列表框中选择“不在功能区中的命令”，在下方的列表框中选择“发送到 Microsoft PowerPoint”，单击【添加】按钮，再单击【确定】按钮，则快速访问工具栏将出现“发送到 Microsoft PowerPoint”按钮，单击此按钮即可发送文档。

5.4.2　形状的插入与编辑

1. 插入形状

（1）单击“插入”选项卡“插图”功能组下的“形状”按钮，在弹出的下拉列表中选择所需的形状，如图 5-6 所示。

（2）单击要插入形状的位置，拖动鼠标，完成形状的简单绘制。

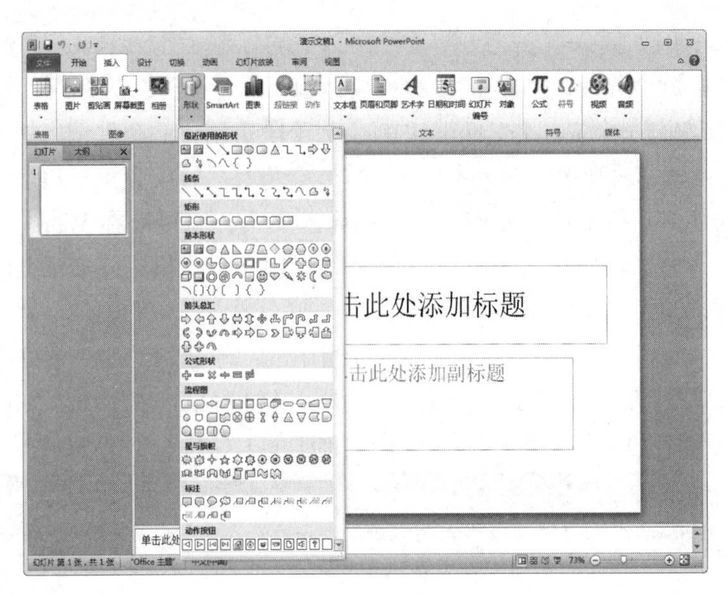

图 5-6　插入形状

2. 在形状中插入文本

（1）选中要插入文本的自选形状。

（2）单击鼠标右键，在弹出的快捷菜单中选择“编辑文字”菜单项，如图 5-7 所示。

（3）输入文字内容。

注意：只有封闭的自选形状才能插入文本。

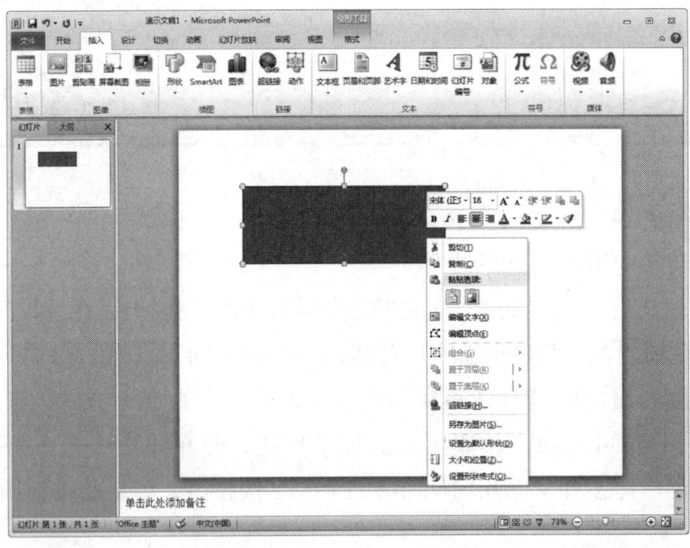

图 5-7　在自选形状中插入文本

3. 设置形状格式

（1）选中要设置格式的形状。

（2）单击鼠标右键，在弹出的快捷菜单中选择“设置形状格式”菜单项，弹出“设置形状格式”对话框，在其中进行设置即可，如图 5-8 所示。

图 5-8　“设置形状格式”对话框

5.4.3　插入图片

在幻灯片中使用图片可以使演示效果变得更加直观，可以插入的图片主要有两类：第一类是剪贴画，在 Office 软件中自带有各类剪贴画，供用户使用；第二类是以文件形式存在的图片。

插入图片的操作步骤如下：

（1）选择要插入图片的幻灯片。

（2）单击“插入”选项卡“图像”功能组中的“图片”按钮。

（3）在弹出的“插入图片”对话框中选择要插入的图片文件，单击【插入】按钮即可，如图 5-9 所示。

图 5-9　插入图片

5.4.4 插入表格

在幻灯片中除了使用文本、形状、图片外，还可以插入表格等对象。表格应用十分广泛，可形象地表达数据。

（1）选择要插入表格的幻灯片，单击“插入”选项卡“表格”功能组中的“表格”按钮▦。

（2）在弹出的下拉列表中单击“插入表格”命令，出现“插入表格”对话框，输入要插入表格的行数和列数，单击【确定】按钮，将插入一个指定行列的表格；拖动表格的控点，可改变表格的大小，如图 5-10 所示。

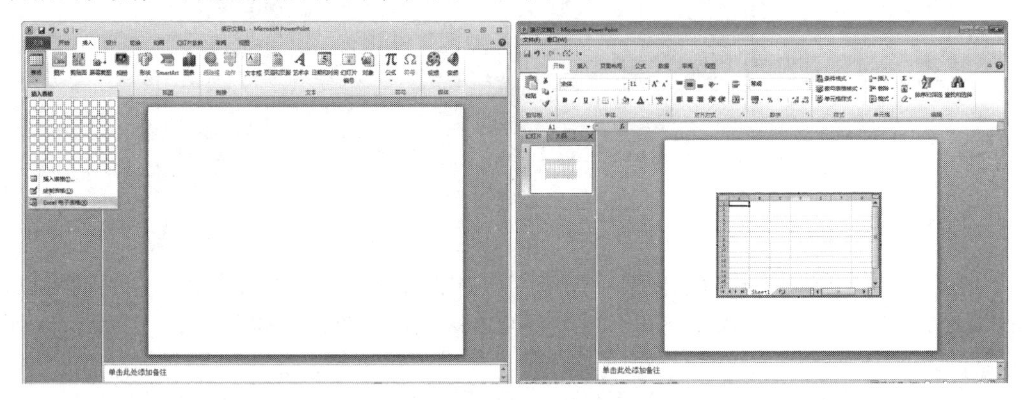

图 5-10 插入表格

5.4.5 插入图表

在幻灯片中还可以使用 Excel 2010 提供的图表功能，嵌入 Excel 2010 图表。

（1）选择要插入图表的幻灯片，单击“插入”选项卡“插图”功能组中的“图表”按钮。

（2）在弹出的“插入图表”对话框中，按照 Excel 2010 的操作方法插入图表；期间，系统会自动启动 Excel 2010 应用程序进行图表的插入操作，如图 5-11 所示。

图 5-11 插入图表

5.4.6 插入 SmartArt 图形

SmartArt 图形是 PowerPoint 2010 提供的新功能，是一种智能化的矢量图形，是已经组合好的文本框和形状线条，利用它可以快速在幻灯片中插入功能性强的图形，更好地表达用户的思想。PowerPoint 2010 提供的 SmartArt 图形类型有“列表”“流程”“循环”“层次结构”“关系”“矩阵”“棱锥图”“图片”等。

（1）选择要插入 SmartArt 图形的幻灯片，单击“插入”选项卡“插图”功能组中的“SmartArt”按钮。

（2）打开“选择 SmartArt 图形”对话框，选择合适的 SmartArt 图形，单击【确定】按钮，如图 5-12 所示。

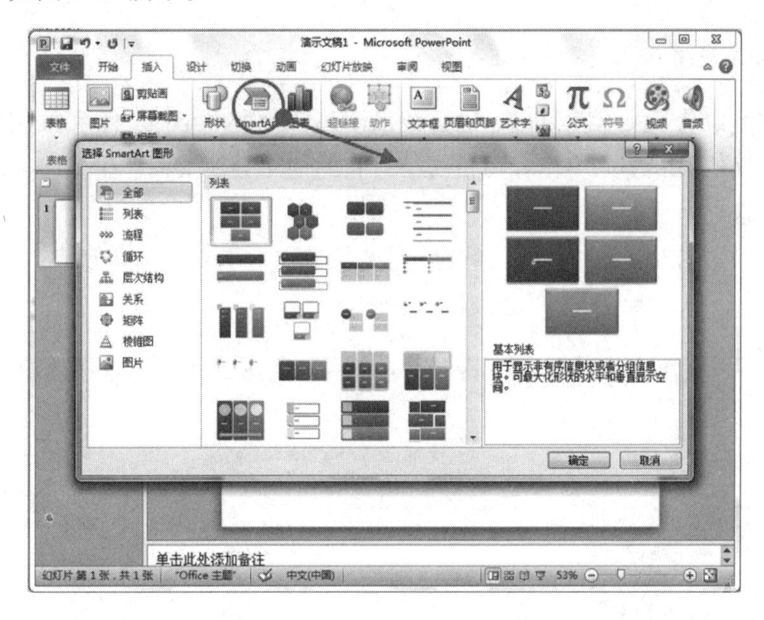

图 5-12 “选择 SmartArt 图形”对话框

5.4.7 插入音频和视频

PowerPoint 2010 幻灯片中可以插入一些简单的音频和视频。

1. 插入音频

（1）选中要插入音频的幻灯片，单击“插入”选项卡“媒体”功能组中的“音频”按钮的下拉箭头，如图 5-13 所示。

（2）在下拉列表中可以选择“文件中的音频”“剪贴画音频”和“录制音频”等命令。

在幻灯片中插入音频后，会出现声音图标，还会出现浮动声音控制栏，单击栏上的“播放”按钮，可以预览声音效果。外部的音频文件可以是 MP3 文件、WAV 文件、WMA 文件等。

2. 插入视频

（1）单击“插入”选项卡“媒体”功能组中的“视频”按钮的下拉箭头，如图 5-13 所示。

（2）在下拉列表中可以选择“文件中的视频”“来自网站的视频”“剪贴画视频”等命令。

图 5-13 插入音频、视频

5.4.8 插入艺术字

艺术字是以普通文字为基础，通过添加阴影，改变文字的大小和颜色，把文字变成多种预定义的形状等来突出和美化文字，它的使用会使文档产生艺术美的效果，常用来创建标志或标题。

选中要插入艺术字的幻灯片，单击“插入”选项卡“文本”功能组中的“艺术字”按钮，出现艺术字样式列表，如图 5-14 所示。

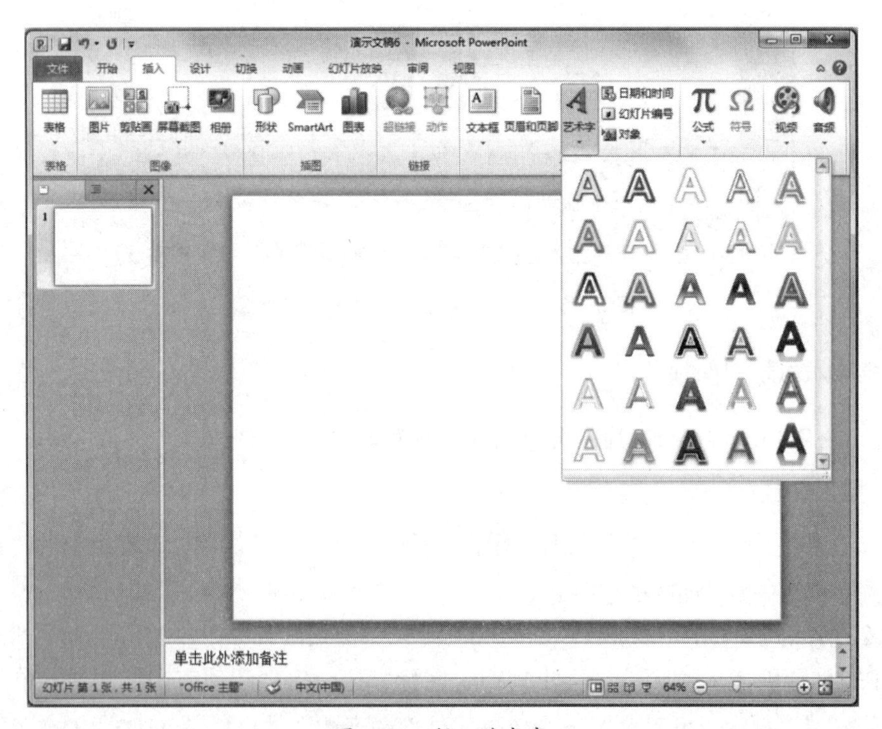

图 5-14 插入艺术字

在艺术字样式列表中选择一种艺术字样式，出现指定样式的艺术字编辑框，在艺术字编辑框中输入艺术字文本。和普通文本一样，艺术字也可以改变字体和字号。

插入艺术字后，还可以对艺术字内的填充、轮廓线和文本外观效果进行修饰处理。

5.5　演示文稿的美化

PowerPoint 2010 提供了多种演示文稿外观设计功能，以帮助用户修饰和美化演示文稿，制作出精致的幻灯片，更好地展示用户要表达的内容。外观设计可采用的方式有幻灯片母版、主题、模板、背景等。

5.5.1　母版

一个演示文稿由若干张幻灯片组成，为了保持风格一致和布局相同，提高编辑效率，可以通过 PowerPoint 2010 提供的“母版”功能来设计一张幻灯片母版，使之应用于所有幻灯片。母版可以对整个文稿中的幻灯片进行统一调整，避免重复制作，给观众以整齐、一致的感觉。母版中包含了幻灯片中共同的内容及构成要素，如标题、文本、日期、背景等，以及这些要素所在的位置与样式等。

PowerPoint 2010 的母版分为幻灯片母版、讲义母版和备注母版。

（1）幻灯片母版是最常用的，它可以控制当前演示文稿中相同幻灯片版式上键入的标题和文本的格式与类型，使它们具有相同的外观。如果要统一修改多张幻灯片的外观，只需在相应幻灯片版式的母版上做一次修改即可。如果用户希望某张幻灯片与幻灯片母版效果不同，则直接修改该幻灯片即可。

进入幻灯片母版视图并选择 PowerPoint 2010 提供的母版的操作步骤如下：

① 单击“视图”选项卡“母版视图”功能组中的“幻灯片母版”按钮。

② 进入“幻灯片母版”视图，不同的幻灯片版式有各自的母版，在工作区左侧“幻灯片”窗格列出的 12 种版式中选择“标题和内容”，其母版如图 5-15 所示。

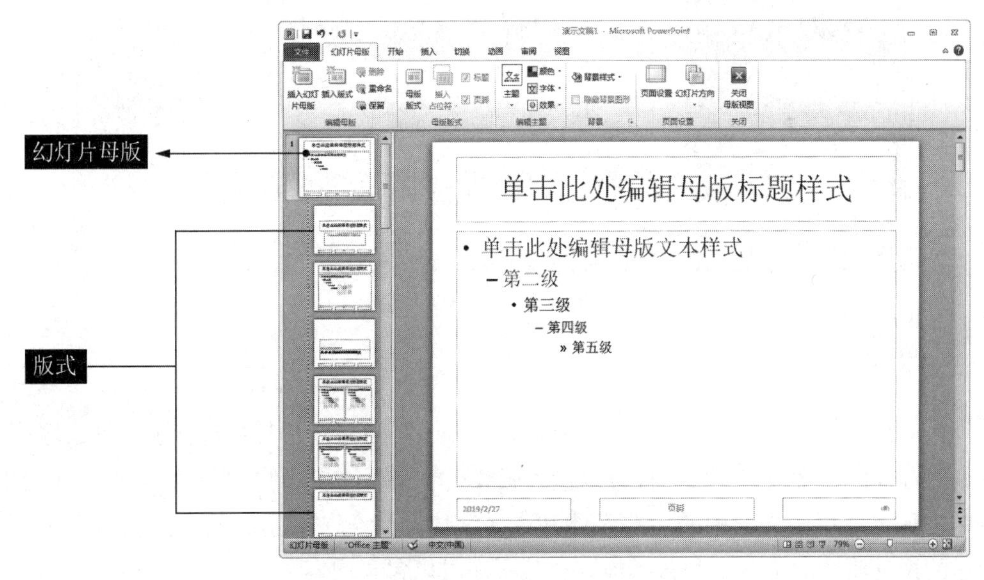

图 5-15　幻灯片母版

（2）讲义母版用于控制幻灯片以讲义形式打印的格式。单击“视图”选项卡“母版视图”功能组中的“讲义母版”按钮即可进行设置。

（3）备注母版主要提供演讲者备注使用的空间以及设置备注幻灯片的格式，单击“视图”选项卡“母版视图”功能组中的“备注母版”按钮即可进行设置。

5.5.2 主题

主题是一组预定义的颜色、字体和视觉效果，使幻灯片具有统一、专业的外观。PowerPoint 2010 为用户提供了多种主题样式，它可以作为一套独立的选择方案应用于文件中。套用主题样式，可以帮助用户在指定幻灯片的样式、颜色等内容时，更加方便快捷。

选择要应用主题的幻灯片，单击“设计”选项卡“主题”功能组中的“其他”下拉按钮，在其下拉列表中选择要应用的主题样式即可。例如，选择“奥斯汀”样式，如图 5-16 所示。

图 5-16 选择主题

5.5.3 模板

PowerPoint 2010 模板是一个扩展名为“potx”的文件，其中包含了一张幻灯片或一组幻灯片的图案或蓝图。模板可以包含版式、主题颜色（文件中使用的颜色的集合）、主题字体（应用于文件中的主要字体和次要字体的集合）、主题效果（应用于文件中元素的视觉属性的集合）和背景样式，甚至还可以包含内容。

可以创建自己的自定义模板，也可以获取各种不同类型的 PowerPoint 2010 内置免费模板及其他合作伙伴网站上的免费模板。

5.5.4　背景

背景样式设置功能可用于设置主题背景，也可用于无主题设置的幻灯片背景；用户可自行设计一种幻灯片背景，满足自己的演示文稿的个性化要求。用户可通过“设置背景格式”对话框完成背景设置，主要包括对幻灯片背景的颜色、图案和纹理等进行调整，如改变背景颜色、图案填充、纹理填充和图片填充等方式。

（1）在幻灯片上单击鼠标右键，在弹出的快捷菜单中选择“设置背景格式”菜单项，打开“设置背景格式”对话框，如图 5-17 所示。

（2）在“设置背景格式”对话框中进行背景格式的设置。

图 5-17　“设置背景格式”对话框

背景颜色的填充方式分为“纯色填充”“渐变填充”“图片或纹理填充”“图案填充”4 种方式。

“纯色填充”是选择一种单一的颜色填充背景；“渐变填充”是选择两种或多种颜色逐渐混合在一起，以某种渐变方式从一种颜色逐渐过渡到另一种颜色；“图片或纹理填充”是指定一张图片平铺为纹理或直接指定一种纹理平铺作为背景；“图案填充”是指定一种图案平铺作为背景。

5.6　幻灯片的动画和链接

5.6.1　动画

动画可以美化演示文稿，将需要突出的重点设置动画效果，从而在进行幻灯片演示时达到更好的演示目的。动画包括对象动画和幻灯片切换动画两类。对象动画是指给幻灯片上的文本或者对象添加特殊的视觉和听觉效果。幻灯片切换动画是指在进行幻灯片演示过程中，从一张幻灯片切换到另一张幻灯片时设置的切换动画效果。

1. 对象动画

PowerPoint 2010 中对象动画效果共分为 4 类：

（1）进入。

进入是指对象从外部进入或出现在幻灯片的播放画面时的展现方式，如“飞入”“出现”“旋转”等，PowerPoint 2010 提供了基本型、微细型、温和型、华丽型 4 类动画。

（2）强调。

强调是指在播放动画过程中需要突出显示对象时的展现方式，起强调作用，如“放大 / 缩小”“线条颜色”“加粗闪烁”等，强调动画效果可以设置与其他动画同时播放。

（3）退出。

退出是指播放画面中的对象离开播放画面时的展现方式，如“飞出”“消失”“淡出”等。

（4）动作路径。

动作路径是指画面中的对象希望按某种路径进行移动时的展现方式，如“弧形”“直线”“循环”等。

添加和设置对象动画的具体操作过程如下：

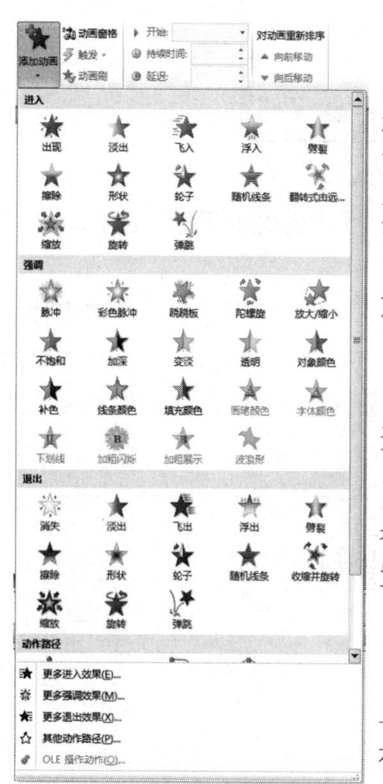

图 5-18 添加动画

（1）添加动画。

选中对象后，单击“动画”选项卡“动画”功能组中提供的常用动画效果，单击“其他”下拉按钮，可以按类别弹出相关动画下拉列表，设置动画效果，如图 5-18 所示。

单击“动画”选项卡“高级动画”功能组中的“添加动画”按钮，可为同一对象添加多种动画效果。

（2）设置动画效果。

为对象添加动画后，还可以设置动画效果、动画开始播放的时间、动画速度等。

① 单击“动画”选项卡“动画”功能组中的“效果选项”按钮，可在下拉列表中选择对象的动画设置效果。

② 单击“动画”选项卡“高级动画”功能组中的“动画窗格”按钮可在专门的窗格设置当前幻灯片上各种动画的播放时间、效果选项、计时和播放顺序等，在“计时”功能组中可设置动画播放的计时方式及持续时间，持续时间越长，放映速度越慢。

2. 幻灯片切换动画

（1）切换效果。

单击“切换”选项卡“切换到此幻灯片”功能组中的“其他”下拉按钮，弹出的下拉列表将列出“细微型”“华丽型”和“动态内容”等切换效果，如图 5-19 所示。

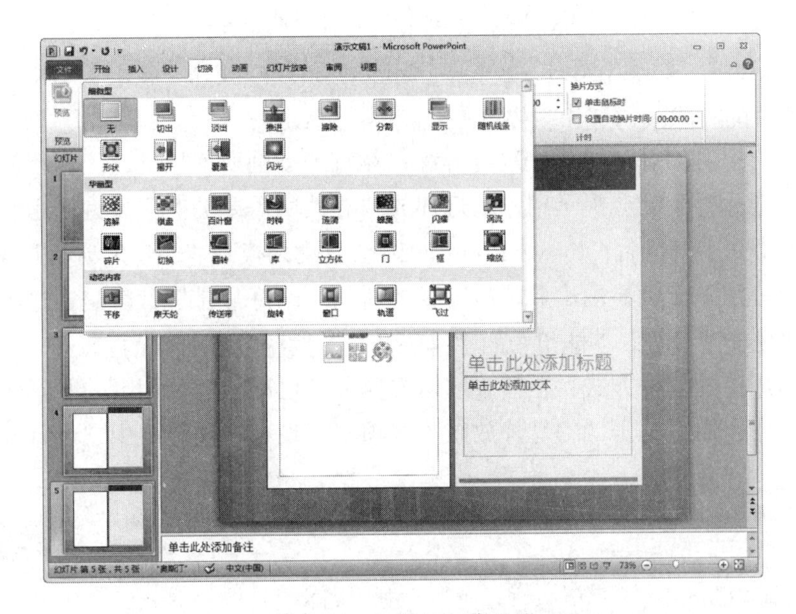

图 5-19　切换幻灯片效果

（2）切换属性（计时）。

幻灯片切换属性包括效果选项、换片方式、持续时间和声音效果等，如可设置“增强”效果、“单击鼠标时”换片、“打字机”声音等。

未设置幻灯片切换效果时，切换属性均采用默认设置，例如“擦除”切换效果的切换属性默认为：效果选项为“自右侧”，换片方式为“单击鼠标时”，持续时间为“1 秒”，而声音效果为“无声音”。如果对默认切换属性不满意，可以自行设置。

5.6.2　幻灯片链接

用户可以在幻灯片中插入超链接，利用它能跳转到同一文档的某张幻灯片上，或者跳转到其他的演示文稿、Word 文档、网页或电子邮件地址等。它只能在“幻灯片放映”视图下起作用。

超链接有 2 种形式：

（1）以下划线表示的超链接。单击“插入”选项卡“链接”功能组中的“超链接”按钮即可实现。

（2）右键单击选定对象，在弹出的快捷菜单中选择“超链接”菜单项。

5.7 幻灯片的放映

在放映幻灯片前，一些准备工作是必不可少的，例如将不需要放映的幻灯片进行隐藏、排练计时、设置幻灯片的放映方式等。

隐藏幻灯片：在普通视图左侧的“幻灯片”标签中选定某个幻灯片缩略图，右键单击，在快捷菜单中选择“隐藏幻灯片”菜单项。或选定幻灯片，单击“幻灯片放映”选项卡“设置”功能组中的“隐藏幻灯片”按钮。

排练计时：对幻灯片的放映进行排练，对每个动画所使用的时间进行控制。整个文稿播放完毕后，系统会提示用户幻灯片放映总共所需要的时间并询问是否保留排练时间，单击【是】按钮后，PowerPoint 2010 会自动切换到“幻灯片浏览”视图下，并且在每个幻灯片下方将显示出放映所需要的时间。幻灯片排练计时是通过单击“幻灯片放映”选项卡“设置”功能组中的“排练计时”按钮来实现的。

设置幻灯片的放映方式：在播放演示文稿前，可以根据使用者的不同需要设置不同的放映方式，通过单击“幻灯片放映”选项卡“设置”功能组中“设置放映方式”按钮，在“设置放映方式”对话框中操作实现，如图 5-20 所示。

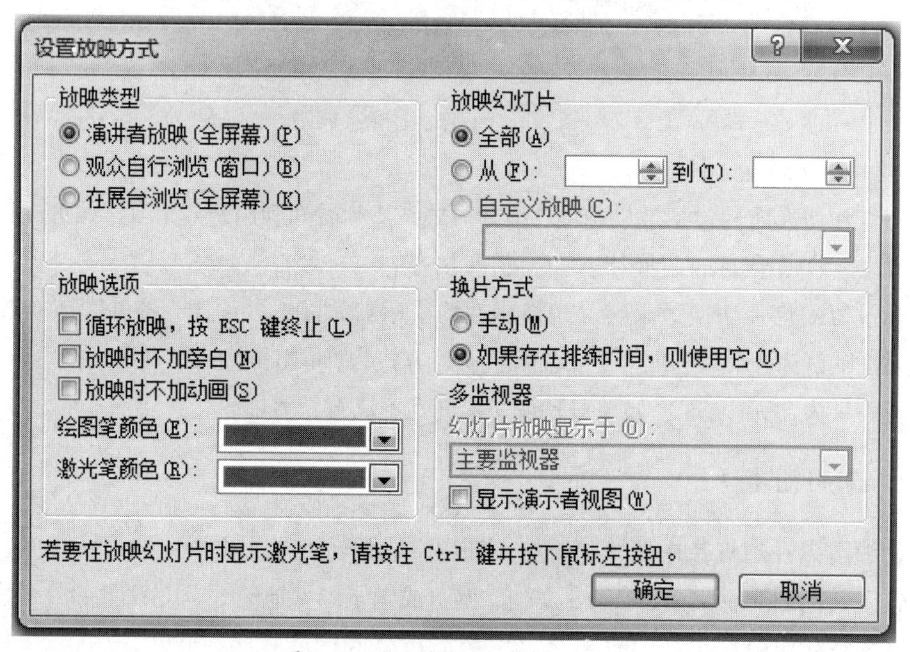

图 5-20 “设置放映方式”对话框

幻灯片有 3 种放映方式：

① 演讲者放映（全屏幕）：以全屏幕形式显示，演讲者可以控制放映的进程，可用绘图笔勾画，适于大屏幕投影的会议、讲课。

② 观众自行浏览（窗口）：以窗口形式显示，可编辑浏览幻灯片，适于人数少的场合。

③ 在展台放映（全屏）：以全屏幕形式在展台上做演示用，按事先预定的或通过“排

练计时”命令设置的时间和次序放映，不允许现场控制放映的进程。

要播放演示文稿有多种方式：按 [F5] 键；单击“幻灯片放映”选项卡“开始放映幻灯片”功能组中的“从头开始”按钮；在“视图”功能组中单击“幻灯片放映”按钮等。其中，除了最后一种方法是从当前幻灯片开始放映外，其他方法都是从第一张幻灯片放映到最后一张幻灯片。

5.8 演示文稿的输出

5.8.1 演示文稿打包

制作好的演示文稿可以在安装有 PowerPoint 2010 应用程序的计算机上放映，但其他计算机在没有安装 PowerPoint 2010 应用程序时就不能直接放映。为了演讲者的方便，PowerPoint 2010 提供了演示文稿打包功能，可以将演示文稿和 PowerPoint 2010 播放器一起打包，这样，即使在没有安装 PowerPoint 2010 应用程序的计算机上，也能放映演示文稿。

演示文稿要在其他计算机上演示，最好将文件打包。操作步骤如下：

（1）右击目标文件，在快捷菜单中选择相应的打包菜单项。

（2）按照提示进行操作。

注意：打包时要将所链接的文件、字体、播放器全部放入打包文件。

5.8.2 演示文稿打印

1. 页面设置

打开演示文稿，单击“设计”选项卡“页面设置”功能组中的“页面设置”按钮，弹出“页面设置”对话框，如图 5-21 所示。在“页面设置”对话框内可对幻灯片的大小、宽度、高度、方向等进行重新设置，在幻灯片浏览视图下可看到页面设置后的效果。

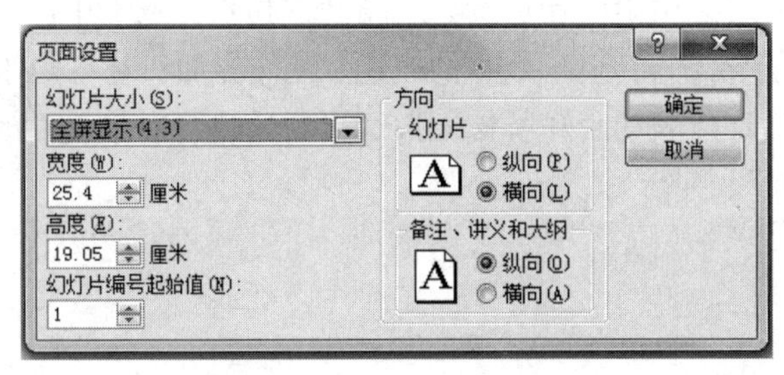

图 5-21 “页面设置”对话框

2. 演示文稿可以打印

单击“文件”选项卡，在下拉菜单中选择“打印”命令，即可在弹出标签中完成设置。

操作步骤如下：

（1）打开演示文稿。

（2）单击“文件”选项卡，在下拉菜单中选择“打印”命令，在“打印”标签中单击“整页幻灯片”按钮，在展开的列表中单击“讲义”区的“3 张幻灯片”图标，如图 5-22 所示。在预览区域内即可看到打印的效果，预览满意后单击【打印】按钮。

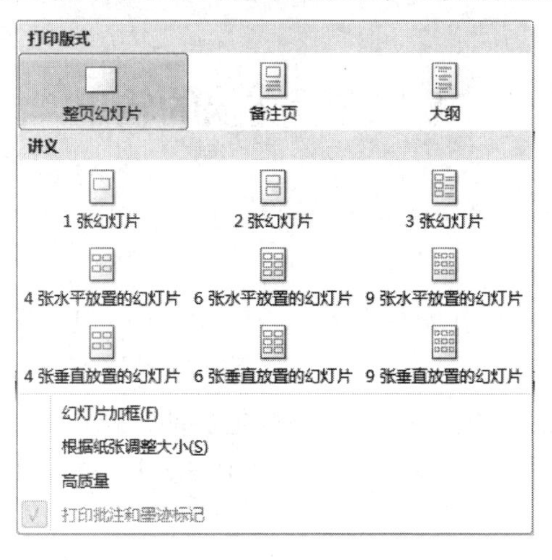

图 5-22 “打印内容”设置

演示文稿制作完毕后，可以输出为不同格式的文件，例如，可以创建 PDF/XPS 文档，创建视频，将演示文稿打包成 CD 等。通过单击“文件”选项卡下拉菜单中的“保存并发送”命令，在“保存并发送”标签中选择相应的按钮来实现。

本章小结

PowerPoint 2010 是 Office 办公软件中专门来制作演示文稿的软件，利用 PowerPoint 2010 能够制作出集文字、图形、图像、声音以及视频剪辑等多媒体元素于一体的演示文稿，可广泛用于广告宣传、产品展示和教育教学中。

本章主要介绍了 PowerPoint 2010 的概述、工作界面、基本操作、幻灯片的编辑、演示文稿的美化、幻灯片的动画和链接、幻灯片的放映、演示文稿的输出等。

第 6 章　计算机网络及 Internet 应用

计算机网络是计算机技术和通信技术紧密结合的产物，它的诞生极大地推动了人类从工业社会向信息社会前进的步伐。伴随计算机网络技术的迅猛发展，计算机网络已从小型局域网发展到全球互联网。通过计算机网络进行信息检索、学习、交友、娱乐、购物等已成为人们日常生活和工作中不可缺少的组成部分，网络技术也已经成为信息社会不可缺少的知识。

6.1　计算机网络

1946 年第一台电子计算机诞生之后，计算机应用迅速渗透到社会生活的各个方面及各个技术领域。社会的信息化、数据处理、资源共享等应用需要，使计算机技术、通信技术、多媒体技术结合发展，推动计算机向群体化方向发展，这种发展的直接产物就是计算机网络。

6.1.1　计算机网络的概念

计算机网络，是指将地理位置不同的具有独立功能的多台计算机及其外部设备，通过通信线路连接起来，在网络操作系统、网络管理软件及网络通信协议的管理和协调下，实现资源共享和信息传递的计算机系统。

上述定义包含以下基本内涵：

（1）构成：计算机网络是通过通信线路将分布在不同地理位置的多台独立计算机及专用外部设备互联，并配以相应的网络软件所构成的系统。

（2）目的：建立计算机网络的主要目的是实现计算机资源的共享，使广大用户能够共享网络中的所有硬件、软件和数据等资源。

（3）协议：联网的计算机必须遵循全网统一的协议，可为本地用户或远程用户提供服务。即使有通信线路相连，若没有统一的协议，计算机间也无法进行资源共享。当两台计算机通信时，它们不仅仅交换数据，还应能理解彼此接收的数据。如 Internet 上使用的通信协议是 TCP/IP 协议簇。

6.1.2 计算机网络的发展

计算机网络技术的发展与应用的广泛程度是前人难以预料的，纵观计算机网络的形成与发展历史，大致分为 4 个阶段：

第一阶段从 20 世纪 50 年代开始。这个阶段主要是把已在发展的计算机技术与通信技术结合起来，进行数据通信技术与计算机网络通信的研究，提出计算机网络的理论基础，为计算机网络的产生做好准备。

第二阶段从 20 世纪 60 年代美国的阿帕网与分组交换网技术开始。阿帕网是世界上第一个计算机网络，是计算机网络技术发展中的一个里程碑。阿帕网的研究成果对网络技术的发展和应用产生了深远的影响，并为 Internet 的形成奠定了基础。

第三阶段从 20 世纪 70 年代中期开始。随着网络技术的不断发展，世界上产生了许多不同标准和技术的网络，从而影响了网络的互联互通，网络标准化问题日益突出。为此，国际标准化组织（International Organization for Standardization，ISO）提出了开放系统互联参考模型（open systems interconnection reference model，OSI/RM），对推动网络体系结构和网络标准化产生了重大意义。20 世纪 80 年代初期，电气电子工程师学会（Institute of Electrical and Electronics Engineers，IEEE) 组织成立了 IEEE 802 委员会，专门研究局域网标准和技术，提出了 IEEE 802 局域网标准体系，对局域网技术的发展做出了巨大贡献。

第四阶段从 20 世纪 90 年代开始。这个阶段的主要特征是互联网的高速发展和广泛应用，同时高速网络技术、无线网络技术、网络安全技术也得到巨大的发展。

目前，第二代互联网正在发展中，基于光纤通信的高速网络，以及高速无线网络、多媒体网络、并行网络、网格网络、存储网络等正成为网络研究和应用的热点。

6.1.3 计算机网络的分类

目前计算机网络的分类有许多方法，但没有统一的标准。这里主要介绍根据网络使用的传输技术和网络的覆盖范围与规模进行分类。

1. 按网络传输技术进行分类

网络所采用的传输技术决定了网络的主要技术特点，因此，根据网络所采用的传输技术对网络进行分类是一种很重要的方法。在通信技术中，通信信道的类型包括广播通信信道与点到点通信信道。这样，相应的计算机网络也可以分为以下两类：

（1）广播式网络。

广播式网络中的广播是指网络中所有联网计算机都共享一个公共通信信道，当一台计算机利用共享通信信道发送报文分组时，所有其他计算机都将会接收并处理这个报文分组。由于发送的报文分组中带有目的地址与源地址，网络中所有接收到该报文分组的计算机将检查目的地址是否与本节点的地址相同。如果被接受报文分组的目的地址与本节点地址相同，则接受该分组，否则将收到的报文分组丢弃。在广播式网络中，若分组是发送给网络中的某些计算机，则被称为多点播送或组播；若分组只发送给网络中的某一台计算机，则称为单播。

（2）点对点式网络。

点对点传播指网络中每两台主机、两台节点交换机之间或主机与节点交换机之间都存在一条物理信道，即每条物理线路连接一对计算机。机器（包括主机和节点交换机）沿某信道发送的数据确定无疑地只有被信道另一端的唯一一台机器收到。假如两台计算机之间没有直接连接的线路，那么它们之间的分组传输就要通过中间节点的接收、存储、转发直至目的节点。由于连接多台计算机之间的线路结构可能是复杂的，因此从源节点到目的节点可能存在多条路由，决定分组从通信子网的源节点到达目的节点的路由需要有路由选择算法。采用分组存储转发是点到点式网络与广播式网络的重要区别之一。

2. 按网络覆盖范围进行分类

（1）局域网（local area network，LAN）。

局域网是指有限区域（如办公室或楼层）内的多台计算机通过共享的传输介质互联所组成的封闭网络。一般是方圆几千米以内，如图 6-1 所示，局域网可以实现文件管理、应用软件共享、打印机共享、工作组内的日程安排、电子邮件和传真通信服务等功能。共享的互联介质通常是一个电缆系统（如双绞线、同轴电缆、光纤等），也可以是红外信号、无线电等无线传输介质。

图 6-1 局域网

局域网的主要特点是：

① 覆盖的地理范围较小，只在一个相对独立的局部范围内联网，如一座或集中的建筑群内。

② 使用专门铺设的传输介质进行联网，数据传输速率较高（10 Mb/s ～ 10 Gb/s）。

③ 通信延迟时间短，可靠性较高。

④ 局域网可以支持多种传输介质。

（2）城域网（metropolitan area network，MAN）。

城域网是指在一个城市范围内所建立的计算机通信网，属宽带局域网。由于采用具有有源交换元件的局域网技术，网中传输时延较小，它的传输媒介主要采用光缆，传输速率在 100 Mbps 以上，如图 6-2 所示。MAN 的一个重要用途是作为骨干网，通过它将位于同城市内不同地点的主机、数据库，以及LAN等互相连接起来。

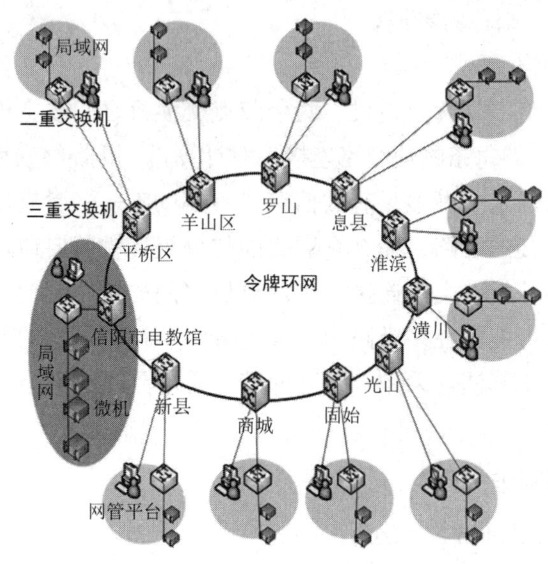

图 6-2 城域网

（3）广域网（wide area network，WAN）。

广域网也称远程网，通常跨接很大的物理范围，所覆盖的范围从几十千米到几千千米，它能连接多个城市或国家，甚至横跨几个洲并能提供远距离通信，形成国际性的远程网络，如图 6-3 所示。广域网覆盖的范围比局域网和城域网都大。广域网的通信子网主要使用分组交换技术，能够利用公用分组交换网、卫星通信网和无线分组交换网，它将分布在不同地区的局域网或计算机系统互相连接起来，达到资源共享的目的。

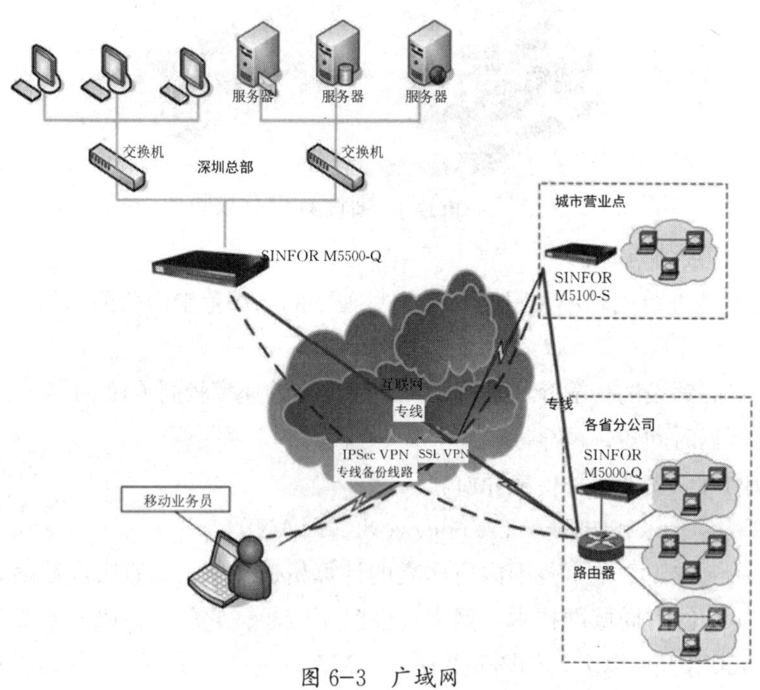

图 6-3 广域网

广域网的主要特点是：

① 覆盖的地理区域大，通常在几十千米至几千千米，网络可跨越市、省、国家乃至全球。

② 广域网连接常借用公用网络。

③ 传输速率比较低，一般在 64 kbps~2 Mbps，最高可达到 45 Mbps。

④ 网络拓扑结构复杂。

6.1.4　计算机网络的功能

计算机网络主要具有以下功能：

1. 数据交换和通信

计算机网络中的计算机之间或计算机与终端之间，可以快速可靠地相互传递数据、程序或文件。例如，电子邮件（E-mail）可以使相隔万里的异地用户快速准确地相互通信；电子数据交换（electronic data interchange，EDI）可以实现在商业部门（如银行、海关等）或公司之间进行订单、发票、单据等商业文件安全准确的交换；文件传输服协议（file transfer protocol，FTP）可以实现文件的实时传递，为用户复制和查找文件提供了有力的工具。

2. 资源共享

充分利用计算机网络中提供的资源（包括硬件、软件和数据）是计算机网络的目标之一。计算机的许多资源是十分昂贵的，不可能为每个用户所拥有。例如，进行复杂运算的巨型计算机、海量存储器、高速激光打印机、大型绘图仪和一些特殊的外部设备，另外还有大型数据库和大型软件，等等。这些昂贵的资源都可以为计算机网络上的用户所共享。资源共享既可以使用户减少投资，又可以提高这些计算机资源的利用率。

3. 提高系统的可靠性和可用性

在单机使用的情况下，如没有备用机，则计算机有故障便引起停机。如有备用机，则费用会大大增高。当计算机连成网络后，各计算机可以通过网络互为后备，当某一处计算机发生故障时，可由别处的计算机代为处理，还可以在网络的一些节点上设置一定的备用设备，起全网络公用后备的作用，这种计算机网能起到提高可靠性及可用性的作用。特别是在地理分布很广且具有实时性管理和不间断运行的系统中，建立计算机网络便可保证更高的可靠性和可用性。

4. 均衡负荷，相互协作

对于大型的任务或当网络中某台计算机的任务负荷太重时，可将任务分散到较空闲的计算机上去处理，或由网络中比较空闲的计算机分担负荷。这就使得整个网络资源能互相协作，以免网络中的计算机忙闲不均，既影响任务的完成又不能充分利用计算机资源。

5. 分布式网络处理

在计算机网络中，用户可根据问题的实质和要求选择网内最合适的资源来处理，以便使问题能迅速而经济地得到解决。对于综合性大型问题可以采用合适的算法将任务分散到不同的计算机上进行处理。各计算机连成网络也有利于共同协作进行重大科研课题的开发和研究。利用网络技术还可以将许多小型机或微型机连成具有高性能的分布式计算机系统，使它具有解决复杂问题的能力，而费用大为降低。

6. 提高系统性能价格比，易于扩充，便于维护

计算机组成网络后，虽然增加了通信费用，但由于资源共享，明显提高了整个系统的性能价格比，降低了系统的维护费用，且易于扩充，方便系统维护。

计算机网络的以上功能和特点使得它在社会生活的各个领域得到了广泛的应用。

6.1.5 计算机网络的组成

计算机网络系统是一个集计算机硬件设备、通信设施、软件系统及数据处理能力为一体的，能够实现资源共享的现代化综合服务系统。不同类型的计算机网络，其组成各不相同，但都包括网络硬件和网络软件这两个部分。

1. 计算机网络硬件

计算机网络硬件是计算机网络的物质基础，一个计算机网络就是通过网络设备和通信线路将不同地点的计算机及其外围设备在物理上实现连接。因此，计算机网络硬件主要由可独立工作的计算机、网络设备和传输介质等组成。

（1）计算机。

可独立工作的计算机是计算机网络的核心，也是用户主要的网络资源。根据用途的不同可将其分为服务器和网络工作站。

服务器一般由功能强大的计算机担任，如小型计算机、专用 PC 服务器或高档微型计算机。它向网络用户提供服务，并负责对网络资源进行管理。一个计算机网络系统至少要有一台或多台服务器，根据服务器所担任的功能不同又可将其分为文件服务器、通信服务器、备份服务器和打印服务器等。

网络工作站是一台供用户使用网络的本地计算机，并没有特别要求。网络工作站作为独立的计算机为用户服务，同时又可以按照被授予的一定权限访问服务器。各网络工作站之间可以相互通信，也可以共享网络资源。在计算机网络中，网络工作站是一台客户机，即网络服务的一个用户端。

（2）网络设备。

网络设备是构成计算机网络的一些部件，如网卡、调制解调器、集线器、中继器、网桥、交换机、路由器和网关等。独立工作的计算机就是通过网络设备访问网络上的其他计算机的。

① 网卡。网卡又称网络适配器，也称网络接口卡（network interface card,

NIC），是计算机与传输介质的接口，如图 6-4 所示。每一台服务器和网络工作站都至少配有一块网卡，通过传输介质将它们连接到网络上。网卡的工作是双重的，一方面，它负责接收网络上传过来的数据包，解包后将数据通过主板上的总线传输给本地计算机；另一方面，它将本地计算机上的数据打包后送入网络。

② 调制解调器。调制解调器是利用调制解调技术来实现数据信号与模拟信号在通信过程中的相互转换，如图 6-5 所示。确切地说，调制解调器的主要工作是将数据设备送来的数据信号转换成能在模拟信道（如电话交换网）传输的模拟信号，反之，它也能将来自模拟信道的模拟信号转换为数据信号。

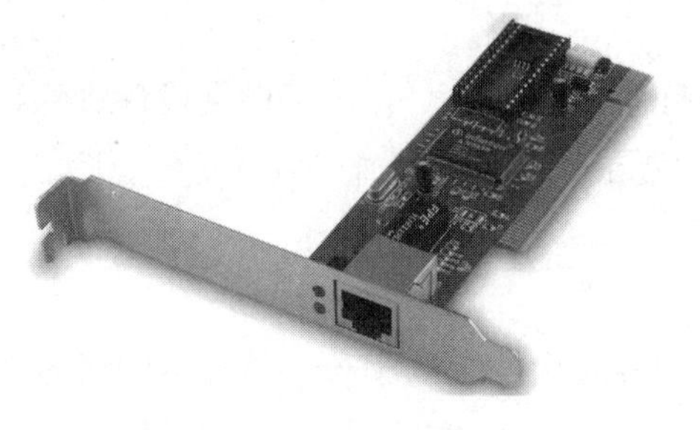

图 6-4　网卡

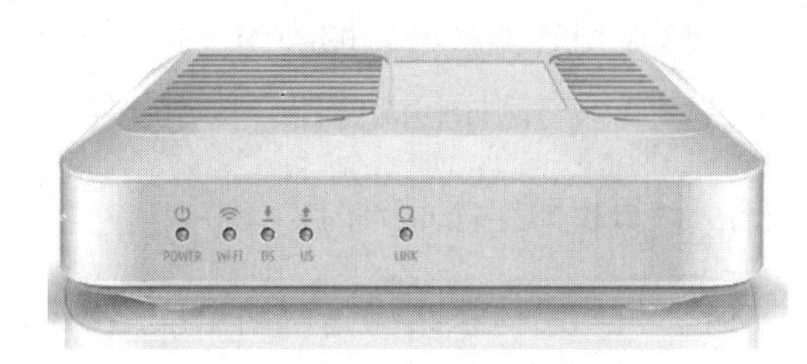

图 6-5　调制解调器

③ 交换机。交换机有多个端口，每个端口都具有桥接功能，可以连接一个局域网或一台高性能服务器或网络工作站，如图 6-6 所示。所有端口由专用处理器进行控制，并经过控制管理总线转发信息。

④ 路由器。路由器的作用是连接局域网和广域网，它有判断网络地址和选择路径的功能。其主要工作是为经过路由器的报文分组寻找一条最佳路径，并将数据传送到目的站点，如图 6-7 所示。

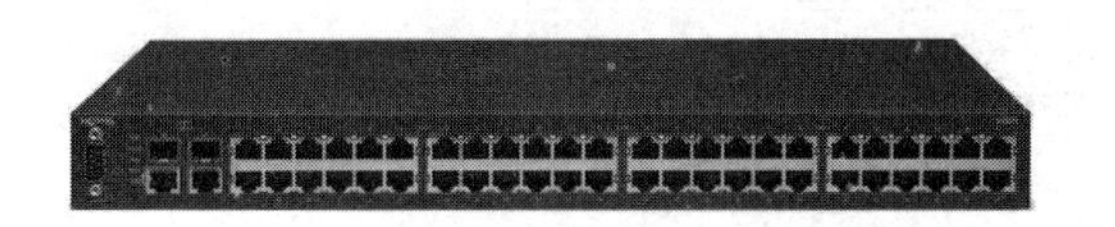

图 6-6　交换机

图 6-7　路由器

（3）传输介质。

在计算机网络中，要使不同的计算机能够相互访问对方的资源，必须有一条通路使它们能够相互通信。传输介质是网络通信用的信号线路，它提供了数据信号传输的物理通道。传输介质按其特征可分为有线通信介质和无线通信介质两大类，有线通信介质包括双绞线、同轴电缆和光缆等，无线通信介质包括无线电波、微波、卫星通信和移动通信等。它们具有不同的传输速率和传输距离，分别支持不同的网络类型。

2. 计算机网络软件

网络软件可以控制网络的工作，如分配和管理网络的资源等，也可以帮助用户更容易地访问网络。计算机网络软件包括以下部分：

（1）网络系统软件。

① 网络操作系统。网络操作系统是网络系统软件中的核心部分，负责管理网络中的软硬件资源，其功能的强弱与网络的性能密切相关。常用的网络操作系统有 Windows、UNIX 和 Linux 等。

② 网络协议。网络协议是网络设备之间互相通信的语言和规范，用来保证两台设备之间正确的数据传送。网络协议规定了计算机按什么格式组织和传输数据，传输过程中出现差错的处理规则等。网络协议一部分是靠软件完成的，另一部分则靠硬件来完成。

（2）网络应用软件。

网络应用软件是指能够为网络用户提供各种服务的软件，它用于提供或获取网络上的共享资源。例如，浏览器、传输软件、远程登录软件、电子邮件程序等。

6.1.6 计算机网络体系结构

计算机网络体系结构指网络层次结构模型和各层次协议的集合。计算机网络体系结构对计算机网络应该实现的功能进行精确定义，而这些功能如何实现是具体的实现问题，计算机网络体系结构并不讨论具体的实现方法，但对网络实现的研究起着重大指导意义。

目前主要的计算机网络体系结构有 3 个：国际标准化组织制定的开放系统互联参考模型、互联网使用的 TCP/IP 参考模型、局域网使用的 IEEE 802 参考模型。

开放系统互联参考模型将网络的功能分成 7 层，如图 6-8 所示。

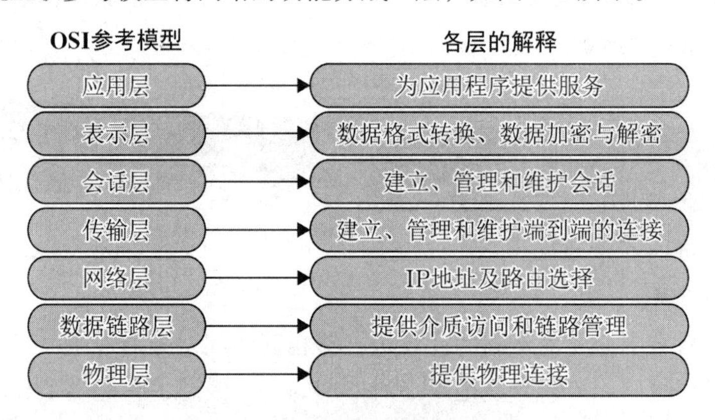

图 6-8 开放系统互联参考模型

物理层：利用传输介质为通信的网络节点之间提供物理连接，实现比特流的透明传输，为数据链路层提供数据传输服务。在物理层传输的数据单元是比特（bit）。

数据链路层：在物理层提供的服务基础上，数据链路层在通信的实体间建立数据链路连接，传输以帧为单位的数据包，并采用差错控制与流量控制方法，使有差错的物理线路变成无差错的数据链路。

网络层：通过路由选择算法为报文分组通过通信子网选择最适当的路径，以及实现拥塞控制、网络互联等功能。网络层的数据传输单元是报文分组（packet）。

传输层：向用户提供可靠的端到端（end－to－end）服务。它向高层屏蔽了下层数据通信的细节，是体系结构中关键的一环。它传输的单元是报文（message）。

会话层：负责维护两个节点之间会话的建立、管理和终止，以及数据的交换。

表示层：用于处理在两个通信系统中表示交换信息的方式，主要包括数据格式变换、数据加密与解密、数据压缩与恢复等功能。

应用层：为应用程序提供服务。应用层需要识别并保证通信对方的可用性，使得协同工作的应用程序之间同步，建立传输错误纠正与保证数据完整性控制机制。

6.1.7 计算机网络拓扑结构

计算机网络设计首先考虑选择适当的线路、线路容量与连接方式，使整个网络的结构合理，易于实现通信。为了解决复杂的网络结构设计，引入网络拓扑结构概念。计算机网络拓扑是通过网中节点与通信线路之间的几何关系表示网络结构，以反映网络中各实体的结构关系。

在采用广播方式通信的网络中，一个公共通信信道被多个网络节点共享。采用广播方式通信的网络的基本拓扑结构有4种：总线型、树型、环型、无线通信与卫星通信型。

在采用点对点方式通信的网络中，每一条物理线路连接一对节点。采用点对点方式通信的网络的基本拓扑结构有5种：总线型、星型、环型、树型、网状型，如图6-9所示。

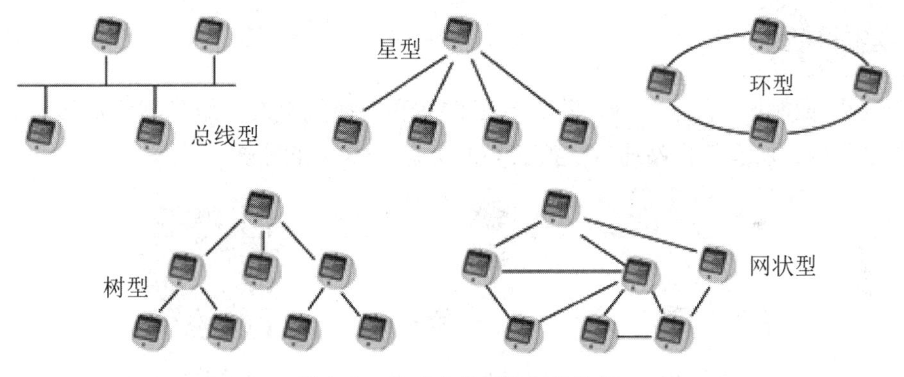

图6-9　点对点式网络拓扑结构

1. 总线型

总线型拓扑结构指由一条高速公用主干电缆（即总线连接若干个节点）构成网络。网络中所有的节点通过总线进行信息的传输。总线型拓扑结构的优点是简单灵活，建网容易，使用方便，性能好。其缺点是主干总线对网络起决定性作用，总线故障将影响整个网络。总线型拓扑结构是使用最普遍的一种网络。

2. 星型

星型拓扑结构指由中央节点与其他各节点连接组成的网络。在星型拓扑结构中各节点必须通过中央节点才能实现通信。星型拓扑结构的特点是结构简单、建网容易，便于控制和管理。其缺点是中央节点负担较重，容易形成系统的“瓶颈”，线路的利用率也不高。

3. 环型

环型拓扑结构指由各节点首尾相连形成一个闭合环型线路的网络。环型拓扑结构中的信息传送是单向的，即沿一个方向从一个节点传送到另一个节点；每个节点需安装中继器，以接收、放大、发送信号。这种结构的特点是结构简单，建网容易，便于管理。其缺点是当节点过多时，将影响传输效率，不利于扩充。

4. 树型

树型拓扑结构是一种分级结构。在树型拓扑结构的网络中，任意两个节点之间不产生回路，每条通路都支持双向传输。树型拓扑结构的特点是扩充方便、灵活，成本低，易推广，适合于分主次或分等级的层次型管理系统。缺点是对根节点的依赖性太大，如果根节点发生故障则全网不能正常工作。

5. 网状型

网状型拓扑结构上的每个工作站都至少有两条链路与网络中的其他工作站相连，网状型结构的控制功能分散在网络的各个节点上。即使一条线路出故障，通过迂回线路，网络仍能正常工作。因此，这种结构稳定性好、可靠性高，但网络控制往往是分布式的，比较复杂，对系统的管理、维护比较困难。

6.1.8 组建局域网

一般局域网由一台服务器、若干台工作站和交换机组成。服务器为局域网工作站提供资源服务，所有工作站通过交换机与服务器相连，如图 6-10 所示。

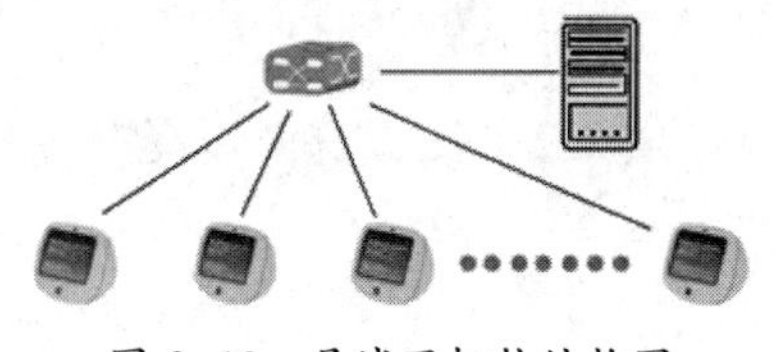

图 6-10 局域网拓扑结构图

组建局域网

6.2 Internet 技术与应用

自从 20 世纪 60 年代互联网诞生到现在，虽然所经历的时间不长，但是 Internet 技术与应用却极大地改变了人类的生活方式，尤其是从 20 世纪 90 年代末开始，Internet 的作用表现得越来越明显。无论是从政治到军事，还是从文化到经济，大到国家，小到个人都深受其影响，Internet 已经在不知不觉中改变了整个人类的生活理念。

如果说19世纪是铁路的时代，20世纪是高速公路的时代，那么21世纪就是Internet的时代。那么，什么是Internet？它到底能给我们的生活带来什么？我们如何利用Internet这个工具来丰富我们的生活呢？

6.2.1 Internet概述

Internet是世界上规模最大、覆盖面最广、信息资源最为丰富的计算机信息资源网络。它是将遍布全球各个国家和地区的计算机系统连接而成的一个计算机互联网络。从技术角度看，Internet是一个以TCP/IP协议连接各个国家和地区的计算机系统的数据通信网络；从资源角度来看，它是一个集各部门、各领域的各种信息资源为一体的，供网络用户共享的信息资源网络。

6.2.2 Internet的发展

Internet最早起源于美国国防高级研究计划局（Advanced Research Project Agency，ARPA）建立的军用计算机网络ARPANET，它利用分组交换技术将斯坦福大学、加州大学圣塔巴巴拉分校、加州大学洛杉矶分校和犹他州州立大学的计算机主机连接起来，于1969年开通。阿帕网被公认为世界上第一个采用分组交换技术组建的网络，是现代计算机网络诞生的标志。

ARPA后改名为Defense Advanced Research Project Agency，简称DARPA。ARPANET被称为DARPANET Internet，简称为Internet。1974年提出的TCP／IP协议在阿帕网上的应用使阿帕网成为初期Internet的主干网。

1985年，美国国家科学基金会（National Science Foundation，NSF）筹建了互联网中心，将位于新泽西州、加利福尼亚州、伊利诺伊州、纽约州、密歇根州和科罗拉多州的6台超级计算机连接起来，形成NSFNET，并通过NSFNET资助建立了按地区划分的近20个区域性的计算机广域网，同时，NSF确定了Internet的TCP/IP通信协议，所有网络都采用TCP/IP协议并连接阿帕网，从而使各个NSFNET用户都能享用所有Internet上的服务。随后NSFNET又把各大学和学术团体的各种区域性网络与全国学术网络连接起来。1990年3月，阿帕网停止运转，NSFNET接替阿帕网成为Internet新的主干网络。1995年4月，NSFNET停止运行，由美国政府指定的Pacific Bell、Ameritech Advanced Data Services and Bellcore和Sprint 3家私营企业介入网络的运作，网络进入了商业化全盛发展时期，Internet将遍布世界各地的大小不等的网络连接组成的结构松散、开放性强的计算机网络。

6.2.3 Internet基础

1.Internet地址

在Internet网络中，为了使计算机互相识别，并进行通信，每一台连入Internet的计算机都必须具有一个地址，每个地址必须是独一无二的。虽然硬件地址（MAC地址）

能唯一标识网络上的一台主机，但它存在两个问题：① 不含任何位置信息，对于复杂的网络来说，路由选择非常困难；② 硬件地址随着物理网络的不同而不同，地址长度和格式都有差异，需要统一和屏蔽这些差异。为了解决这两个问题，Internet 提供了两种主要的地址识别系统，即 IP 地址和域名系统。

（1）IP 地址。

Internet 有各种各样的复杂网络和不同类型的计算机，将它们连接在一起并能互相通信，依靠的是 TCP/IP 协议。按照这个协议，接入 Internet 上的每一台计算机都有唯一的地址标识，这个地址称为 IP 地址。

① IP 地址的格式和分类。

IP 地址具有固定、规范的格式，由网络标识符和主机标识符两部分组成，用 32 位二进制数表示。网络 IP 地址主要分为 A，B，C，D，E 五类。不同类型的 IP 地址，其网络标识符和主机标识符的长度不同，如图 6-11 所示。

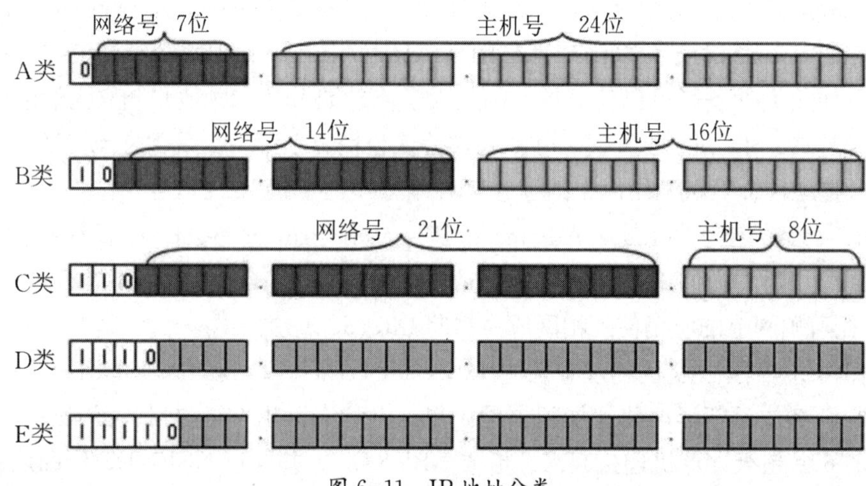

图 6-11 IP 地址分类

A 类 IP 地址由 1 个字节的网络地址和 3 个字节的主机地址组成，地址范围从“1.0.0.0”到“126.255.255.255”。网络地址的最高位必须是“0”。可用的 A 类网络有 127 个，每个网络可以容纳主机数达 1 600 多万台。A 类地址适合大型网络使用。

B 类 IP 地址由 2 个字节的网络地址和 2 个字节的主机地址组成，网络地址的最高位必须是“10”，地址范围从“128.0.0.0”到“191.255.255.255”。可用的 B 类网络有 16 382 个，每个网络能容纳 6 万多台主机。B 类地址适合中型网络使用。

C 类 IP 地址由 3 个字节的网络地址和 1 个字节的主机地址组成，网络地址的最高位必须是“110”，范围从“192.0.0.0”到“223.255.255.255”。C 类 IP 地址最多能有 2 097 150 个网络，每个网络最多能有 254 台主机。C 类地址适合小型网络使用。

D 类 IP 地址的最高位为“1110”，剩下的 28 位为组播地址，每个组播地址实际上代表一组特定的主机。组播地址一般用于组播应用，如视频会议、新闻讨论组，等等。

E 类地址的最高位为“11110”，这类地址保留未用。

注意：

• 每一位都为0的地址（“0.0.0.0”）对应于当前主机。

• IP地址中的每一位都为1的IP地址(“255.255.255.255”)是当前子网的广播地址。

• IP地址中凡是以“11110”开头的E类IP地址都保留用于将来和实验使用。

• IP地址中不能以十进制“127”作为开头，该类地址中“127.0.0.1”到“127.255.255.255”用于回路测试。例如，“127.0.0.1”可以代表本机IP地址，用“http://127.0.0.1”就可以测试本机中配置的Web服务器。

• IP地址的第一个8位组也不能全置为“0”，全“0”表示本地网络。

由于用32 bit二进制表示的IP地址很难记忆，常将32 bit的IP地址分为4段，每段8 bit，用等效的十进制数字表示，并且在这些数字之间加上一个圆点，这种记法称为“点分十进制”法。

例如IP地址为“10000000 00001011 00000011 00011111”，用“点分十进制”的方法可记为“127.11.3.31”。

机构或用户在申请入网时必须获取相应的IP地址，IP地址必须全网唯一。最高一级IP地址由国际网络信息中心（network information center，NIC）负责分配，国际网络信息中心的职责是分配A类IP地址、授权分配B类IP地址的组织并有权刷新IP地址。分配B类IP地址的国际组织包括负责欧洲地区的ENIC，负责北美地区的InterNIC，设在日本东京大学负责亚太地区的APNIC。我国的Internet地址由工业和信息化部信息通信管理局或相应网管机构向APNIC申请。C类IP地址由地区网络中心向国家级网管中心（如CHINANET的NIC）申请分配。

② 子网掩码与默认网关。

一般来说，一个单位获取IP地址的最小单位是C类地址，一个C类网络标识可以容纳254台主机，有的单位拥有足够多的IP地址却没有那么多的主机入网，造成了大量的IP地址浪费；有的单位又不够用，造成IP地址紧缩。为此需要缩小网络的地址空间，从而引入子网寻址技术，将IP地址的主机部分再次划分为子网标识和主机标识两部分。通过子网掩码可以屏蔽原来的网络标识部分，告诉本网如何进行子网划分。进行子网划分后，IP地址就划分为“网络–子网–主机”3部分，IP地址可记为{〈网络号〉,〈子网号〉,〈主机号〉}。子网掩码不能单独存在，它必须结合IP地址一起使用。

子网掩码也是一个32位二进制数，用圆点分隔成4段。其标识方法是：IP地址中网络和子网部分用二进制数1表示，主机部分用二进制数0表示。A，B，C三类IP地址的缺省子网掩码如下：

A类：255.0.0.0。

B类：255.255.0.0。

C类：255.255.255.0。

当子网掩码和IP地址进行“与”运算时，就可以区分一台计算机是在本地网络还是在远程网络上。如果两台计算机IP地址和子网掩码“与”运算后结果相同，则表示两台计算机处于同一网络内。

网关一般指的是 TCP/IP 协议下的网关，网关的作用就是实现两个网络之间的通信与控制。网关地址就是网关设备的 IP 地址。

假设有两个网络：

网络A的IP地址范围为“192.168.1.1”～“192.168.1.254”，子网掩码为“255.255.255.0”。

网络B的IP地址范围为“192.168.2.1”～“192.168.2.254”，子网掩码为“255.255.255.0”。

要实现这两个网络之间的通信，则必须通过网关。

如果网络 A 中的主机发现数据包的目的主机不在本地网络中，就把数据包转发给它自己的网关，再由网关转发给网络 B 的网关，网络 B 的网关再转发给网络 B 的某个主机，如图 6-12 所示。

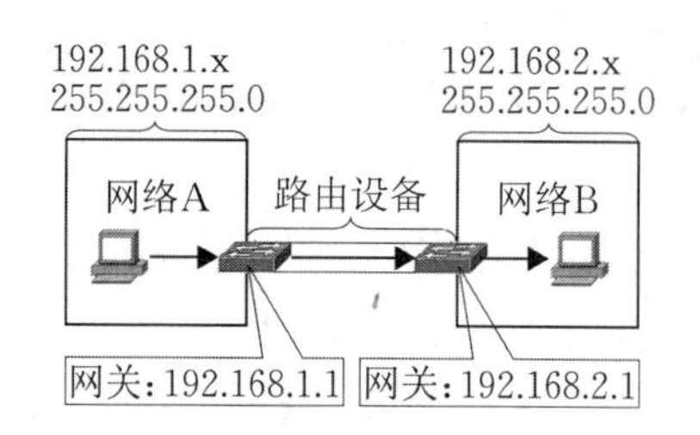

图 6-12　网络 A 向网络 B 转发数据包的过程

只有设置好网关的 IP 地址，TCP/IP 协议才能实现不同网络之间的相互通信。默认网关的意思是一台主机如果找不到可用的网关，就把数据包发送给默认指定的网关，由这个网关来处理数据包。现在主机使用的网关，一般指的是默认网关。

③ IPv6。

IPv6 是 Internet Protocol Version 6 的缩写。IPv6 是为了解决目前 IPv4 地址短缺问题而由互联网工程任务组（Internet engineering task force，IETF）设计的用于替代 IPv4 的下一代 IP 协议。

IPv4 技术的最大问题是网络地址资源有限。从理论上讲，IPv4 可编址 1 600 万个网络、40 亿台主机，但采用 A，B，C 三类编址方式后，可用的网络地址和主机地址的数目大打折扣，以至 IP 地址已于 2011 年 2 月 3 日分配完毕。其中北美占有 3/4，约 30 亿个，而人口最多的亚洲只有不到 4 亿个。地址不足，严重地制约了中国及其他国家互联网的应用和发展。

一方面是地址资源数量的限制，另一方面是随着电子技术及网络技术的发展，计算机网络已进入人们的日常生活，身边的每一样东西都可能需要连入 Internet。在这样的环境下，IPv6 应运而生。

IPv6 的地址长度为 128 位，是 IPv4 地址长度的 4 倍。于是 IPv4 点分十进制格式不再适用，采用十六进制表示。比如“AD80:0000:0000:0000:ABAA:0000:00C2:0002”是一个合法的 IPv6 地址。

（2）域名系统。

在 Internet 上，对于众多的以数字表示的一长串 IP 地址，人们记忆起来是很困难的。为此，便引入了域名的概念。通过为每台机器建立 IP 地址与域名之间的映射关系，用户在网上可以避开难以记忆的 IP 地址，而使用域名来唯一标识网上的计算机。域名和 IP 地址之间的关系就像是某人的姓名和他的身份证号码之间的关系；显然，记忆某人的姓名比记忆身份证号码容易得多。域表示的是一个范围，域内可以容纳许多主机。Internet 域名具有一定的层次结构，DNS 把整个 Internet 划分成多个域，称为顶级域，并为每个顶级域规定了国际通用的自然语言名称，称为顶级域名。

顶级域的划分方式有两种：一种是按组织模式划分，如表 6-1 所示。另一种是按地理模式划分，每个申请加入 Internet 的国家都可以向 NIC 注册一个顶级域名，如表 6-2 所示。

表 6-1　顶级域名分配(按组织模式)

顶级域名	组织	顶级域名	组织
com	商业组织	mil	军事部门
edu	教育机构	net	主要网络支持中心
gov	政府部门	org	其他组织
int	国际组织		

表 6-2　顶级域名分配(按地理模式)

顶级域名	国家或地区	顶级域名	国家或地区	顶级域名	国家或地区
aq	南极洲	hr	克罗地亚	pe	秘鲁
ar	阿根廷	hu	匈牙利	ph	菲律宾
at	奥地利	id	印度尼西亚	pl	波兰
au	澳大利亚	ie	爱尔兰共和国	pt	葡萄牙
be	比利时	il	以色列	ro	罗马尼亚
br	巴西	in	印度	ru	俄罗斯
ca	加拿大	ir	伊朗	sa	沙特阿拉伯
ch	瑞士	is	冰岛	se	瑞典
cl	智利	it	意大利	sg	新加坡
cn	中国	jp	日本	th	泰国
co	哥伦比亚	kr	韩国	tn	突尼斯
de	德国	lt	立陶宛	tr	土耳其

续表

顶级域名	国家或地区	顶级域名	国家或地区	顶级域名	国家或地区
dk	丹麦	lv	拉脱维亚	ua	乌克兰
eg	埃及	mx	墨西哥	uk	英国
es	西班牙	nl	荷兰	us	美国
fi	芬兰	no	挪威	uy	乌拉圭
fr	法国	nz	新西兰	yu	南斯拉夫
gr	希腊	pa	巴拿马	za	南非

NIC 将顶级域的管理权分派给指定的管理机构，各管理机构再将其管理的域划分为二级域，并将二级域的管理权分派给其下属的管理机构，如此下去，形成层次化的域名结构，如图 6-13 所示。每一个在 Internet 上使用的域名都必须向所属层次的管理机构注册，只有注册过的域名才能使用。由于管理机构是逐级授权的，所以各级域名都得到 NIC 的最终认可，成为 Internet 上的正式域名。

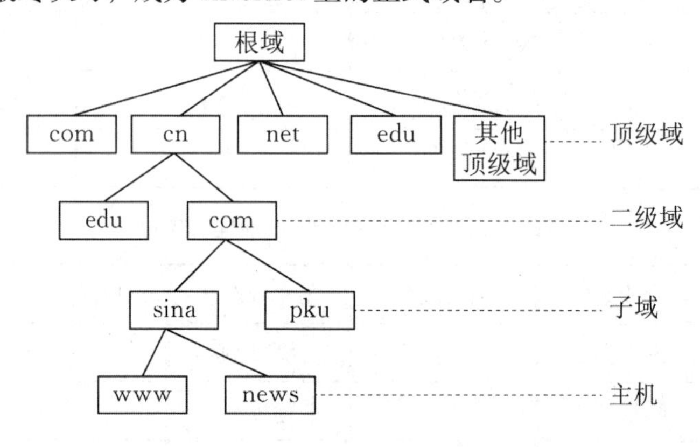

图 6-13　域名系统

2. Internet 协议

Internet 协议是一个协议簇的总称，其本身并不是任何协议。一般有文件传输协议、电子邮件协议、超文本传输协议、通信协议等。其中最重要的是 TCP/IP 协议。其中 TCP 指传输控制协议（transmission control protocol），IP 指网际协议（Internet protocol）。但实际上，TCP/IP 协议并非仅指 TCP 和 IP 两种协议，确切地说，TCP/IP 是一个协议集，包含了上百种计算机通信协议。协议集的命名表明了 TCP 协议和 IP 协议在协议集中的重要地位。

（1）TCP 协议。

TCP 协议是面向连接的协议，也就是说，在收发数据前，必须和对方建立可靠的连接。

一个 TCP 连接必须要经过三次“对话”才能建立起来，其中的过程非常复杂，下面简单地描述一下这三次对话的过程：

主机 A 向主机 B 发出连接请求数据包，这是第一次对话；

主机 B 向主机 A 发送同意连接和要求同步（同步就是两台主机一个在发送，一个在接收，协调工作）的数据包，这是第二次对话；

主机 A 再发出一个数据包确认主机 B 的要求同步，这是第三次对话。

三次“对话”的目的是使数据包的发送和接收同步，经过三次“对话”之后，主机 A 才向主机 B 正式发送数据。

（2）IP 协议。

IP 协议是 TCP/IP 协议栈中最核心的协议之一，通过 IP 地址，保证了联网设备的唯一性。IP 协议是 Internet 的基础协议，目前在 Internet 上广泛使用的 IP 协议为 IPv4。

IP 的通信过程跟我们日常快递收寄件的流程相类似。快递单相当于 IP 地址，快递包裹相当于数据包，物流公司 / 快递员相当于路由器 / 交换机。

6.2.4 Internet 应用

1. 网页浏览

（1）万维网。

万维网 (World Wide Web，WWW) 又称环球网，简称为 Web。它是目前 Internet 上最方便、最受用户欢迎的信息服务形式，分为 Web 客户端和 Web 服务器程序。WWW 可以让 Web 客户端（常用浏览器）访问浏览器 Web 服务器上的页面，是一个由许多互相链接的超文本组成的系统，通过互联网进行访问。在这个系统中，每个有用的事物，称为“资源”，并且由一个统一资源定位符（uniform resource locator，URL）标识，这些资源通过超文本传送协议（hypertext transfer protocol，HTTP）传送给用户，而用户通过单击链接来获得资源。

（2）超文本与超链接。

超文本（hypertext）是由网页浏览器来显示的，是把一些信息根据需要链接起来的信息处理技术。人们可以通过一个文本中的超链接打开另一个相关的文本。网页浏览器从网页服务器（网站）取回称为“文档”或“网页”的信息并显示。网页是网站的基本信息单位，是 WWW 的基本文档，它由文字、图片、动画、声音等多种媒体信息以及超链接组成，是用 HTML 编写的，扩展名为“html”或“htm”，通过超链接实现与其他网页或网站的关联和跳转。

（3）超文本标识语言。

超文本标识语言（hyper text marked language，HTML）是一门专门用于 WWW 的编程语言，用于描述超文本各部分的构造，告诉浏览器如何显示文本，怎么生成与

浏览器介绍

别的文本或图像链接的超链接等。HTML 文档由文本、格式化代码和导向其他文档的超链接组成。

（4）常用网页浏览器及使用。

目前流行的浏览器软件主要有 Internet Explorer（简称 IE）、360 浏览器和百度浏览器等。

2. 信息检索

科学技术日新月异，新知识层出不穷，随着网络的普及，信息检索技术的重要性日益显现。

（1）确定检索词，列出检索式。

检索词就是用户根据查阅需求找出所包含的字、词、短语。检索式就是将检索词按查找的目的编成相应的逻辑式。最常用的检索式是布尔逻辑检索式，它涵盖了逻辑“与”“或”和“非”的所有关系，在网络检索中逻辑“与”一般用空格键或“+”或“AND”表示，逻辑“或”用“OR”或“-”表示，逻辑“非”用“NOT”或“★”表示。在检索时将编写的检索式输入检索栏就可以进行网上搜索了。

（2）检索工具的选择。

通常可通过一种称为搜索引擎（search engine）的检索工具检索所需的信息。中文综合性搜索引擎有百度、360 搜索、必应、搜狗等。表 6-3 给出了常用中文搜索引擎的 URL 地址，用户只要在 IE 地址栏键入搜索引擎的网址便可以打开搜索引擎。

表 6-3 常用中文搜索引擎

搜索引擎	URL 地址
百度	https://www.baidu.com/
360 搜索	https://www.so.com/
搜狗	https://www.sogou.com/
搜搜	https://www.soso.com
必应	https://www.bing.com/
有道	https:// www.youdao.com /

3. 中国知网

中国知识基础设施工程（China national knowledge infrastructure，CNKI）简称中国知网，又称中国学术期刊网络出版总库，是一个互联网出版平台，也是各类人员，特别是学生、研究人员等学习、检索各类资料及交流的一个综合平台。其网址为“www.cnki.net”。CNKI 是国家新闻出版总署首批批准的互联网出版平台，可以二次出版所有传统出版方式已经出版过的内容，也可以直接通过网络进行一次出版。出版形式多种多样，包括文本、图片、音频、视频、动画、软件、网络课程、科学数据等多种媒体方式。目前，CNKI 已集结了 7 000 多种期刊、近 1 000 种报纸、18 万本博士 / 硕士论文、16 万册会议论文、30 万册图书以及国内外 1 100 多个专业数据库。其中博士 / 硕士论文、会议论文及部分数据库为一次出版，期刊、图书、报纸等为二次出版。

4. 电子邮件

电子邮件 (E-mail) 是一种用电子手段提供信息交换的通信方式，是互联网应用最广的服务。通过网络的电子邮件系统，用户可以以非常低廉的价格（不管发送到哪里，都只需负担网费）、非常快速的方式（几秒钟之内可以发送到世界上任何指定的目的地），与世界上任何一个角落的网络用户联系。

电子邮件服务采用客户机 / 服务器工作模式。在 Internet 中有大量的电子邮件服务器（简称邮件服务器），它的作用类似于邮局，接收用户或从其他邮件服务器发来的邮件，并根据收件人的不同将邮件分发到各自的电子邮箱。用户要想使用邮件服务器发送或接收邮件，必须向其申请一个账号，包括用户名和密码。一旦用户拥有了账号，邮件服务器会为他开辟一个存储邮件的空间，称为邮箱，作用类似于邮政信箱。电子邮件的收发过程如图 6-14 所示。

图 6-14　电子邮件收发过程

每个用户邮箱都有一个全网唯一的邮箱地址，也称为电子邮件地址或 E-mail 地址，由两部分组成：前一部分是用户在邮件服务器申请的用户名，后一部分是邮件服务器的主机名或域名，中间用“@”分隔，如 kitty@163.com。Internet 上有许多提供免费电子邮箱的网站，只要通过简单的注册，就可以获得一个免费邮箱。如果想享受质量更高、更可靠、容量更大的邮箱服务，可以选择收费邮箱。

Windows 以前版本均集成有电子邮件客户端程序 Outlook Express，但 Windows 7 系统没有附带，我们可以使用 Microsoft Office 2010 中的 Outlook 2010，也可以通过网页方式登录邮箱。

Outlook 2010 的配置及使用

5. 文件传输

文件传输是 Internet 提供的一项基本服务，通过 Internet，可以把文件从一台计算机传送到另一台计算机。文件传输服务必须遵循文件传输协议（file transfer protocol，FTP）。

在 FTP 的使用当中，用户经常遇到两个概念：“下载”（download）和“上传”（upload）。下载文件就是从远程主机拷贝文件至自己的计算机上；上传文件就是将文件从自己的计算机传送至远程主机上。用 Internet 语言来说，用户可通过客户机程序向（从）远程主机上传（下载）文件。FTP 的工作过程如图 6-15 所示。

图 6-15 FTP 工作过程

6. 网上交流

随着网络时代和信息时代的到来，网上交流的方式越来越多，除了电子邮件以外，还有腾讯 QQ、BBS、微型博客、微信等，为人们的工作、学习、生活带来了极大的便利。

（1）腾讯 QQ。

腾讯 QQ（简称 QQ）是腾讯公司开发的一款基于 Internet 的即时通信（instant messaging，IM）软件。QQ 支持视频聊天、语音聊天、点对点断点续传文件、共享文件、网络硬盘、自定义面板、QQ 邮箱等多种功能，并可与移动通信终端等多种通信方式相连。

（2）公告板系统。

公告板系统（bulletin board system，BBS）是 Internet 上的一种电子信息服务系统。它拥有公告、讨论区、阅读新闻、下载软件、上传数据以及与其他用户在线对话等功能，每个用户都可在上面发布信息或提出看法。目前，BBS 泛指网络论坛或网络社群。国内著名的 BBS 有清华大学的"水木清华"（地址为"bbs.tsinghua.edu.cn"，IP 为"202.112.58.200"）、北京大学的"北京大学未名站"（地址为"bbs.pku.edu.cn"，IP 为"162.105.176.202"）等。

（3）微型博客。

微型博客（microblog）简称微博，即一句话博客，是一个基于用户关系信息分享、传播以及获取的平台。

最早也是最著名的微博是美国的推特（twitter）。2009 年 8 月中国门户网站新浪推出"新浪微博"内测版，成为中国门户网站中第一家提供微博服务的网站。微博最大的特点就是发布信息快速，信息传播的速度快。例如某个微博有 200 万人关注，这个微博发布的信息会在瞬间传播给这 200 万人。

2014 年 3 月 27 日晚间，新浪微博宣布改名为"微博"，并推出了新的 LOGO 标识，新浪色彩逐步淡化。

（4）微信。

微信（wechat）是腾讯公司于 2011 年初推出的一款快速发送文字和照片、支持多人语音对讲的手机聊天软件。用户可以通过手机或平板电脑快速发送语音、视频、图片和文字。微信提供公众平台、朋友圈、消息推送等功能，用户可以通过"摇一摇""搜索号码""附近的人"或扫二维码方式添加好友和关注公众平台。

7. 电子商务

电子商务（electronic commerce）是指在 Internet 上进行的商务活动。狭义的电子商务也称作电子交易，主要指利用 Internet 提供的通信手段在网上进行的交易。广义的电子商务，除电子交易以外，还包括利用 Internet 进行的全部商业活动，如市场分析、原材料查询与采购、产品展示、订购商品、储运以及客户联系等，这些商业活动可以发生于企业内部、企业之间及企业与消费者之间，据此可将电子商务划分为 3 类：

（1）企业内部电子商务：即通过企业内部网 (intranet) 完成企业内部的信息共享、工作流程管理、资金调度管理等商务活动。

（2）企业与企业之间的电子商务：即企业对企业（business to business，B2B），不同企业之间通过网络连接起来，完成重要的商业活动，包括合同洽谈、购买、资金转账等。

（3）企业与消费者之间的电子商务：即企业对客户（business to consumer，B2C），也就是通常所说的网上购物，企业、商家可充分利用电子商城提供的网络基础设施、支付平台、安全平台、管理平台等共享资源，有效地、低成本地开展自己的商业活动。

电子商务构成四要素包括商城、消费者、产品、物流。四要素之间的关系如下：

（1）买卖。商城为消费者提供质优价廉的商品，吸引消费者购买的同时促使更多商家的入驻。

（2）合作。与物流公司建立合作关系，为消费者购买的产品运输提供最终保障，这是电商运营的硬性条件之一。

（3）服务。物流主要是为消费者提供快递服务，优质的服务会促使消费者进行更多的购买。

企业和消费者对电子商务都很感兴趣，显然，电子商务能给企业带来效益，给消费者带来实惠，这也正是电子商务迅速发展的根本动力。

移动电子商务就是利用手机和掌上电脑等无线终端进行的 B2B、B2C 或客户对客户（consumer to consumer，C2C）的电子商务。它将互联网、移动通信技术、短距离通信技术及其他信息处理技术完美地结合，使人们可以在任何时间、任何地点进行各种商贸活动，实现随时随地、线上线下的购物与交易，在线电子支付以及各种商务活动、金融活动和相关的综合服务活动等。

移动电子商务是在无线传输技术高度发达的情况下产生的，例如 4G 技术、Wi-Fi 及无线局域网鉴别和保密基础结构 (wireless LAN authentication and privacy infrastructure，WAPI) 等。B2C 商业模式的电商当当网，在 2013 年开通了快捷支付和微信支付，只需提交订单，选择网上支付，可以使用快捷支付或微信支付，无须开通网银，直接支付即可，方便了移动端用户网络购物。

6.3　计算机网络安全

因为有了计算机网络，人与人之间的联系更加紧密，企业的管理与交流变得更加方便，企业的业务运作日益依赖于网络，政府部门的活动日益网络化，因此计算机网络安全成为一个不容忽视的问题。

6.3.1 网络安全面临的威胁

计算机网络本身不能向用户提供安全、保密功能，在网络上传输的信息、入网的计算机所存储的信息可能会被窃取、篡改和破坏，网络也可能会遭到攻击。当受到较严重的攻击时，网络的硬件、软件、线路、文件系统和信息传输等会被破坏，导致网络无法正常工作，甚至瘫痪。其不安全因素主要表现在以下 5 个方面：

1. 计算机病毒

计算机病毒会给计算机网络系统造成危害，例如，网上传输的信息或存储在计算机系统中的信息会被篡改，信息完整性、可靠性和可用性遭到破坏。计算机病毒传播的主要途径有：① 通过软件传播；② 通过互联网传播，如电子邮件；③ 通过计算机硬件（带病毒的芯片）或镶嵌在计算机硬件上的无线接收器件传播。

2. 网络通信隐患

网络通信的核心是网络协议。创建这些协议的主要目的是为了实现网络互联和用户之间的可靠的通信。但在实际网络通信中存在三大安全隐患：① 结构上的缺陷，协议创建初期，对网络通信安全问题考虑不足，这些协议结构上或多或少地存在信息安全的隐患。② 漏洞，包括无意漏洞和故意留下的“后门”，前者通常是程序员编程过程中的失误造成的，后者是指协议开发者为了调试方便，在协议中留下的“后门”。协议“后门”是一种非常严重的安全隐患，通过“后门”，可绕开正常的监控防护，直接进入系统。③ 配置上的隐患，主要是不当的网络结构和配置造成信息传输故障等。

3. 黑客入侵

黑客主要是指非法入侵者。黑客攻击网络的方法主要包括 IP 地址欺骗、发送邮件攻击、网络文件系统攻击、网络信息服务攻击、扫描器攻击、口令攻击、嗅探攻击、病毒和破坏性攻击等。黑客通过寻找并利用网络系统的脆弱性和软件的漏洞，刺探、窃取计算机口令、身份标识码或绕过计算机安全控制机制，非法进入计算机网络或数据库系统，窃取信息。按黑客的动机和造成的危害分类，目前黑客入侵分为恶作剧、诈骗、蓄意破坏、控制占有、窃取情报等类型。

4. 软件隐患

许多软件在设计时，为了方便用户的使用、开发和资源共享，总是留有许多“窗口”，加上在设计时不可避免地存在许多不完善或未发现的漏洞，用户在使用过程中，如果缺乏必要的安全鉴别和防护措施，就会使攻击者利用上述窗口和漏洞侵入信息系统，破坏和窃取信息。

5. 设备隐患

设备隐患主要指计算机信息系统硬件设备中存在的漏洞和缺陷：

（1）电磁泄漏发射。电磁泄漏发射是指信息系统的设备在工作时向外辐射电磁波的现象。计算机的电磁辐射主要有两种途径：① 被处理的信息会通过计算机内部产生的电磁波向空中发射，称为辐射发射。② 这种含有信息的电磁波也可以经电源线、信号线、地线等导体传送和辐射出去，称为传导发射。这些辐射出去的电磁波，任何人都可借助仪器设备在一定范围内收到它，尤其是利用高灵敏度的仪器可稳定、清晰地获取计算机正在处理的信息。日本的一项试验结果表明，未加屏蔽的计算机启动后，用普通计算机可以在 80 m 内接收其显示器上的内容。据报道，国际高灵敏度专用接收设备可在 1 km 外接收并还原计算机的辐射信息。早在 20 世纪 80 年代，某些国外情报部门就把通过接收计算机电磁辐射信息作为窃密的重要手段之一。

（2）磁介质的剩磁效应。存储介质中的信息被删除后，有时仍会留下可读痕迹，即使已多次格式化的磁介质（盘、带）仍会有剩磁，这些残留信息可通过“超导量子干涉器件”还原出来。在大多数的操作系统中，删除文件只是删除文件名，而原文件还原封不动地保留在存储介质中，从而留下泄密隐患。

（3）预置陷阱。预置陷阱即人为地在计算机信息系统中预设一些陷阱，干扰和破坏计算机信息系统的正常运行。预置的陷阱一般分为硬件陷阱和软件陷阱两种。其中，硬件陷阱主要是蓄意更改集成电路芯片的内容设计和使用规程，以达到破坏计算机信息系统的目的。计算机信息系统中一个关键芯片的小小故障，就足以导致计算机以至整个信息网络停止运行。

6.3.2　计算机病毒

1. 计算机病毒的概念

计算机病毒（computer virus）是编制者在计算机程序中插入的能破坏计算机功能或者数据，能影响计算机使用，能自我复制的一组计算机指令或者程序代码。它就像生物病毒一样，具有自我繁殖、互相传染以及激活再生等特征。计算机病毒有独特的复制能力，它能够快速蔓延，又常常难以根除。计算机病毒能把自身附着在各种类型的文件上，当文件被复制或从一个用户传送到另一个用户时，它就随同文件一起蔓延开来。

计算机病毒不是天然存在的，是编制着利用计算机软件和硬件所固有的脆弱性编制的一组指令集或程序代码。它能潜伏在计算机的存储介质（或程序）里，条件满足时即被激活，通过修改其他程序的方法将自己的精确拷贝或者演化的形式放入其他程序中，从而感染其他程序，对计算机资源进行破坏。

2. 计算机病毒的特性

（1）寄生性。

计算机病毒寄生在其他程序之中，当执行这个程序时，计算机病毒就起破坏作用，而在未启动这个程序之前，它是不易被人发觉的。

（2）破坏性。

计算机病毒的主要目的是破坏计算机系统，使系统的资源和数据文件遭到干扰甚至被摧毁。根据其破坏程度的不同，可以分为良性病毒和恶性病毒。前者侵占计算机系统资源， 使机器运行速度减慢，带来无谓的消耗；后者可以破坏数据、删除文件、加密磁盘，有的甚至会导致系统崩溃。

（3）传染性。

计算机病毒最主要的特性是传染性，一旦计算机病毒被复制或产生变种，其传染速度之快令人难以预防。

（4）潜伏性。

有些计算机病毒像定时炸弹一样，发作条件是预先设计好的。比如黑色星期五病毒，不到预定时间前潜伏在计算机中，很难发现，等到条件具备的时候再发作，对系统进行破坏。

（5）隐蔽性。

计算机病毒具有很强的隐蔽性，有的可以通过杀毒软件检查出来，但还有很多病毒查不出来。许多病毒时隐时现、变化无常，这类病毒处理起来通常很困难。

3. 计算机病毒的传播途径

（1）通过移动式存储介质传播。

计算机和手机等数码产品常用的移动存储介质主要包括光盘、DVD、闪存、U 盘、CF 卡、SD 卡、记忆棒、移动硬盘等。移动存储介质作为交换媒介为病毒的传播带来了极大的便利，这也是其成为目前主要病毒传播途径的重要原因。例如，“U 盘杀手”病毒，就是一个利用U 盘等移动设备进行传播的蠕虫病毒。此病毒文件一般存在于U 盘、MP3、移动硬盘和硬盘各个分区的根目录下，当用户双击 U 盘等设备的时候，该病毒就会利用 Windows 自动播放功能激活自身，从而破坏用户的计算机系统。

（2）通过网络传播。

① 电子邮件。电子邮件是病毒通过互联网进行传播的主要媒介。病毒主要依附在邮件的附件中，而电子邮件本身并不产生病毒。当用户下载带有病毒的附件时，计算机就会感染病毒。由于电子邮件一对一、一对多传播的特性，使其在被广泛应用的同时，也为计算机病毒的传播提供了一个渠道。

② 下载文件。病毒被捆绑或隐藏在互联网上共享的程序或文档中，用户一旦下载了该类程序或文档而不进行病毒查杀，感染计算机病毒的概率将大大增加。

③ 浏览网页。当用户浏览不明网站或误入挂马网站，在访问的同时，该网站上的病毒便会在用户的计算机系统中安装病毒程序，使用户的计算机不定期地自动访问该网站，或窃取用户的隐私信息，给用户造成损失。

④ 聊天软件。QQ、MSN、飞信、Skype 等即时通信工具，无疑是当前人们进行信息与数据交换的重要手段之一。由于通信工具本身安全性的缺陷，加之聊天软件中的联系人列表信息量丰富，给计算机病毒的大范围传播提供了极为便利的条件。目前，

仅通过 QQ 进行传播的计算机病毒就达百种。

4. 计算机病毒的危害

（1）计算机不能正常启动。

计算机不能启动，或者启动所需要的时间比原来的启动时间变长，有时会突然出现黑屏现象。

（2）运行速度降低。

在运行某个程序时，如果发现存取数据的时间比原来长，那就可能是感染了病毒。

（3）磁盘空间迅速变小。

由于病毒程序要进驻内存，而且又能繁殖，因此使内存空间变小甚至变为“0”，用户什么信息也存不进去。

（4）文件内容和长度有所改变。

一个文件存入磁盘后，由于病毒的干扰，文件长度可能改变，文件内容也可能出现乱码。有时文件内容无法显示或显示后又消失了。

（5）经常出现“死机”现象。

正常的操作是不会造成死机现象的，即使是初学者，命令输入不对也不会死机。如果计算机经常死机，那可能是由于系统被病毒感染了。

（6）外部设备工作异常。

外部设备受系统的控制，如果计算机感染了病毒，外部设备在工作时可能会出现一些异常情况。

5. 计算机病毒的预防

（1）及时为 Windows 打补丁。

（2）不打开来历不明的电子邮件。据国际计算机安全协会 (international computer security association，ICSA)1999 年的统计报告显示，电子邮件已经成为计算机病毒传播的主要媒介，其比例占所有病毒传播媒介的 60%。

（3）下载文件后和安装软件前一定要杀毒，不要打开来历不明的文件和软件。

（4）经常更新病毒库并杀毒。

（5）不要安装太多的浏览器工具。

（6）不需要安装太多的杀毒软件。杀毒软件之间也可能有冲突，而且会占用较多的内存。

（7）重要文档不要放在系统盘中，而且要备份好。

（8）有能力的用户可以为系统盘做一个映象文件。如果碰到新的病毒，连杀毒软件也无能为力，只得还原映象了。

6. 计算机病毒的清除

可以使用最新版本的杀毒软件清除计算机病毒。在怀疑计算机感染病毒后，应该及时进行病毒扫描，并安装系统漏洞补丁。有些恶性病毒会导致杀毒软件无法启动，这时可以使用专杀工具杀毒。通常顽固病毒的清除还需要配合手动清除，例如，手动清理加载项，删除特定的注册表键值。手动清除计算机病毒对技术的要求高，难度比较大，一般只能由专业人员操作。

如果通过上述渠道无法清除病毒，只能格式化硬盘，然后重新安装操作系统。格式化前必须确定硬盘中的数据是否还需要，一定要先做好备份工作。这种方式也是最彻底的清除病毒方式。

6.3.3 信息安全基本技术

信息安全的技术主要包括信息加密技术、防火墙技术、访问控制技术、安全协议等。其中信息加密技术和防火墙技术是信息安全的核心技术，已经运用到大部分信息安全产品中。“道高一尺，魔高一丈”，信息安全将是计算机网络永恒的问题，信息安全风险是无法完全消除的。应注意尽可能地降低信息安全风险，又使网络发挥其最大效用。

1. 信息加密技术

在电子商务中，为了实现电子信息的保密性，就必须对电子信息加密。

加密就是通过密码算法对数据进行转化，使之成为没有正确密钥时任何人都无法读懂的报文——密文。密文必须重新转变为它的最初形式——明文，接收方才能读懂它。其中，用来以数学方式转换报文的双重密码就是密钥。在没有密钥的情况下即使一则信息被截获并阅读，这则信息也是毫无利用价值的。

2. 防火墙

防火墙是一种获取安全性的形象说法，它是一种计算机硬件和软件的结合，使外部网与内部网之间建立起一个安全网关，从而保护内部网免受非法用户的侵入。防火墙主要由服务访问规则、验证工具、包过滤和应用网关 4 个部分组成，流入流出内部网的所有网络通信数据均要经过此防火墙的检查。

用防火墙技术来保障网络安全的基本思想是：无须对网络中的设备进行保护，而是只为所需要的重点保护对象（内部网）设置保护“围墙”，并只开一道“门”，在该门前设置门卫。所有要进入内部的来访者或信息流都必须通过这道门，并接受检查。由于这道门是进入网络内部的唯一通道，只要防护检查严格，拒绝任何不合法的来访者或信息流，就能保证内部网安全。

3. 访问控制技术

访问控制（access control）是指计算机系统根据用户身份及其所属的预先定义的策略组来限制用户使用计算机系统资源的手段，通常用于系统管理员控制用户对服务器、目录、文件等网络资源的访问。访问控制是系统保密性、完整性、可用性和合法使用性的重要基础，是网络安全防范和资源保护的关键策略之一。

访问控制的主要目的是限制访问主体对客体的访问，从而保障客体资源在合法范围内得以有效使用和管理。为了达到上述目的，访问控制需要完成两个任务：识别和确认访问客体的用户、决定该用户可以对客体资源进行何种类型的访问。

访问控制包括三个要素：主体、客体和控制策略。

（1）主体。

主体（subject）提出访问客体资源的具体请求，是某一操作动作的发起者，但不一定是动作的执行者。主体可能是某一用户，也可能是用户启动的进程、服务和设备等。

（2）客体。

客体（object）是指被访问的实体，所有可以被操作的信息、资源、对象都可以是客体。客体可以是信息、文件、记录等集合体，也可以是网络上的硬件设施、无限通信中的终端，甚至可以包含另外一个客体。

（3）控制策略。

控制策略（attribution）是主体对客体的相关访问规则集合，即属性集合。控制策略体现了一种授权行为，也是客体对主体某些操作行为的默认。

4. 安全协议

安全协议是以密码学为基础的消息交换协议，其目的是在网络环境中提供各种安全服务。密码学是网络安全的基础，但网络安全不能单纯依靠安全的密码算法。安全协议是网络安全的一个重要组成部分，用户需要通过安全协议进行实体之间的认证，在实体之间安全地分配密钥，确认发送和接收的消息的非否认性等。

安全协议可用于保障计算机网络系统中秘密信息的安全传递与处理，确保网络用户能够安全、方便、透明地使用系统中的密码资源。安全协议在金融系统、商务系统、政务系统、军事系统和社会生活中的应用日益普遍，而安全协议的安全性分析、验证仍是一个悬而未决的问题。在实际应用中，有许多不安全的协议曾经被人们作为安全的协议长期使用，如果不安全的协议用于军事领域的密码装备中，则会直接危害到军事机密的安全性，可能会造成无可估量的损失。因此，需要对安全协议进行充分的分析、验证，判断其是否达到预期的安全标准。

本 章 小 结

计算机网络就是由通信线路互相连接的许多自主工作的计算机构成的集合体，其基本目的是实现资源共享。随着全球信息化程度的不断提高，信息安全已经成为一个重要研究领域。

本章介绍了计算机网络、Internet 技术与应用、计算机网络安全等。

第 7 章　大数据技术和人工智能

大数据与人工智能有着密不可分的联系。人工智能从 1956 年开始发展，在大数据技术出现之前已经发展了数十年，几起几落。伴随着大数据技术与分布式技术的发展，人们解决了计算力和训练数据量的问题，人工智能开始产生巨大的应用价值；同时，大数据技术通过将传统机器学习算法分布式实现，逐渐向人工智能领域延伸。

7.1　大数据概念

随着信息技术和互联网的迅速发展，数据量呈爆炸式增长。区别于传统单机处理数据的方式，支持海量数据的获取、存储、分析和应用的大数据技术应运而生，而云计算使海量数据的信息处理成为可能。

大数据也称海量数据、巨量数据，指的是所涉及数据量规模巨大到无法通过目前典型数据库工具，在合理时间内获取、存储、处理并整理成为帮助企业经营决策目的的数据。大数据的特点包括数据体量大、类别多、处理速度快、真实性高。

1. 数据体量 (volume) 大

大数据首先是指数据体量大，指代大型数据集，一般在 10 TB（1 TB = 1 024 GB）规模左右，但在实际应用中，很多企业用户把多个数据集放在一起，已经形成了 PB（1 PB = 1 024 TB）级的数据量。大数据科学家约翰 • 罗瑟（John Rauser）认为，大数据就是任何超过了一台计算机处理能力的庞大数据量。

大数据涵盖了人们在大规模数据的基础上可以做的事情，而这些事情在小规模数据的基础上是无法实现的。换句话说，大数据让我们以一种前所未有的方式，通过对海量数据进行分析，获得有巨大价值的产品和服务。

2. 数据类别 (variety) 多

数据来自多种数据源，数据种类和格式日渐丰富，已冲破了以前所限定的结构化数据范畴，囊括了半结构化和非结构化数据，超出正常处理范围和大小。这些数据无法使用传统流程或工具进行处理或分析，迫使用户采用非传统处理方法。

3. 数据处理速度 (velocity) 快

大数据处理采用云计算技术，在数据量非常庞大的情况下，也能够做到数据的实时处理。

4. 数据真实性 (veracity) 高

由于数据采集的不及时，数据样本不全面，数据可能不连续，等等，都可能导致数据的失真。但当数据量达到一定规模，可以通过大数据技术处理数据，以达到更真实全面的反馈，如图 7-1 所示。

图 7-1　大数据示意图

从大数据的定义，可以总结其两点共性：

（1）大数据的数据量标准是随着计算机软硬件的发展而不断增长的。如 1 GB 的数据量在 20 年前可以称为大数据，而今天数据量已上升到了 TB，PB 量级。

（2）大数据不仅体现在数据规模上，更体现在技术上。如数据的获取、存储、分析与管理能力都能在一定程度上反映大数据的技术水平。

大数据的广泛应用，将重塑人们的生活、工作和思维方式。拥有大数据不但意味着掌握过去，更意味着能够预测未来。总之，大数据是一个动态的定义，不同行业根据其应用的不同有着不同的理解，其衡量标准也在随着技术的进步而改变。大数据与传统数据的比较如图 7-2 所示。

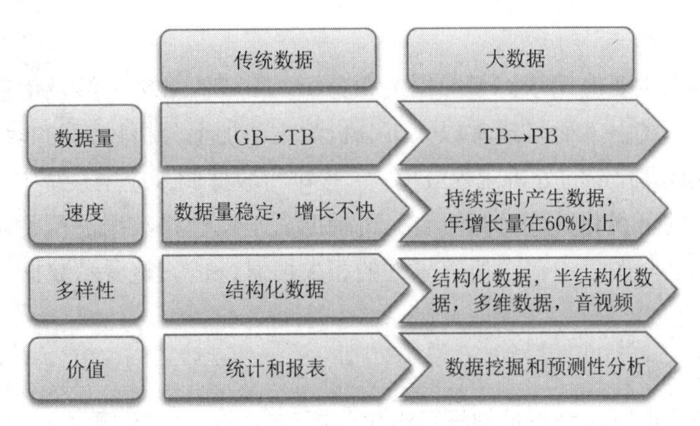

图 7-2　传统数据与大数据对比

7.2 大数据基础

7.2.1 大数据的作用

（1）对大数据的处理分析正成为新一代信息技术融合应用的结点。

移动互联网、物联网、社交网络、数字家庭、电子商务等是新一代信息技术的应用形态，这些应用不断产生大数据。云计算为这些海量、多样化的大数据提供存储和运算平台。通过对不同来源数据的管理、处理、分析与优化，将结果反馈到上述应用中，将创造出巨大的社会和经济价值。

（2）大数据是信息产业持续高速增长的新引擎。

面向大数据市场的新技术、新产品、新服务、新业态会不断涌现。在硬件与集成设备领域，大数据将对芯片、存储产业产生重要影响，还将催生一体化数据存储处理服务器、内存计算等市场。在软件与服务领域，大数据将引发数据快速处理分析、数据挖掘技术和软件产品的发展。

（3）大数据利用将成为提高核心竞争力的关键因素。

各行各业的决策正在从“业务驱动”转变为“数据驱动”。对大数据的分析可以使零售商实时掌握市场动态并迅速做出应对；可以为商家制定更加精准有效的营销策略提供决策支持；可以帮助企业为消费者提供更加及时和个性化的服务；可以提高诊断准确性和药物有效性；可以促进经济发展、维护社会稳定，等等。

（4）大数据时代科学研究的方法手段将发生重大改变。

以前，抽样调查是社会科学的基本研究方法。在大数据时代，可通过实时监测、跟踪研究对象在互联网上产生的海量行为数据，进行挖掘分析，揭示出规律性的东西，提出研究结论和对策。

7.2.2 大数据的分析

只有对大数据进行分析，才能获取很多智能的、深入的、有价值的信息。

1. 可视化分析

可视化分析主要应用于海量数据关联分析。由于大数据所涉及信息比较分散、数据结构有可能不统一，而且通常以人工分析为主，加上分析过程的非结构性和不确定性，所以不易形成固定的分析流程或模式，很难将数据调入应用系统中进行分析挖掘。借助功能强大的可视化数据分析平台，可辅助人工操作将数据进行关联分析，并做出完整的分析图表。图表中包含所有事件的相关信息，也完整展示数据分析的过程和数据链走向。

2. 预测性分析

预测性分析可以让分析员根据可视化分析和数据挖掘的结果做出一些前瞻性判断。

只要在大数据中挖掘出信息的特点与联系，就可以建立科学的数据模型，通过模型输入新的数据，从而预测未来的数据。作为数据挖掘的一个子集，内存计算效率驱动预测分析，带来实时分析和洞察力，使实时事务数据流得到更快速的处理。实时事务的数据处理模式能够加强企业对信息的监控，也便于企业的业务管理和信息更新流通。此外，大数据的预测分析能力，能够帮助企业分析未来的数据信息，有效规避风险。

3. 语义引擎

非结构化数据给数据分析带来新的挑战，具备人工智能的语义引擎可以从大数据中主动地提取信息。语言处理技术包括机器翻译、情感分析、舆情分析、智能输入、问答系统等。

4. 数据质量和数据管理

大数据分析离不开数据质量和数据管理，高质量的数据和有效的数据管理，无论是在学术研究还是在商业应用领域，都能够保证分析结果的真实和有价值。

7.3　大数据的基本技术

大数据领域已经涌现出了大量新的技术，它们成为大数据采集、存储、处理和呈现的有力武器。大数据技术是从各种类型的数据中快速获得有价值信息的技术，一般包括：大数据采集、大数据预处理、大数据存储及管理、大数据挖掘、大数据展现和应用（大数据检索、大数据可视化、大数据应用、大数据安全等），等等。

大数据的基本处理流程与传统数据处理流程并无太大差异，主要区别在于：由于大数据要处理大量、非结构化的数据，所以在各处理环节中都可以采用并行处理。目前，Hadoop 等分布式处理方式已经成为大数据处理各环节的通用处理方法。

Hadoop 是一个由 Apache 基金会开发的大数据分布式系统基础架构。用户可以在不了解分布式底层细节的情况下，轻松地在 Hadoop 上开发和运行处理大规模数据的分布式程序，充分利用集群的威力高速运算和存储。Hadoop 是一个数据管理系统，作为数据分析的核心，汇集了结构化和非结构化的数据，这些数据分布在传统的企业数据栈的每一层。Hadoop 也是一个大规模并行处理框架，拥有超级计算能力，定位于推动企业级应用的执行。Hadoop 还是一个开源社区，为解决大数据的问题提供工具和软件。虽然 Hadoop 提供了很多功能，但仍然应该把它归类为多个组件组成的 Hadoop 生态圈，这些组件包括数据存储、数据集成、数据处理和其他进行数据分析的专门工具。

大数据基本技术包括以下 6 点：

1. 数据采集

大数据的采集是指利用多个数据库来接收来自客户端（Web、App 或者传感器形式等）的数据，并且用户可以通过这些数据库来进行简单的查询和处理工作。

在大数据的生命周期中，数据采集处于第一个环节。ETL 工具负责将分布的、异构数据源中的数据（如关系数据、平面数据文件等）抽取到临时中间层后进行清洗、转换、集成，最后加载到数据仓库或数据集市中，成为联机分析处理、数据挖掘的基础。大数据的采集主要有 4 种来源：管理信息系统、Web 信息系统、物理信息系统、科学实验系统。

2. 导入 / 预处理

如果要对采集的大数据进行有效分析，则应该将这些数据导入到一个集中的大型分布式数据库，或者分布式存储集群，并且在导入基础上做一些简单的预处理工作。具体的预处理包括抽取和清洗。

（1）抽取。因获取的数据可能具有多种结构和类型，如文件、XML 树、关系表等，数据抽取可将这些复杂的数据转化为单一的或者便于处理的构型，为后续查询和分析处理提供统一的数据视图，以达到快速分析处理的目的。

（2）清洗。大数据并不全是有价值的，因此需要对数据进行过滤“去噪”，提取出有效数据。针对管理信息系统中异构数据库集成技术、Web 信息系统中的实体识别技术和 DeepWeb 集成技术、传感器网络数据融合技术已经有很多研究工作取得了较大的进展，已经推出了多种数据清洗和质量控制工具。

3. 存储与管理

传统的数据存储和管理以结构化数据为主，关系数据库系统（RDBMS）即可满足各类应用需求。大数据以半结构化和非结构化数据为主，结构化数据为辅，而且各种大数据应用通常是对不同类型的数据内容检索、交叉比对、深度挖掘与综合分析。面对这类应用需求，传统数据库无论在技术上还是功能上都难以实现。

总体上，按数据类型的不同，大数据的存储和管理大致可以分为 3 类不同的技术路线。

（1）大规模的结构化数据。针对这类大数据，通常采用新型数据库集群。它们通过列存储或行列混合存储以及粗粒度索引等技术，结合大规模并行处理（massive parallel processing，MPP）的分布式计算模式，实现对 PB 量级数据的存储和管理。这类集群具有高性能和高扩展性特点，在企业分析类应用领域已获得广泛应用。

（2）半结构化和非结构化数据。应对这类应用场景，基于 Hadoop 开源体系的系统平台更为擅长，它们通过对 Hadoop 生态体系的技术扩展和封装，实现对半结构化和非结构化数据的存储和管理。

（3）结构化和非结构化混合的数据。针对这类大数据，采用 MPP 并行数据库集群与 Hadoop 集群的混合来实现对百 PB 量级、EB 量级数据的存储和管理：① 用 MPP 来管理计算高质量的结构化数据，提供强大的 SQL 和 OLTP 型服务；② 用 Hadoop 实现对半结构化和非结构化数据的处理，以支持诸如内容检索、深度挖掘与综合分析等新型应用。

这种混合模式将是大数据存储和管理未来发展的趋势，同时，还应注意如下两点：

（1）开发新型数据库技术。数据库分为关系型数据库、非关系型数据库以及数据库缓存系统。其中，非关系型数据库主要指的是 NoSQL 数据库，分为键值数据库、列存数据库、图层数据库以及文档数据库等类型。关系型数据库包含了传统关系数据库系统和 NewSQL 数据库

（2）开发大数据安全技术。大数据安全技术包括改进数据销毁、透明加解密、分布式访问控制数据审计等技术；突破隐私保护和推理控制、数据真伪识别和取证、数据持有完整性验证等技术。

4. 数据挖掘

数据挖掘又称为资料探勘、数据采矿，就是从大量的、不完全的、有噪声的、模糊的、随机的实际应用数据中，提取隐含在其中的、人们事先不知道的，但又是潜在有用的信息和知识的过程。包括分类、估计、预测、相关性分组或关联规则、聚类、描述和可视化、复杂数据类型挖掘（Text、Web、图形图像、视频、音频）等。

根据挖掘任务，可分为分类或预测模型发现、数据总结、聚类、关联规则发现、序列模式发现、依赖关系或依赖模型发现、异常和趋势发现等。挖掘对象可分为关系数据库、面向对象数据库、空间数据库、时态数据库、文本数据源、多媒体数据库、异质数据库、遗产数据库以及互联网 WEB。

根据挖掘方法，可粗分为机器学习方法、统计方法、神经网络方法和数据库方法。在机器学习方法中可细分为归纳学习方法（决策树、规则归纳等）、基于范例学习法、遗传算法等。在统计方法中可细分为回归分析（多元回归、自回归等）、判别分析（贝叶斯判别、费希尔判别、非参数判别等）、聚类分析（系统聚类、动态聚类等）、探索性分析（主元分析法、相关分析法等）等。

5. 大数据展现与应用

在我国，大数据将重点应用于商业智能、政府决策、公共服务三大领域。例如，商业智能技术、政府决策技术、电信数据信息处理与挖掘技术、气象信息分析技术、环境监测技术、警务云应用系统、影视制作渲染技术等。

在大数据时代，人们迫切希望在由普通机器组成的大规模集群上实现高性能的以机器学习算法为核心的数据分析，为实际业务提供服务和指导，进而实现数据的最终变现。与传统的在线联机分析处理（online analytical processing，OLAP）不同，对大数据的深度分析主要基于大规模的机器学习技术。基于机器学习的大数据分析具有迭代性、容错性和参数收敛的非均匀性的特点，这些特点决定了理想的大数据分析系统的设计和其他计算系统的设计有很大不同，传统的分布式计算系统应用于大数据分析，很大比例的资源都浪费在通信、等待、协调等非有效的计算上。

6. 大数据计算模式与系统

所谓大数据计算模式，即根据大数据的不同数据特征和计算特征，从多样性的大

数据计算问题和需求中提炼并建立的各种高层抽象模型。传统的并行计算方法，主要从体系结构和编程语言的层面定义了一些较为底层的并行计算抽象模型，但由于大数据处理问题具有很多高层的数据特征和计算特征，因此大数据处理需要更多地结合这些高层特征，考虑更为高层的计算模式。

根据大数据处理多样性的需求和以上不同的特征维度，目前出现了多种典型和重要的大数据计算模式。与这些计算模式相适应，出现了很多对应的大数据计算系统和工具。由于单纯描述计算模式比较抽象和空洞，因此在描述不同计算模式时，将同时给出相应的典型计算系统和工具，这将有助于对计算模式的理解以及对技术发展现状的把握，并进一步有利于在实际大数据处理应用中对合适的计算技术和系统工具的选择使用。

总而言之，发展大数据处理技术需要几个层面的支持：

（1）硬件支持，即大量机房和机器资源。

（2）在机器资源之上的软件能力，即云计算的能力。

（3）建立配套的数据管理系统和数据查询系统，以支持更高级的数据分析。

（4）具有使数据产生价值的智能化技术能力。

7.4 人工智能概述

智能是人类所特有的区别于一般生物的主要特征。可以解释为人类感知、学习、理解和思维的能力，通常被解释为“人认识客观事物并运用知识解决实际问题的能力，往往通过观察、记忆、想象、思维、判断等表现出来”。人工智能 (artificial intelligence，AI) 正是一门研究、理解、模拟人类智能，并发现其规律的学科。

为抢抓人工智能发展的重大战略机遇，构筑我国人工智能发展的先发优势，加快建设创新型国家，2017 年 7 月 8 日，国务院发布《新一代人工智能发展规划》，5 个月后，工业和信息化部印发了《促进新一代人工智能产业发展三年行动计划(2018—2020 年)》，也提出针对智能产品、软硬件基础、智能制造等的发展规划。2018 年 4 月，教育部发布《高等学校人工智能创新行动计划》，从科研、教学、成果转化三个方面给高等教育体系下了“任务”，引导高校瞄准世界科技前沿，提高人工智能领域科技创新、人才培养及国际合作交流等能力。可以看出，人工智能发展作为国家战略，必将引起新一轮改革浪潮。

7.4.1 人工智能的定义

人工智能机器人能够在各类环境中自主地或交互地执行各种拟人任务。人工智能是计算机科学中涉及研究、设计和应用智能机器的一个分支，其主要目标在于研究用机器来模仿和执行人脑的某些智能，探究相关理论、研发相应技术，如判断、推理、证明、识别、感知、理解、通信、设计、思考、规划、学习和问题求解等思维活动，阿尔法围棋（AlphaGo）是第一个击败人类职业围棋选手、第一个战胜人类围棋世界冠军的人工智能机器人，其主要工作原理是“深度学习”，如图 7-3 所示。

图 7-3 阿尔法围棋与韩国著名棋手李世石对弈

计算机就是一种有效地用于信息处理的机器，能以人类远不能及的速度和准确性完成大量而复杂的任务。计算机可以模拟人脑的某些功能，所以又称为“电脑”。但目前的计算机还不具备人脑的高度智能，缺乏自适应、自学习、自优化等能力，只能被动地按照人们事先设计好的程序进行工作。因此它的功能和作用受到很大的限制，难以满足越来越复杂、广泛的社会需求。

一般而言，智能仅指人类智能，又叫自然智能，是指人在认识和改造客观世界的活动中，由思维过程和脑力活动所体现出来的智慧和能力，它是人脑的属性或产物。

人们普遍认为，智能是知识与智力的总和，其中知识是一些智能行为的基础，而智力是获取知识并运用知识求解问题的能力。人类智能的基本特征表现在如下 4 个方面：

（1）感知。

感知即人们通过各种感觉器官（如眼、耳、鼻、手等）来获取客观世界中的各种信息（如图像、声音、气味等），然后将这些信息传入人脑以进行知识处理和识别等智能活动。

（2）思维。

人的思维能力是指人脑对客观事物能动的、间接的和概括的反映，包括逻辑思维、形象思维和创造思维。它利用人类语言作为工具，通过归纳、联想、比较、分析、判断等方法对获取的知识进行加工和处理。

（3）学习及自适应。

学习是人类智能的主要标志，也是人类获取知识的基本手段。人们通过与环境的相互作用，不断地进行学习，通过学习积累知识、增长才干，适应环境的变化并根据环境的变化不断地改变自己的行为。

（4）行为。

人们通常通过语音、表情、眼神、形体等动作对外界的刺激做出反应，传达信息。

人工智能的理论和技术日益成熟，应用领域也不断扩大。可以设想，未来人工智能带来的科技产品，将会是人类智慧的“容器”。人工智能可以对人的意识、思维的信息过程进行模拟，如图 7-4 所示。

图 7-4　人工智能对人的模拟

人工智能研究的一个主要目标是使机器能够胜任一些通常需要人类智能才能完成的复杂工作。但不同的时代、不同的人对这种“复杂工作”的理解是不同的。

7.4.2　人工智能的诞生与发展

1. 人工智能的诞生

人工智能是计算机科学的一个分支，它企图了解智能的实质。研究人工智能的目的是生产出一种新的能以人类智能相似的方式做出反应的智能机器，该领域的研究包括机器人、语音识别、图像识别、自然语言处理和专家系统等。人工智能从诞生以来，理论和技术日益成熟，应用领域也不断扩大。

人工智能是对人的意识、思维的信息过程的模拟。人工智能不是人类智能，但能像人那样思考，更有可能超过人类智能。人工智能是一门极富挑战性的学科，从事这项工作的人必须懂得计算机学、心理学和哲学知识。总的说来，人工智能研究的一个主要目标是使机器能够胜任一些通常需要人类智能才能完成的复杂工作。

1950 年，被称为“计算机之父”的艾伦•图灵（Alan Turing）提出了图灵测试，按照图灵的设想，如果一台机器能够与人类测试者开展对话，而超过 30% 的测试者不能辨别出机器身份，那么这台机器就具有智能。

1951 年夏天，在普林斯顿大学数学系学习的研究生马文•明斯基（Marvin Minsky），后被人称为“人工智能之父”，建立了世界上第一个神经网络机器（stochastic neural anal reinforcement calculator，SNARC）。SNARC 的目的是学习如何穿过迷宫，其组成中包括 40 个“代理”(agent) 和一个对成功给予奖励的系统。在这个只有 40 个神经元的小网络里，人们第一次模拟了神经信号的传递。这项开创性的工作是人工智能研究中最早的尝试之一，为人工智能奠定了深远的基础。

图 7-5　艾伦•图灵

图 7-6　马文•明斯基

1955 年，马文•明斯基、哈伯特•西蒙 (Herbert Simon) 和约翰•肖 (John Cliff Shaw) 建立了一个名为“逻辑理论家”(logic theorist) 的人工智能程序来模拟人类解决问题的技能。这个程序成功证明了一部大学数学教科书里面 52 个定理中的 38 个，甚至还找到了比教科书中更完美的证明。

1956 年的达特茅斯会议标志着人工智能的诞生：约翰•麦卡锡 (John McCarthy) 联合马文•明斯基、克劳德•香农（Claude Shannon）等在达特茅斯组织了两个月的专题讨论会。达特茅斯会议将不同的研究领域的研究者组织在一起，提出了“人工智能”这个名词，人工智能也成为一个独立的研究领域。参会者尽管只有 10 人，但是他们中的每一位在未来很长的一段时间都对人工智能领域产生了举足轻重的影响，图 7-7 为会议参与者。

图 7-7　达特茅斯会议的参与者

人们研究人工智能的初衷，是想让计算机同人脑一样具有智能，为人类社会做出更大的贡献。其次，智能化也是自动化发展的必然趋势。智能化是继机械化、自动化之后，人类生产和生活中的又一个技术特征。另外，研究人工智能也有助于探索人类自身的奥秘。通过计算机对人脑进行模拟，从而揭示人脑的工作原理，探索和发现人类智能活动的机理和规律。

2. 人工智能的发展

人工智能发展至今已经历了三次发展浪潮：

（1）第一次高潮（1956—1970 年）。

达特茅斯会议之后，人工智能迎来了发展的黄金时期，出现了大量的研究成果。哈伯特•西蒙等创建了通用解题器（general problem solver），这是第一个将待解决的问题的知识和解决策略相分离的计算机程序；纳撒尼尔•罗切斯特（Nathaniel Rochester）的几何问题证明器（geometry theorem prover）可以解决一些让数学系学生都觉得棘手的问题；丹尼尔·鲍勃罗 (Daniel Bobrow) 的程序 STUDENT 可以解决高中程度的代数题；约翰·麦卡锡主导的 LISP 语言成为了之后 30 年人工智能领域的首选；马文·明斯基、西摩·帕佩特（Seymour Papert）提出了微世界（micro world）的概念，大大简化了人工智能的场景，有效地促进了人工智能的研究。微世界程序的最高成就是特里·维诺格勒（Terry Winograd）的 SHRDLU，它能用普通的英语句子与人交流，还能做出决策并执行操作。第一次黄金时期离不开资金的支持。1963 年，ARPA 拨款 220 万美元给麻省理工学院（MIT），并于之后每年提供 300 万美元（至 1970 年结束）。更重要的是，ARPA 的经费并没有附带明确要求，这提供给了 MIT 科学家梦寐以求的研究氛围。

第一次黄金时期让人们对人工智能领域充满了乐观情绪，甚至人工智能的领军人物马文·明斯基都认为“在三至八年里我们将得到一台具有人类平均智能的机器”。

（2）第一次低潮（1971—1980 年）。

人们的乐观情绪在 1970 年渐渐被浇灭。研究者发现，即使是最尖端的人工智能程序也只能解决他们尝试解决的问题中的最简单的一部分。人工智能还遭遇了以下一些问题：

① 只依靠简单的结构变化无法达到智能目标。美国某研究机构尝试用自动化翻译软件加速翻译俄语论文。一开始他们认为通过简单的词语替换和句子结构的修改可以达到足够高的可读程度，但是后来他们发现，单词的意思与前后文紧紧关联，而多义词的解释则需要对背景知识的了解。毫无疑问，这次尝试失败了。

② 存储空间和计算能力的严重不足。例如，罗斯·奎利安 (Ross Quillian) 的自然语言处理程序只包括 20 个单词，因为这是存储的上限。

③ 指数级别攀升的计算复杂性。1972 年理查德·卡普 (Richard Karp) 的研究表明，许多问题只能在指数级别的时间内获解，即计算时间与输入的规模的幂成正比。

④ 缺乏基本知识和推理能力。研究者发现，就算是对儿童而言的常识，对程序来说也是巨量信息。20 世纪 70 年代没有人建立过这种规模的数据库，也没人知道怎么让程序进行学习。

⑤ 莫拉维克(Moravec)悖论。一些人类觉得复杂的问题，如几何证明，对机器而言十分简单。但人的基本技能，如人脸识别，对机器而言却是一个巨大的挑战。这也是 20 世纪 70 年代机器人和视觉识别发展缓慢的原因。

随着人工智能发展遭遇瓶颈，资金纷纷抛弃人工智能领域。由于项目失败等原因，DARPA 也终止了对 MIT 的拨款。到了 1970 年代中期，人工智能项目已经很难找到资金支持。

（3）第二次高潮（1981—1990 年）。

这次黄金时期的到来，专家系统功不可没。专家系统专注于某一个领域，因而设计简单，易于实现，而且避免了所谓的“常识问题”。商业领域第一个成功的专家系统是美国数字设备公司(digital equipment corporation，DEC)的 R1，从 1982 年至 1988 年，它帮助公司平均每年节约 4 000 万美元。到了 1988 年,全球许多公司都已经装备了专家系统:DEC 部署了 40 个专家系统,杜邦公司部署了 100 个专家系统。随着专家系统的大规模应用,知识库系统和知识工程得到了普及。

另一个重大的助力是日本的第五代计算机项目。它是日本通商产业省(现经济产业省)在 1982 年推出的一个大型研发企划,目的是开发采用平行架构的拥有人工智能的革命性的计算机,开创下一个时代。整个计划预计 10 年完成,3 年用于先期研究,4 年用于子系统开发,最后 3 年组成一个可运行的原型,整个项目预算高达 570 亿日元。

受此计划的刺激,其他国家纷纷采取应对策略。1983 年,英国开始了预算 3.5 亿英镑的 Alvey 工程,关注大规模集成电路、人工智能、软件工程、人机交互(包含自然语言处理)以及系统架构;在美国, DARPA 组织了战略计算促进会,年投资额在四年内增长了 2 倍;而在准将博比·英曼(Bobby Inman)的领导下,一群美国的计算机和半导体厂商组成微电子与计算机技术集团(microelectronics and computer technology corporation, MCC),在系统架构设计、芯片组装、硬件工程、分布式技术、智慧系统等方向发力。

在这个时期内,算法也得到了突破性的进展。1982 年,约翰·霍普菲尔德(John Hopfield)证明 Hopfield 网络可以学习并处理信息,大卫·鲁姆哈特(David Rumelhart)则提出了反向传播算法。它们和 1986 年发表的分布式处理的论文一起,为 20 世纪 90 年代神经网络的商业化打下了坚实的基础。

（4）第二次低潮（1991—1996 年）。

随着专家系统的不断发展,复杂度的快速提升,基于知识库和推理机的专家系统显示出了让人不安的一面:难以升级扩展,健壮性不够,直接导致高昂的维护成本。 20 世纪 80 年代末期,由于人工智能的项目成果不明朗, DARPA 大幅削减了对人工智能的资金支持。1991 年,英国政府发布 Alvey 工程的最终报告,报告指明, Alvey 工程达到了其设定的技术目标,但是并没有提升英国在信息技术市场的竞争力。报告将原因归集为“资本的短缺和管理运营的低效率”。Alvey 工程主管布莱恩·奥克雷(Brain Oklay)指出,信息技术工业应更注重培训、市场推广和研究成果的商业化。他抱怨日本的低利率让高科技公司可以开发低毛利产品,而英国的高利率阻止了公司这么做。

尽管英国觉得日本的计划更为成功,但 1992 年 6 月,日本政府宣布向全世界公开第五代计算机项目所开发的软件,允许任何人免费使用,这标志着日本雄心勃勃的第五代计算机项目的失败。第五代计算机项目并没有带来人工智能的突破,甚至有人说,第五代计算机项目的最大收获其实是项目的副产物:训练了成百上千的计算机领域的专家。该项目的失败有多重原因,一般认为,通用型微型机对专用型大型机的冲击及项目研发成果缺乏商业化场景是项目失败的重要原因。

（5）第三次高潮（1997 年至今）。

1997 年 5 月 11 日，国际商业机器公司（IBM）制造的超级计算机深蓝（Deep Blue），在经过多轮较量后，击败了国际象棋世界冠军加里·卡斯帕罗夫（Garry Kasparov）。这个事件标志着人工智能的研究到达了一个新的高度，也给人工智能做了一次大规模的宣传。

2000年以后，随着大数据的普及、深度学习算法的完善、硬件效能的提高，人工智能的应用领域变得更广，应用程度也变得更深，2016年，人工智能市场规模超过80亿美元。

7.4.3 人工智能应用概述

1. 基于人工智能的图像和视频分析技术

据报道，某歌星2018年4月7日南昌演唱会、5月5日赣州演唱会、5月20日嘉兴演唱会、6月9日金华演唱会上先后有5名“逃犯歌迷”被警方现场抓获，此歌星由此获得“逃犯克星”称号。

面部识别技术是这些逃犯在此歌星演唱会上落网背后的“好帮手”。这是基于人工智能的图像和视频分析技术，它在安防领域如行人和车辆检测、异常行为检测、人群密度和人流方向检测等大有作为。图像和视频分析技术还可以应用于智能门禁、刷脸支付、无人商店、无人驾驶、表情识别、行为识别等方面。

2. 智能制造

工业4.0(Industry 4.0)是德国政府《德国2020高技术战略》中提出的十大未来项目之一，是指利用物联信息系统(cyber－physical system，CPS)将生产中的供应、制造、销售信息数据化、智慧化，最后达到快速、有效、个人化的产品供应。该项目旨在提升制造业的智能化水平，建立具有适应性、资源效率及基因工程学的智慧工厂，在商业流程及价值流程中整合客户及商业伙伴。

智能制造中除了各类机器人的使用外，人工智能的应用还包括数据可视化分析、机器的自我诊断、预测性维护、优化运营等。

3. 语音合成、语音识别与控制技术

基于大数据的情感语音合成技术能自动识别文字内容，为用户提供更自然的发音、更丰富的情感和更强大的表现力。适用于小说阅读、广播播报、智能家居等多个场景，让设备和应用开口说话，便捷用户的生活和工作。

语音识别技术融合句法分析、信息抽取、短文分类等自然语言处理技术，可以通过场景识别优化，为智能终端、车载导航、智能家居等行业提供语音解决方案。

4. 智能家居

智能家居指以住宅为平台，兼备建筑设备、网络通信、信息家电和设备自动化，集系统、结构、服务、管理为一体的高效、舒适、安全、便利、环保的居住环境。

智能家居能帮助人们有效地安排时间、节约各种能源，实现了家电控制、照明控制、计算机控制、定时控制以及电话远程遥控等功能。也能提供室内防火、防盗、防煤气泄漏等紧急救助功能，减少生活中的安全隐患。

5. 专家系统

专家系统是人工智能中最重要的也是目前最活跃的一个应用领域，它是指内部含有大量的某个领域专家水平的知识与经验，利用人类专家的知识和解决问题的方法来处理该领域问题的智能计算机程序系统。通常是根据某领域一个或多个专家提供的知识和经验，进行推理和判断，模拟人类专家的决策过程，去解决那些需要人类专家处理的复杂问题。无人汽车、天气预报和医疗诊断系统等就是专家系统的典型应用。

本 章 小 结

本章介绍了大数据技术和人工智能的基础知识。首先介绍了大数据的概念，大数据有 4V 特点：volume、variety、velocity、veracity；大数据的作用；大数据的分析，包含可视化分析、预测性分析、语义引擎、数据质量和数据管理；大数据的基本技术及发展趋势，包含数据采集、导入/预处理、存储与管理、数据挖掘、大数据展现与应用、大数据计算模式与系统。其次介绍了人类智能和人工智能的概念；人工智能的诞生与发展，人工智能的发展经历了三次浪潮；人工智能的应用，包括基于人工智能的图像和视频分析技术、智能制造、语音合成、语音识别与控制技术、智能家居、专家系统。

参考文献

[1] 唐新国,沈平,沈小波 . 计算机公共基础 [M]. 上海:复旦大学出版社,2012.

[2] 刘相滨 . 大学计算机基础:计算思维 [M]. 北京:北京大学出版社,2019.

[3] 苏啸,廖德伟 . 计算机实用技能教程 [M]. 北京:人民邮电出版社,2010.

[4] 杜力 . 计算机应用基础 [M].2 版 . 武汉:武汉大学出版社,2015.

[5] 杨旭,林俊喜 . 计算机应用基础与实践: Windows 7 + Office 2010[M]. 北京:北京时代华文书局,2014.

[6] 吴华,兰星 . Office 2010 办公软件应用标准教程 [M]. 北京:清华大学出版社,2012.

[7] 杨焱林 . 大学计算机基础 [M]. 北京:北京大学出版社,2018.